DRONE WARS

无人作战时代

人工智能和未来战场

[美] 赛斯 · 弗兰茨曼（Seth J. Frantzman） 著

董相均 李亚楠 王长春 周忠华 李 静 郭 熠
张立东 张 海 关礼安 唐治理 蒲 钒 任柯锦 译
刘 杨 周 臣 曹 珊 周海涟 陈东风

PIONEERS, KILLING MACHINES,
ARTIFICIAL INTELLIGENCE,
AND THE BATTLE FOR THE FUTURE

国防工業出版社

·北京·

内容简介

本书聚焦于无人机作战，首先梳理分析了世界各国在无人机作战方面的现状与发展历程，介绍了从20世纪70年代开始探索无人机作战，到今天无人机在作战领域占据至关重要地位的全过程，以“捕食者”(MQ-1)和“死神”(MQ-9)等著名无人机为例，描述了用于情报、监视和侦察(ISR)的无人机以及配备导弹的察打一体无人机在重要作战行动中采用的作战样式和达到的作战效果；其次，本书变换视角，从无人机在极端分子手中所带来的危害切入，以反无人机为重点，讲述了针对无人机的防御作战；再次，以蜂群、人工智能在无人机作战中的应用，指出了当今无人机作战应用的重点和难点；最后，对未来无人机作战的发展进行了展望。

本书适用于关注世界军事格局与武器装备发展，想了解更多无人机革命史的军事爱好者；适用于从事无人化技术和人工智能技术研究，想拓展科研思路激发创新动力的科技工作者；适用于励志探索新兴领域和前沿热点，想完善知识体系提升认知见识的莘莘学子们。

著作权合同登记　图字:01-2023-0732号

图书在版编目(CIP)数据

无人作战时代:人工智能和未来战场/(美)赛斯·弗兰茨曼(Seth J. Frantzman)著;董相均等译.—北京:国防工业出版社,2025.2重印

书名原文:Drone Wars:Pioneers,Killing Machines,Artificial Intelligence,and the Battle for the Future

ISBN 978-7-118-13070-6

Ⅰ.①无… Ⅱ.①赛… ②董… Ⅲ.①无人驾驶飞机-作战-研究 Ⅳ.①E844

中国国家版本馆CIP数据核字(2023)第187447号

※

国防工業出版社出版发行
(北京市海淀区紫竹院南路23号　邮政编码100048)
廊坊一二〇六印刷厂
新华书店经售

*

开本 710×1000　1/16　**印张** 23　**字数** 396千字
2025年2月第1版第4次印刷　**印数** 6501—10000册　**定价** 158.00元

(本书如有印装错误,我社负责调换)

国防书店:(010)88540777　书店传真:(010)88540776
发行业务:(010)88540717　发行传真:(010)88540762

译序

董相均博士等合译的《无人作战时代：人工智能和未来战场》付梓之际，很高兴为此书写上几句。

无人机的发展历程是突飞猛进但又蜿蜒曲折的，给人类带来巨大利益的同时，也带来了前所未有的困惑，不断的探索、不断的质疑，恰恰带来了不断的发展与革新，高度无人化时代不可避免地缓缓来临。

在军事领域，无人机的应用由来已久，如今已成为新质作战力量焦点。从无人靶机、ISR、察打一体等传统任务样式，到隐身、穿透、忠诚僚机等先进作战概念，其作战效能发挥已从替代有人机执行特定任务，发展为拥有独立作战场景的不可或缺的空中力量。人工智能技术促使无人作战样式按照三步走阶段式发展变革，即：从最初的“人在回路中”的人力主导控制，发展为“人在回路上”的临机调控，最后实现“人在回路外”的自主控制。未来战场上无人装备出现的比例会越来越大，此书通篇秉持的“无人机将彻底改变未来战争”这一观念是有其必然客观规律的。

书中大量介绍了从20世纪后期至今世界范围内无人机参与作战的主要战争案例，视角独特，比较完整地揭示了无人机在攻防两条线体现的核心价值。同时，科技发展使得无人作战形态不断升级，俄乌冲突中出现了更大规模、更为先进的无人机对抗博弈，各式各样的无人机在一定程度上使得原本实力悬殊的较量变得扑朔迷离，又一个新的无人作战时代正在形成。

更为难能可贵的是，书中列举了大量型号的无人机装备，其中不乏一些不为人们所熟知的机型，有些是过渡产品，有些是中途夭折，向读者们展示了无人机背后的更多故事。此书翻译语言平实流畅，开卷即有娓娓道来之感，既具科普读物的简明易懂又不失专业书籍的严谨精确，实为难得，值得一读。

是为序。

2023. 2. 5

前　言

“水泥楼梯让人感到幽闭恐怖，楼下是枪声。在摩苏尔（Mosul）的这座三层小楼中，一扇通往楼顶的小门外，传来了无尽的嗡嗡声。在远处的某个地方，‘伊斯兰国’（ISIS）狙击手或躲在钢筋网后，或躲在隐蔽楼梯下，正监视着我们的一举一动。”这是一位伊拉克少校的描述，他示意手下 3 名士兵迅速爬上楼梯隐蔽起来，以免受到来自不远处一面墙体垛口背后敌人的攻击。这就是 2017 年的伊拉克。

我们正在被“猎杀”。几小时前，我们以“猎人”的身份进入了这座城市，身后是美国空军，还有源源不断的弹药、“悍马”车和大批士兵，但是敌人就在这里，做好了一切准备。他们的武器虽然廉价，但都是致命的，包括他们用手榴弹武装的四旋翼无人机和在地下工厂制造的迫击炮，也包括他们在家中和装满炸弹的车辆上部署的诱杀装置。然而，比这些武器更令人印象深刻的，甚至过了几年以后仍时常在我耳边回响的，是ISIS的无人机发出的嗡嗡声，这是无休止的、令人不安的恐怖声音，就像远处的爆炸声或其他战争中听到的声音一样，不断地回响。它代表了新一代的战士——无人机战士。

在战争前夕，无人机的威胁是超现实主义的东西，离我们还很遥远。我们当时在伊拉克的一座临时基地，这里是士兵们在小山上占领的一处平房，成了我们的安身之所。一名伊拉克士兵系好靴子，坐在水泥墙包围的院子里的一把黑色塑料椅上，靴子是卡其色的，底部有污点，鞋带拉得很紧，绕在上面的搭扣上，紧紧地裹住脚踝。他是紧急反应部（Emergency Response Division，ERD）的一名成员，这是一支应对危机的伊拉克军队，他们的目标是从 ISIS 手中夺回摩苏尔这座西部边境城市，这场战斗已经进入到第 5 个月了，然而在最近的几个星期里，ERD 部队感到举步维艰。

我来到摩苏尔是因为曾经的一个誓言。2014 年，ISIS在这里宣布建立“哈里发国”（“Caliphate”），接管了叙利亚和伊拉克的部分地区，并开始了对少数民族的种族灭绝。在通往摩苏尔的道路上，在尼尼微（Nineveh）平原上，随处可见已被遗弃的基督教徒的家园，仿佛仍在讲述着 ISIS 的掠夺行径。在卡拉库什（Qaraqosh），教堂被焚毁或用作炸弹工厂，十字架被拆除。在一些村庄，ISIS 把民房改造成了一个个小型堡垒，他们挖掘地道，打通墙壁，方便士兵们在堡垒之间移动，从而躲开美军无人机的侦察。

如今伊拉克军队正在摩苏尔镇压 ISIS，他们包围了这座城市，以约 6 万名伊拉克士兵的兵力对抗 5 千名“圣战”分子。2016 年秋天，伊拉克反恐特种部队逐街逐巷地把敌人赶出去。2017 年春天，我作为一名记者，跟随伊拉克部队前往摩苏尔西部参与扫荡任务，摩苏尔之战是如此可怕，以至于部队的所有“悍马”车全部战损。同年 3 月，我们再次进入了这台“绞肉机”。我发誓要和伊拉克人一起解放这座城市，就像 1945 年攻入柏林一样，亲眼目睹正义得到伸张。

那个穿靴子的男人，浓密的黑发剪得很短，挎着他的克罗地亚 VHS – D2 步枪。这是支无托式步枪，弹匣位于扳机后面，看起来有点未来感，很适合我们要去的战场。自 2017 年 1 月以来，ISIS 越来越多地使用无人机攻击伊拉克军队，几乎每天都会使用。ISIS 建立了改装工厂，从商用渠道购买小型民用四旋翼无人机，安装手榴弹和迫击炮弹，将其改装成空中杀戮机器，并利用它们进行视频拍摄和目标监视。

面对无人机的威胁，我们显得无能为力。士兵们曾试图向空中射击，但在 90 米之外，很难击中快速飞行的只有人前臂大小的无人机。为此，伊拉克军队和以美国为首的联军试图使用干扰技术，他们向部队提供了一种外形奇特的干扰枪，看起来就像是带有天线的大型玩具水枪。但是，干扰信号断断续续，士兵们也没有接受过任何操作训练，作战效果欠佳。

3 月下旬的一天，我们驱车进入摩苏尔，对于无处不在的无人机威胁，我们毫无办法，相比于狙击手或迫击炮，无人机是空中打击力量，具有更强的杀伤力。我们从哈马姆 · 阿利勒镇（Hamam al - Alil）出发，ISIS 早已将那里变为一片废墟，随后我们穿过田野和牧场，到达了被毁的摩苏尔机场。机场西侧的工厂已经变成了世界末日的景象，空无一人，所有窗户都被打碎，混凝土成片挂在钢筋网上。我们乘坐的越野车跟在一辆伊拉克“悍马”车和一辆满载 ERD 士兵的伪装面包车后面，这一地区在一周前已经解放了，士兵们演奏着音乐和宗教民谣，在音乐和引擎声中，我们感到安全多了。然而，当我们停下来时，听到“砰砰”的枪声，一个 ERD 军官仰起下巴歪着头：“无人机?”

远处传来一阵嗡嗡声，我们来到一个交叉路口，一条路是主干道，另一条路通往一个社区，两边是两层复式住宅。嗡嗡声时隐时现，我们抬起头，感觉它就在某个地方，甚至无法分清它是敌是友。一名伊拉克士兵提醒道：“行动时一定贴着路边走。”于是我们沿街前行，路过卖电器和园艺设备的商店，里边都空无一人，又过了几个街区，终于来到一条小巷。士兵们在这里的每个路口都布置了掩护用的窗帘，做好了战斗准备。接着，连续不断的机枪扫射声在巷子里回响起来，ISIS 占据了街区的一边，伊拉克军队占据了另一边。我们迅速穿过小巷，避开狙击手，爬上一个小木梯进入一所房子的二楼，通过房屋受损留下的破洞，我们爬上屋顶。我拼命地奔跑、攀爬，穿过拥挤的房间，来到中央楼梯，在楼梯顶端，一名伊拉克军官先是向上指了指，又向右指了指，向右指是示意那里有狙击手，我猜想向上指应该是示意那里有无人机。

那天，我们幸运地毫发无损地走出了幽闭恐怖的楼梯。一名 ERD 士兵在屋顶上发射了一枚火箭弹，然后我们撤退到拥挤的小巷里，小巷里仍然悬挂着保护我们不被狙击手发现的窗帘和毯子。随着 ISIS 被击退，这座城市获得解放。无人机还将在接下来的几个月继续执行攻击任务，伊拉克和以美国为首的联军将使用自己的无人机来追捕 ISIS，甚至摧毁 ISIS 的无人机制造工厂。无人机战争就此开始了。

接下来的几天，我坐在伊拉克库尔德地区埃尔比勒的一间小公寓里，既感到轻松，又感到压力。这些似乎来自未来且能够重塑战争的机器到底是什么？无人机在新版《银翼杀手》（*Blade Runner*）和《终结者 2》（*Terminator* 2）电影中出现，有时是邪恶的敌人，有时是互助的盟友。如今，国家和组织之间的无人机战争正在迅速扩大，从叙利亚到利比亚、阿富汗、伊朗和克什米尔，无人机无处不在，被所有的主要冲突方所使用。

我们是怎么走到这一步的？这项技术的未来将会怎样？我们是否还需要价值数百万美元的战斗机？无人机是否可以取代它们？下一个《壮志凌云》（*Top Gun*）男主角会坐在内华达州的一个方舱里击落 8000 英里外的敌方无人机吗？

2017 年 3 月，一名士兵在位于摩苏尔的建筑屋顶上。在摩苏尔古城的战斗中，ISIS 的无人机威胁过去后，伊拉克士兵能够在屋顶上放置更重型的武器，但他们的眼睛总是向上看（赛斯・弗兰茨曼）

我越是关注 ISIS 战争给世界带来的巨大改变，就越清楚地意识到，未来战争将由无人机和无人化技术所主导，充斥着各种小型化装备和所谓的“自主武器系统”。当我还是个孩子的时候，我就被电影《异形2》（*Aliens*）中描绘的世界所吸引，电影中有一些场景描述了我们的未来：每个单兵都与网络互联，其作战位置在电脑屏幕上清晰显示，远程驾驶的飞机和远程控制的武器自动向目标攻击，而无须“人在回路中”参与决策。

我们已经看到，在利比亚、叙利亚发生的美国和伊朗之间以及伊朗和以色列之间的无人机战争，正在迅速改变我们的生活环境。美国和其他无人机大国正争先恐后地制造越来越多的无人机，配备更多的技术和更多的武器。这就像是一场革命，见证了空中力量的发展：从一个人在双翼飞机上扔炸弹，到第二次世界大战期间的战略轰炸和击沉“俾斯麦”号战列舰。无人机的出现为指挥官和政府提供了新的选择，只是可供选择的选项还很有限，如今它们只被用于监视或定点空袭。但是，无人机不会总是完成这些简单的基本操作，一段时间后将会得到更广泛的应用，而且这段时间不会太久。军队面临着无人机发展的十字路口，要决定为所有部队配备多少无人机，包括为特种部队配备的小型战术无人机，以及装备部队的与F－16大小相当的大型无人机。在公众要求低伤亡的战争中，相比于人的生命，无人机是可以被牺牲的，这使得我们可以大胆地使用无人机在索马里或阿富汗等地进行跨境作战，而无须士兵们真正到达战场。

在摩苏尔战斗后，我想要回答的问题是，这些战争，这些无人机战争，是否是一种新型的战争形态？它们的应用效能如何？我们必须利用新技术来改变游戏规则，但同时我们也要考虑如何与拥有相同技术的敌人进行对抗。无人机战争是美国国家安全战略变化的产物，也是其他国家在这场军事竞争中崛起的产物。

引言：充满恐惧的城市

无人机无处不在。2020年1月，科罗拉多州出现了神秘的无人机编队，给当地农民带来了恐惧，人们不知道接下来会发生什么。它们甚至在核电站周边徘徊，对数百万人构成威胁。在中东，美国在2020年使用无人机刺杀了伊朗关键人物卡塞姆·苏莱曼尼（Qasem Soleimani），无人机战场正在从叙利亚转移到阿塞拜疆、利比亚和也门。

对于军方、安全机构等无人机主要用户来说，无人机市场也在不断扩大。到2020年，有超过20000架军用无人机投入使用。无人机不再专属于美国、以色列等少数几个高科技军事国家，土耳其、俄罗斯等国家也开始了无人机的研制生产，甚至还有一些较小的国家也加入了军用无人机市场，这可是大生意！2019—2029年，将有960亿美元用于军用无人机。正如海军投入了大量经费从脆弱的巨型战舰向更灵活的战舰转型，军方在无人机方面的投入也将是巨大的，甚至会超过坦克的经费投入。恐怖分子也在使用无人机，他们购买民用无人机，并在上面放置手榴弹和炸弹。这无疑是军事史上的又一个重要转折点，就像当年的喷气式发动机和步枪的革命性发展一样。

无人机是一个令人兴奋但却不是很好理解的话题，人们赋予无人机很多超凡脱俗的特质，同时也在纠结使用无人机是否道德，因为人们总会感觉到在空中的某个地方，隐藏着一个无形的邪恶机器，正在时刻监视着自己，并严重威胁着自己的生命。无人机操控员们会认为自己是飞行员，尽管他们不是《壮志凌云》中的汤姆·克鲁斯（Tom Cruise）。

在本书中，我们将探索无人机战争的历史、现状、先驱者和恐怖分子，描述有关的人员和装备，从以色列士兵发射肩扛式轻型无人机飞越山丘飞临黎巴嫩上空，到美国“打击小组”（strike cell）的无人机操控员在本土的房间中跟踪千里之外的美国认定的“恐怖分子”头目。本书融合了个人经历和对无人机操控员、将领和内部人士的采访，涉及不同国家、不同技术，以及我们身处的这个无人机不断发展壮大的时代；本书不是所有无人机的详尽历史，而是关注于关键技术体系和丰富的应用案例，每一章都探讨了无人机是如何以一种新的方式发展应用的；主题包括有定点清除、监视、恐怖主义和未来用途；通过采访无人机行业专家、积极人士、创新者，以及无人机战争各个环节的参与者，我试图绘制出一幅包罗万象、内容详尽，而且是纵贯无人机发展史的精彩画卷。

在本书创作过程中，我采访了许多重量级人物，包括美国退役将领、前 CIA（Central Intelligence Agency，中央情报局）局长戴维·彼得雷乌斯（David Petraeus）和曾负责搜寻奥萨马·本·拉登（Osama Bin Laden）的小布什政府官员道格拉斯·费斯（Douglas Feith）。还采访了曾在阿富汗服役的英军指挥官理查德·坎普（Richard Kemp），一位退役的爱尔兰特种部队军官，五角大楼和美国空军的军官，利比亚无人机操控员，ISIS 在押人员，库尔德战士，洛克希德·马丁公司驻美国和以色列国防公司的专家，参与以色列首架无人机研制的工程师，从“黑鹰”飞行员到首次使用战术无人机的美国国民警卫队士兵，从打击核扩散的人员到伊朗秘密无人机项目的专家，再到研究人工智能改变战争的研究人员。

起初，我最大的关注点是以色列和美国——无人机主要的先驱者，这与我本人在中东参与无人机作战的经历有关。本书既着眼于监视和打击等军事任务，也着眼于无人机面临的相关挑战，例如如何使其变得更小、更快、更强。同时，本书还聚焦了那些认为无人机可以取代有人战斗机和研究无人机蜂群作战的理论家们，他们是我采访过的亲身经历了在山区躲避土耳其无人机攻击的伊拉克库尔德人（Kurds）和对抗伊朗无人机蜂群攻击的防空部队军官。

无人机的未来在很大程度上已经触手可及，许多关键技术已经取得突破，如让无人机续航数天的技术、让无人机加装远程导弹的技术等，士兵们可以在丛林中使用微型无人机来对付投掷催泪瓦斯的另一架无人机。当今各国面临的问题主要有两个方面。

第一个方面的问题是军方在设计新平台方面往往进展缓慢。军方一旦拥有第一架F－16、第一支M－16步枪、第一辆主战坦克或第一艘驱逐舰，就会坚持使用几十年，同样，一旦拥有了“捕食者”（Predator）无人机原型，就想着制造更多的“捕食者”无人机，或让其再大一些，再快一些，或者给它们加装更多的弹药、雷达和摄像头，实现在平台上增加更多的“传感器”。因此，这就是第一个问题带来的后果，军方在无人机发展中受现有装备固有特性的制约，无法跃升进入下一次革命。想想看，为什么没有更多的隐身无人机？为什么欧洲国家花了十年时间才设计出一种可以监控民用和外国空域的无人机？为什么美国不出口无人机，并且放任自己慢慢被其他国家超越？这一切的根源都在于缺乏平台革命，在于保守派们不愿看到更远的未来。

第二个方面的问题是，军方不愿放弃和削弱手中的权力。当预言家们描述无人机将会像飞行汽车一样布满整个天空时，当下的指挥官们就已经开始拒绝接受如此众多的飞行器了。我采访过一位反恐部队警官，他所在的部队只有几架无人机用来保卫很大一片区域。为什么会这样？答案是缺乏预算和远见。这意味着，在无人机的变革中，没有像巴顿和隆美尔那样的军事梦想家，没有像20世纪30年代推动坦克变革的指挥官们，没有像第一次世界大战中将普通军舰改造成无畏舰的开拓者们。没有哪个国家下定决心要生产数以千计的无人机装备整个部队，并让它们充斥整个战场。相反，军方想要的是精确打击，当某型无人机产品研制成功后，军方会将各种各样的技术应用在该无人机上，结果导致价格上涨到数百万甚至数十亿美元。举个例子，北约花了数年时间才获得美国的“全球鹰”（Global Hawk）侦察无人机，只采购了5架，却花费了约15亿美元。

正如我们所看到的，这两个方面的问题是无人机革命必须克服的障碍。我们开始看到了突破的曙光：伊朗使用的无人机蜂群迫使西方国家重新考虑防空问题；在利比亚战争中，土耳其的廉价无人机击败了俄罗斯的防空系统，这表明无人机可以成为一种敏捷部署、快速改变战场的空军力量。

多年来，关于无人机战争的预言来了又去，有过许多错误的、失败的预言。然而今天，军队已经意识到将无人机纳入作战体系的必然性，谁拥有最好的无人机和防空力量，谁就会赢得战争胜利，但要完全进入依托无人机进行空战的时代，还有很长的路要走。从 20 世纪 80 年代开始，被用于战争以及在战争中被击落的无人机数量成倍增长，从每年几架增加到 2020 年的每年几百架。然而，我们还处在“双翼飞机和早期坦克”的时代，无人机还没有发挥出最大潜力。本书将探索这一切是如何发生的，以及转折点是如何来临的。

今天的指挥官们有些故步自封，他们不是伴随着平板电脑和无人机长大的，他们接受的训练是为了应对 20 世纪 90 年代的战争形态。随着年轻人成为了新的统帅者，他们的愿望是为每个排都配备至少一个无人机操控员和用于操控无人机蜂群的平板电脑，并且接入防空系统协同作战，击退敌军的无人机蜂群。为了实现这一目标，我们需要看看无人机最初是如何出现的。

为了理解正在兴起的无人机战争，我从自己的无人机经历开始说起。追溯到 20 世纪 90 年代，我通过大量阅读汲取了许多有关无人机系统和无人机技术发展的知识，以及无人机将如何改变未来战争的研究资料。后来，在 2009—2014 年加沙地带的巴以冲突期间，我看到了无人机如何在战场上变得越来越常见；在伊拉克和乌克兰，我看到了无人机的应用，作为一名记者，我报道了无人机的威胁和正在开发的防空系统。

在以色列，我结识了无人机操控员、士兵和指挥官，还拜访了主要的无人机制造商，参观了他们的装配生产线，并与他们的专家交谈，他们中的许多人以前都是飞行员。我采访了以色列无人机项目的先驱，采访了20世纪90年代和21世纪初领导无人机战争的美国主要官员和军人，其中包括飞行员和将军，以及美国主要国防公司的高管和曾在国会工作过的职员。为了了解其他国家的军队是如何使用无人机的，我采访了多名英国和爱尔兰的指挥官，还采访了从波斯湾到土耳其的许多熟悉伊朗无人机技术的专家。本书的写作源于我多年来在该领域的工作，以及这份工作留给我的深刻烙印，我亲身感受过ISIS无人机的恐怖威胁，亲眼目睹军队使用无人机的杀戮战争，亲耳倾听战争和科技专家的真知灼见，有些人强烈反对武装无人机的发展应用，有些人则早已规划出无人机改变世界的宏伟蓝图。

无人机的发展是一个缓慢的过程，但它们的使用已呈现指数级增长趋势。近年来，冲突双方在无人机作战和反无人机作战方面都快速发展。尽管军方仍在努力为这种新平台寻找定位，但这并没有阻碍无人机的型号不断增加，激光武器不断推广。无人机还没有发挥出它的潜力，那些坚信空军飞行员将在未来被无人机所取代的人们认为，目前西方国家的进展太过缓慢了。这场革命正在转向其他国家，而且正在迅速发生。从这个意义上说，无人机战争的故事不仅仅与机器有关，它关系到自

1990 年后成为全球超级大国的美国与无人机新兴国家之间力量平衡的变化。无人机的兴起与美国的全球反恐战争密切相关，如今，随着美国战略重心的转移，无人机战争也将随之转移到新的战场，在世界各地，无人机正在迎来自己的时代。

目　录

第一章

无人机的黎明：先驱们

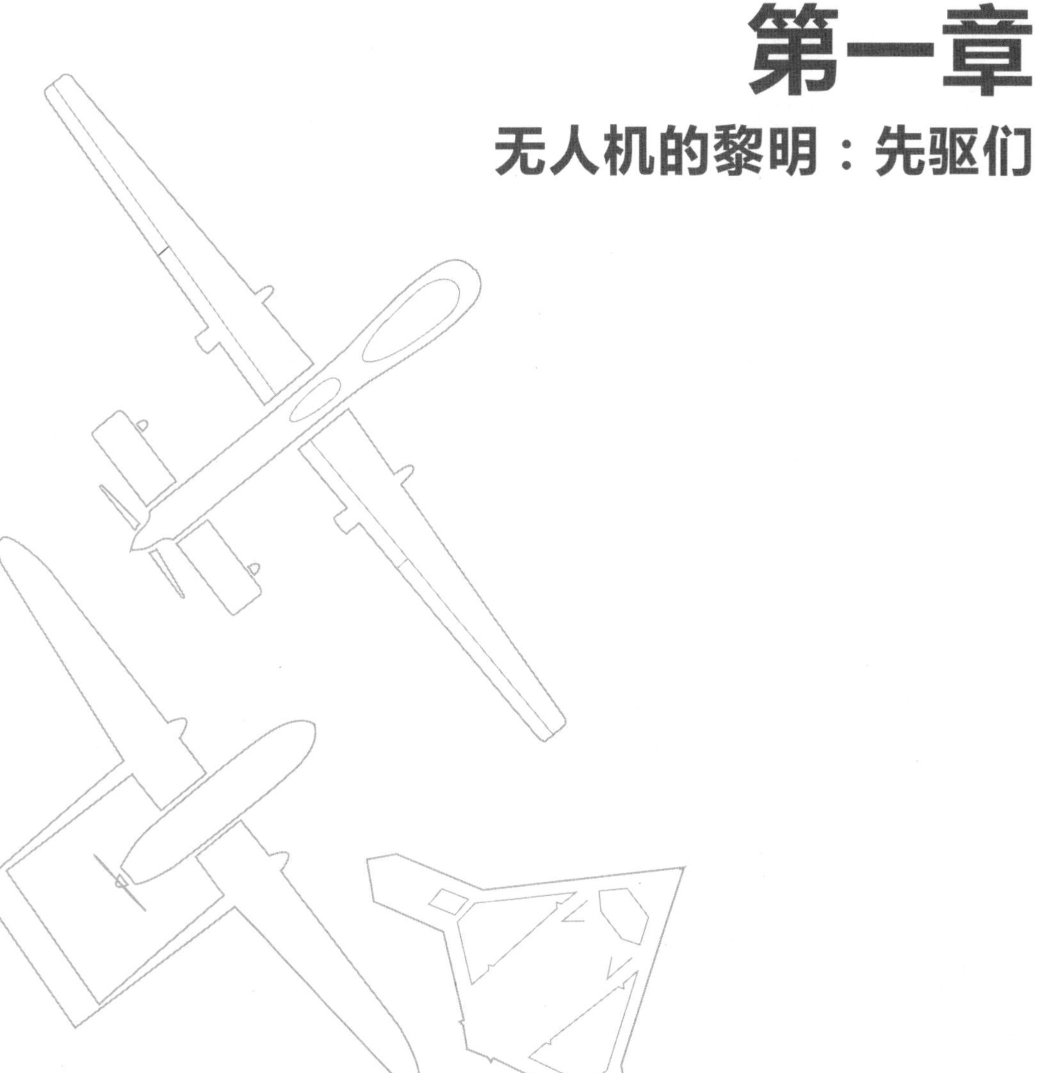

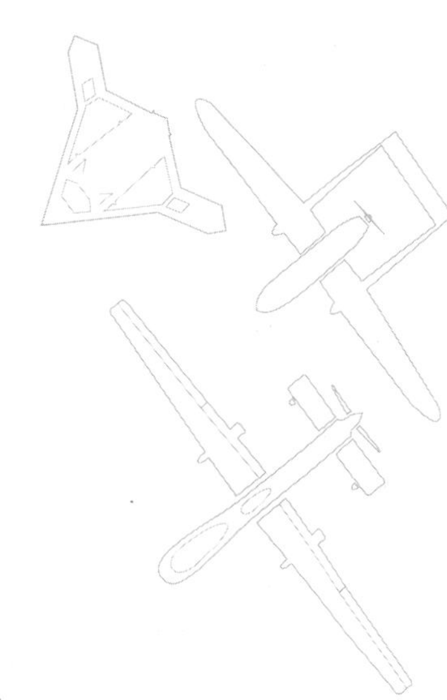

1983 年，美国国防部长卡斯珀·温伯格（Casper Weinberger）刚刚从黎巴嫩回国，就收到了一份令人惊讶的简报，那是一段以色列无人机拍摄到的录像，记录着他在访问期间的部分活动。温伯格是里根政府中与以色列打交道最冷酷的成员之一[1]，然而这次以色列的无人机引起了他的注意。1983 年6 月，美国希望以色列重启一份关于在中东对抗苏联的建议书[2]。

当时正值冷战高峰，美国总统罗纳德·里根（Ronald Reagan）希望对抗苏联这个“邪恶帝国”，国防技术发展的竞争同样非常激烈。在中东，惯于使用西方军事技术的以色列人与苏联支持的叙利亚人展开对峙，如果以色列能研制出一种新式武器，将成为每个人都想得到的东西。

美国正在努力填补自己国防技术的空白。20 世纪 70 年代，美国对当时的遥控飞行器（Remote Piloted Vehicle, RPV）进行了试验，在犹他州试验训练靶场雷达信号发射装置进行对抗试验。但就在数千英里之外的以色列，一场革命即将发生，这场革命无疑将改变未来战争。

1974 年的亚伊尔·杜贝斯特（Yair Dubester）是一名年轻的以色列工程师。以色列因 1973 年的战争挫败而举步维艰，超过 2500 名以色列人丧生，1000 辆坦克战损，100 多架飞机被毁。对于这个沉醉于 1967 年战争胜利的小国来说，这次经历让其清醒，当时阿拉伯多国联军在短短 6 天内被击溃。

杜贝斯特就读于以色列顶尖的理工大学，后进入以色列航空工业公司（Israel Aerospace Industries，IAI）工作，那里正在制造第一架无人机。他说："我们不是第一个想到这个点子的人，却是第一个开发出首套运行系统的人。"2020 年 3 月初，在新型冠状病毒危机暴发并席卷世界之前，我给杜贝斯特打了电话，他兴致勃勃地谈论着自己几十年来与无人机打交道的经历。回顾 20 世纪 70 年代末，他说，以色列面临的主要问题是获取敌人的实时情报，这意味着不仅要出动飞机去拍照，还要实时传输视频。

1973 年之前，以色列与美国的泰勒雷恩公司（Teledyne Ryan）签订了一份无人机合同[3]，首批 12 架名为"火蜂"（Firebee）的无人机于 1971 年抵达以色列。它们是巨大的野兽，重达 2000 多磅①，加装涡轮

① 1 磅约为 0.45 千克。

喷气式发动机，飞行速度 485 英里/小时①，巡航高度可达 6 万英尺[4]。“火蜂”无人机更像是带有小型机翼的火箭，是一款作为飞行诱饵的无人靶机，以色列的无人机计划推进方式与美国类似，从无人靶机开始，用于欺骗敌人的雷达和导弹。面对拥有苏制防空导弹的庞大埃及军队，以色列急需任何形式的能够减少飞行员伤亡的无人机。

一支特殊的无人机部队在以色列的帕勒马希姆（Palmachim）空军基地组建，该基地坐落在一个知名海滩附近的沙丘上，“火蜂”无人机作为诱饵，用来对付苏联向埃及提供的地空导弹。从 1971 年 9 月开始，它们从雷菲迪姆（Refidim）空军基地起飞，效果极为显著。以色列继续采购其他无人机，其中包括 27 架同为诱饵无人机的美制“鹧鸪”（Chukar）无人机，又称为“犁沟”（Telem）。“鹧鸪”无人机与其说是一架真正的无人机，不如说是一架自杀式无人机，其设计的目的就是被击落。1973 年战争中使用了 23 架，其中 5 架被毁；“火蜂”无人机也在战争中被摧毁，仅有 2 架幸存。

以色列人决定拥有更多种类的无人机，只有这样才能获得空军所谓的“关键情报”[5]。为此，他们向国外派出了一个代表团，调研各类无人机的情况。以

---

① 1 英里/小时约为 1.6 千米/小时。

色列研究了飞歌福特公司（Philco Ford）和RT公司制造的无人机，美国有大量这样的无人机，在无人机的进化体系中，这些无人机就像是有人机向无人机过渡阶段的产物。其中一些看起来像大型的飞机模型或导弹，设计者为它们加装了激光指示器以及其他后来无人机上常见的各类装置，这些无人机曾在越南被用于诱骗和收集地空导弹的信息[6]，20世纪60年代和70年代生产了980多架，441架在越南失踪[7]。与美国在太空时代的许多创新项目一样，这些项目后来也被废弃，许多都不了了之，至20世纪80年代初，只剩下几十个项目还在继续。简而言之，这就好像发明了火药，却不知道如何在战场上使用。对于这个问题，以色列人带来了解决方案。

一家名为塔迪兰（Tadiran）的以色列公司制造了“猛犬”（Mastiff）无人机，该无人机拥有高分辨率摄像能力，可续航7小时[8]，在当时被称为“遥控飞行器”。1981年，当《纽约时报》记者见到它时，认为“它看上去就像一个硕大的飞机模型”[9]。“猛犬”无人机配备螺旋桨和双缸发动机，重约150磅（约68千克），巡航速度为70英里/小时，巡航高度为10000英尺（约3000米）①。

---

① 1英尺约为0.3米。

以色列航空工业公司制造的一款早期无人机——“侦察兵”(Scout)。以色列航空工业公司开创性的无人机技术开始于20世纪70年代末80年代初（图片提供者：以色列航空工业公司）

以色列人对以色列航空工业公司“侦察兵”无人机做了进一步改进，使它拥有实时传输链路和稳定性较高的摄像头，改进后的无人机也被称为“金莺”

（Zahavan或 Oriole）。这些早期的以色列无人机可以看作是无人机发展体系的最初节点。“侦察兵”无人机采用双尾撑结构，机身短而有棱角，机首呈猪鼻状，机身下方是小型起落架轮。1979 年 6 月，在以色列中部的哈茨（Hatzor）空军基地，依托村庄田野的掩护，隐藏部署了 20 架“侦察兵”无人机。“侦察兵”无人机由于翅膀较短，需要在火箭助推下起飞。但这种情况很快便得到了改善，机翼增加了 2 米，总翼展达到了 5 米，操控员可以通过操纵杆操作无人机完成起飞。1981 年 6 月，一个“侦察兵”无人机中队前往黎巴嫩，拍摄到了叙利亚防空系统的视频。

枯燥、肮脏、危险

杜贝斯特说话时带着年轻人的好奇心，尽管他已经上了年纪。他喜欢谈论无人机及其技术，以及让以色列取得突破性进展的那些关键事件，他还记得 1973 年后以色列所面临的困境。“我们发现埃及人和叙利亚人从苏联购买了机动式防空导弹——SA - 3。”他说，机动式防空系统的特点是可移动至任意地点部署架设，因此仅对固定地点拍摄侦察是没有意义的，我们需要的是一种能够在空中悬停或盘旋的无人机来实时搜索它们，这样即使被击落也不会造成人员伤亡。

杜贝斯特认为，无人机适合执行枯燥、肮脏、危险的任务。他说，无人机确实常处于危险之中，泰勒雷恩公司的无人机坠毁得太频繁了，这也是为什么以色列将"侦察兵"无人机设计用于侦察陆基地空导弹系统的原因。正是这种低速飞行能力和视频回传能力，吸引了更多的投资，他说，"在此之前，没有人在意它。"杜贝斯特和他的同事设计的"侦察兵"无人机重量轻，续航能力可达几小时，是基于 1956 年出售给以色列的法国诺拉特拉斯（Nord Noratlas）飞机而设计的。以色列和法国曾经有过密切的军事关系，以色列对诺拉特拉斯的双尾撑结构非常熟悉，因此"侦察兵"无人机的设计就水到渠成了。后来，工程师们意识到这种结构设计极具稳定性，尤其适用于低速飞行无人机，于是在 20 世纪 70 年代，这种设计方式得到广泛使用。

当"侦察兵"无人机首次在以色列军队面前展示时，地面部队对它不屑一顾。当时在西奈半岛正在进行一场大规模演习，以色列军官埃胡德·巴拉克（Ehud Barak）起初对"侦察兵"无人机不感兴趣，随意下令"让它们飞吧"，杜贝斯特回忆说，军官们只是把无人机当作玩具。此次演习的目的是演练如何渡过苏伊士运河，军官们很快意识到，无人机提供的实时视频，在协助部队执行任务方面竟然真的发挥了作用：一座用于迷惑对方军队的桥梁，被部署在错误的地方，成了很容易暴露的目标，这个错误被无人机及时发现了。

杜贝斯特回忆说："当时的无人机只能续航 4 小时左右，当我们准备着陆时，部队竟然不同意，他们希望它能够再多飞一会儿。"突然间，被轻视的玩具变成了必不可少的东西。"我永远不会忘记，它改变了游戏规则。"杜贝斯特将与两位制造"侦察兵"无人机的同事共同写一本书，他们是以色列航空工业公司无人机部门主管戴维·赫拉利（David Harari）和产品经理迈克尔·谢弗（Michael Shefer）。有时，发明是需求之母，在很短的时间内，无人机就证明了它的必要性。

"未来战争"：加利利和平行动

在 1982 年的黎巴嫩战争中，以色列的无人机只花了 24 小时就对叙利亚的防空系统造成了严重破坏。为了阻止巴勒斯坦人对以色列北部的火箭袭击，以色列发起了代号为"加利利和平"（Peace of Galilee）的行动。以色列航空工业公司前工程师什洛莫·萨奇（Shlomo Tsach）回忆道，仅仅在一天之内，一场"无人机革命"就发生了[10]。以色列的"猛犬"无人机和"侦察兵"无人机传回了地空导弹及其雷达的实时视频，以色列空军开始摧毁叙利亚的防空系统。正是在这 24 小时内，以色列价值数十亿美元的无人机产业真正诞生了，这立刻激发起美国人对无人机的高度关注。

黎巴嫩是个小国，虽然它与以色列的边界看起来很短，只有65千米，但是道路曲折、山丘林立，地形极其复杂。巴勒斯坦武装分子向以色列发射火箭，为了反击，以色列还必须对付黎巴嫩的叙利亚军队。叙利亚本该是一个巨大的屏障，25000名叙利亚人沿着黎巴嫩中部的贝卡谷地（Bekaa Valley）挖掘工事，并部署了79部导弹发射器，以及数百门雷达制导的防空火炮和SA-6导弹连，但是，由于以色列使用无人机引导战斗机进行攻击，叙利亚军队无法快速应对[11]。这种新型无人机用于激光目标指示，辅助引导火箭弹[12]。一位英国国防分析师通过比对以色列击溃叙利亚和同年爆发的英国与阿根廷的马岛战争，得出一个结论——这是一场“未来战争”[13]。

以色列将其无人机与E-2C“鹰眼”预警机、波音-707结合用于监视和电子战，与喷气式飞机结合用于发射“百舌鸟”（Shrike）导弹摧毁“萨姆”（SAM）防空系统雷达[14]。杜贝斯特说，无人机使以色列有能力迅速进行战损评估，并在“一个下午”的时间就获得制空权[15]。以色列采用一系列空射诱饵来诱使敌方雷达开机，然后用“猛犬”无人机识别“萨姆”防空系统导弹位置，并通过“侦察兵”无人机向导弹发射人员回传信息，基于此作战样式共摧毁了17个“萨姆”防空系统[16]。

这场战争引起了美国的注意，美国海军率先开出订单。以色列航空工业公司与美国德事隆公司（Textron）合作研制出了“先锋”（Pioneer）无人机，每架售价约50万美元，内置一个40万美元的摄像装置，可以在2000英尺（约600米）高度拍摄100英里（约160千米）外的清晰图像并回传[17]。

“先锋”无人机是在“侦察兵”无人机基础上研制的，可依托舰载发射架和回收网进行发射和回收。早在1985年，美军便开始使用“先锋”无人机，1991年的海湾战争中，美军使用“先锋”无人机辅助舰炮定位目标。在沙漠中的伊拉克人甚至向无人机投降，他们被周围嗡嗡作响的新型无人机弄得不知所措，那是在费莱凯岛（Faylakah），他们冲着无人机挥舞汗衫以示投降。

杜贝斯特乘飞机来到美国莫哈维（Mojave）沙漠，向美国人展示无人机，这片沙漠由红色岩石和褐色沙丘构成，约书亚树仙人掌点缀其中，试验场很荒凉。他说：“我们必须在‘依阿华’号（Iowa）和‘威斯康星’号（Wisconsin）战列舰上整合系统。”但问题是，美国人想要体积更大、升限更高、续航时间更长的无人机[18]，能够在全天候条件下飞行，辅助信号情报（Signals intelligence，SIGINT）工作，包括电子侦察（ELINT）和通信情报（COMINT）任务。于是，杜贝斯特和他的团队开始研制“猎人”（Hunter）、“搜索者”（Searcher）

和“别动队”（Ranger）无人机[19]。

随着以色列无人机的发展，无人机战争的预言家们设想出战术无人机（TUAV）和微型无人机（mini－UAV）等几个无人机“家族”。起初是单一平台，后来迅速发展成为加装多传感器、多机载设备和多个天线的“多任务无人机”。新兴领域带来了新的术语——ISR（Intelligence，Surveillance and Reconnaissance，情报、监视和侦察），此类任务非常适合无人机。截至2002年，以色列无人机飞行时间已达12万小时，出口到20个国家，这个小国成为了无人机超级大国。

从头说起

无人靶机是美国空军发展无人机作战的必经之路。在新墨西哥州的霍洛曼空军基地（Holloman Air Force Base）和佛罗里达州的廷德尔基地（Tyndall Base），美军使用无人机进行射击训练。无人机与许多美国创新项目联系在一起，在洛克希德·马丁公司最高密级的高级开发项目“臭鼬工厂”（Skunk Works）里，无人机被用于打靶训练[20]。该公司还进行了新的尝试，在20世纪60年代开发了GTD－21无人机，可以从B－52轰炸机上投放，用于执行试验性超声速侦察任务[21]。

无人靶机是无人机发展的死胡同[22]，但总体来看，无人机可以帮助解决军事问题，填补必要的“生态位”，例如帮助军队寻找机动防空系统或进行战伤评估等。有史以来，赢得战争胜利的关键要务之一是领先敌人一步，率先使用新的技术，具备新的能力，就能消除来自敌人的威胁，例如军队曾使用气球使监视范围变得更远。无人机作为新的技术，可以帮助军队发现中东地区的苏联防空系统，也可以避免飞行员的生命受到威胁，很快它们将迎来自己的世界。

1983 年，黎巴嫩的恐怖分子炸毁了贝鲁特的美国海军陆战队兵营，美国海军派出一艘二战时期的长 880 英尺的“新泽西”号战列舰，使用 16 英寸口径的主炮对海岸进行报复性炮击。这是一场传统战争，需要更精确地消灭手持 AK－47 自动步枪在街道上出没的恐怖分子。接下来是海军部长约翰·雷曼，他不擅长演讲，甚至在谈到他那“令人兴奋的”军舰计划时也是如此，但是他用实际行动弥补了演讲能力上的不足。他与温伯格对新技术很感兴趣，因此美国主动联系了以色列航空工业公司和塔迪兰公司，将“猛犬”无人机带到北卡罗来纳州的海军陆战队勒琼营（Camp Lejeune）的无人机部队，由无人机操控比赛中表现出色的海军陆战队员操作使用[23]。大西洋舰队海军陆战队（Fleet Marine Force Atlantic）的艾尔·格雷（Al Gray）将军身材魁梧，方下巴，曾在驻韩和驻越的海军陆战队服役，他顺便去了北卡罗来纳州和亚利桑那州，查看无人机的使用情况。

以色列人和美国人与马里兰州亨特谷（Hunt Valley）的AAI公司合作，并对无人机进行了改进，以满足海军的需求。他们将无人机部署在美国海军“塔拉瓦”号（Tarawa）上，这是一艘甲板狭长的两栖攻击舰，无人机在阿拉斯加埃达克的严寒条件下飞行，也曾飞往澳大利亚和菲律宾。

很快，美国开始关注“侦察兵”和“猛犬”无人机，以及它们的后续产品——“猎人”和“先锋”无人机。如前文所述，“先锋”无人机的续航时间为5小时，航程100英里，截至1990年，它已经执行了2550次飞行任务，飞行时间5200小时。以今天的审美来看，“先锋”无人机采用单机翼和双尾撑结构设计，边缘粗糙，线条呆板，整机看上去朴实无华。

海湾战争期间，美国将萨达姆·侯赛因的大批伊拉克军队赶出科威特，这凸显了新型无人机在面对世界上最强大的军队时发挥的强大作用，“先锋”无人机的一次任务共侦察发现了3个伊拉克炮兵连、数个导弹发射阵地和1个反坦克营，在为期6周的战争中，无人机一直在空中飞行。战争结束后，每个战地指挥官都希望装备无人机，美国国防部表示，“先锋”无人机在情报收集的即时性、灵敏性方面表现出色[24]。到20世纪90年代中期，美军共部署了9套

“先锋”系统，每套系统配备5架无人机，并将它们部署在包括“克利夫兰”号（Cleveland）两栖攻击舰在内的4艘军舰上[25]。陆军研究人员甚至认为，所有营以下部队都应该装备无人机。

海军陆战队于1994年和1999年分别在波斯尼亚和科索沃使用了“先锋”无人机，当时无人机依托庞塞德莱昂（Ponce De Leon）机场起降。与此同时，由以色列航空工业公司和汤姆森·拉莫·伍尔德里奇公司（TRW）研制的“猎人”无人机已向美国陆军完成交付。该型无人机用于执行近程侦察任务，采用双尾撑结构，机身较长[26]。接下来的一笔大订单是1993年，共耗资2亿美元采购了50架[27]。可随后，尽管美国陆军、海军和空军都在使用“猎人”无人机，但原本预计耗资数十亿美元的采购计划最终还是被取消。“猎人”无人机（代号为RQ－5A）曾在科索沃战争的“联军行动”（Operation Allied Force）中使用，截至2004年，共飞行了30000小时[28]。总的来说，“猎人”展示了无人机的长时间飞行的可靠性，但同时也体现了美军尚未对大力推进无人机计划做好准备。

杜贝斯特回忆道：“25年来，我一直在向美国陆军、海军陆战队和海军推销无人机，美国本土企业多年来从未研制出像样的无人机。在美国的同事问我，美国可以登上月球，却造不出无人机，这到底是为什么？”

的确，为什么美国不能制造出这种看上去很简单的遥控飞机呢？其实早在遥控飞行器时代，美国就尝试过一个叫作“阿奎拉”（Aquila）的项目[29]。“阿奎拉”无人机重达146磅，翼展近11英尺，依托载车部署发射，通过回收网回收，可以100英里/小时的最高时速飞行数小时，一天内可多次升空，作战半径12英里，机翼采用巡航式设计，无须人工干预即可实现巡航，通过激光、视频和红外传感器实现目标侦察和信息回传。

美国国防高级研究计划局（Defense Advanced Research Projects Agency，DARPA）希望发展“阿奎拉”无人机用于监视和定位。1974年的一份报告指出，“随着技术迅猛发展，轻型飞机将面临淘汰，基于不同技术的前视侦察设备将应运而生，对打击目标的定位精度将大大提高。”[30]“阿奎拉”的主要功能是目标搜索，但当时的摄像头技术在目标识别方面定位精度只能达到3000米，而DARPA希望达到的指标是能够以“50%的概率”定位1000米范围内坦克大小的目标。美国在20世纪70年代的这一需求在今天仍然没有改变，军方在购买无人机之前关注的核心问题，仍然是对敌方目标的搜索能力。

“阿奎拉”无人机代号为MQM－105。很快问题来了，受限于无人机平台的尺寸，无法依托该平台加装合同所要求的如此之多的航电设备和有效载荷，因此在

105 次的试飞中有 98 次都失败了。此外，“阿奎拉”无人机是隐身无人机，具有抗干扰能力，因此对外通信链路少之又少。最终这个计划彻底失败了[31]，这是“使命偏离”的必然结果。相比之下，以色列人只制造执行简单任务的简单无人机，而美国却在制造一架“弗兰肯斯坦”式的试图集所有功能于一身的无人机。

20 世纪 70 年代的技术革新在许多年后再次出现。希尔曼·迪金森（Hillman Dickinson）准将说，遥控飞行器可以用于目标定位和战损评估，也可以用于雷达系统和电子对抗系统，甚至可以用于突击敌方防空区[32]。他具有前瞻性思维，认为无人机可以减少或消除人类生命的损失，而且很便宜，不受疲劳等“人类弱点”的限制。他说，华盛顿那些大把花钱的决策者们在对待新兴的无人机项目时却保持了克制，他们没有在这个尚看不清未来的潜在产品上大量投资[33]，美国不应该没学会走就先跑起来。“阿奎拉”无人机经过 10 年的研发，在耗资超过 10 亿美元后，最终于 1987 年下马[34]，华盛顿寻求一种能比飞机飞得更远、更快、更久的无人机，但迄今为止没有任何成果。

在美国，还有其他“弗兰肯斯坦”式的无人机在研制生产。1989 年，美国陆军和海军想要一种用于监视和目标捕获的近程无人机（UAV-SR），于是他们调研了以色列航空工业公司和汤姆森·拉莫·伍尔德里奇公司制造的“猎人”无人机，以及麦克唐纳·道格拉斯公司（McDonnell Douglas）制造的“猫头鹰”（Sky Owl）无人机，“猫头鹰”无人机就像是一个拥有双尾撑结构的飞行箱。他们最终选择了“猎人”无人机，将其命名为BQM－155A。“猫头鹰”无人机使用弹射器发射，有些观点认为它可以用于发射非制导火箭武器[35]。

终于，美国成功制造出了自己的无人机，这还要归功于一位名叫亚伯拉罕·卡里姆（Abraham Karem）的以色列人。他出生于伊拉克巴格达，20 世纪 80 年代在自己的车库里制造了一架无人机，这就是后来被称为“无人机之父”的“捕食者”无人机的雏形[36]。卡里姆 1977 年从以色列来到美国，他对于“阿奎拉”无人机感到疑惑不解，这个庞然大物需要 30 个人操作才能发射，既笨重又昂贵，是美国僵化的国防采购体系的产物，它就像热狗一样，把一大堆东西堆砌在一起。他在 2012 年说：“我的思路不是在现有无人机上加装各式各样的设备，而是希望通过整体设计使无人机在安全性、可靠性和性能方面达到与有人机相同的水准。”[37]

故事讲到这里，卡里姆这位以色列航空工业公司前雇员闪亮登场，标志着以色列的无人机革命开始拉开了序幕。《军事技术和思想的传播》（*The Diffusion of Military Technology and Ideas*）指出，“无人机现已演变得更为先进，其展现的全新能力表明，未来空军的组织架构和力量编成可能发生重大变化。”第二次世界大战时期的亨利·阿诺德（Henry Arnold）将军曾经说过，未来战争将是无人机战争。分析人士已经做出预测，无人机可能会取代有人机，相比于诱饵无人机和无人靶机，这可是一段漫漫长路[38]。

20世纪80年代的无人机革命展现了一些新技术，这些无人机可以进行监视或充当诱饵和靶机，少数可以进行电子拦截或电子战，它们是基于其他型号的侦察无人机改造而成的，但这些诱饵、靶机和监视手段从未改变过战争。这些无人机只是一种工具，但正是这个工具，在一个偶然的情况下，帮助以色列彻底改变了对抗叙利亚的战争。美国人看到了这种潜力，凭借着一些运气和勇气，决定继续深挖这种潜力。这将使美国和以色列走上改变历史的道路，并开发一种以前只能在科幻电影中才能看到的技术。

从本质上讲，这场革命是为了保护作战人员，就像骑士穿上越来越重的盔甲，就像第一次世界大战时越挖越深的战壕，最后成为了第二次世界大战中的马奇诺防线。因此，无人机是用于保护作战人员免受伤害的。它们一开始并不是超凡脱俗的，也不是未来主义的，它们只是一种实用的、笨拙的解决问题的方法，这就像海军战舰首次配备铁甲，也像是坦克的首次出现。现在让我们看看无人机是如何突破并接管战争的。

在华盛顿特区的一所房子里展出的历史悠久的武器。随着时间的推移，战争样式将发生变化，无人机可能会彻底改变战争样式，就像过去的盔甲和刀剑一样（赛斯·弗兰茨曼）

第二章

空中间谍：监视

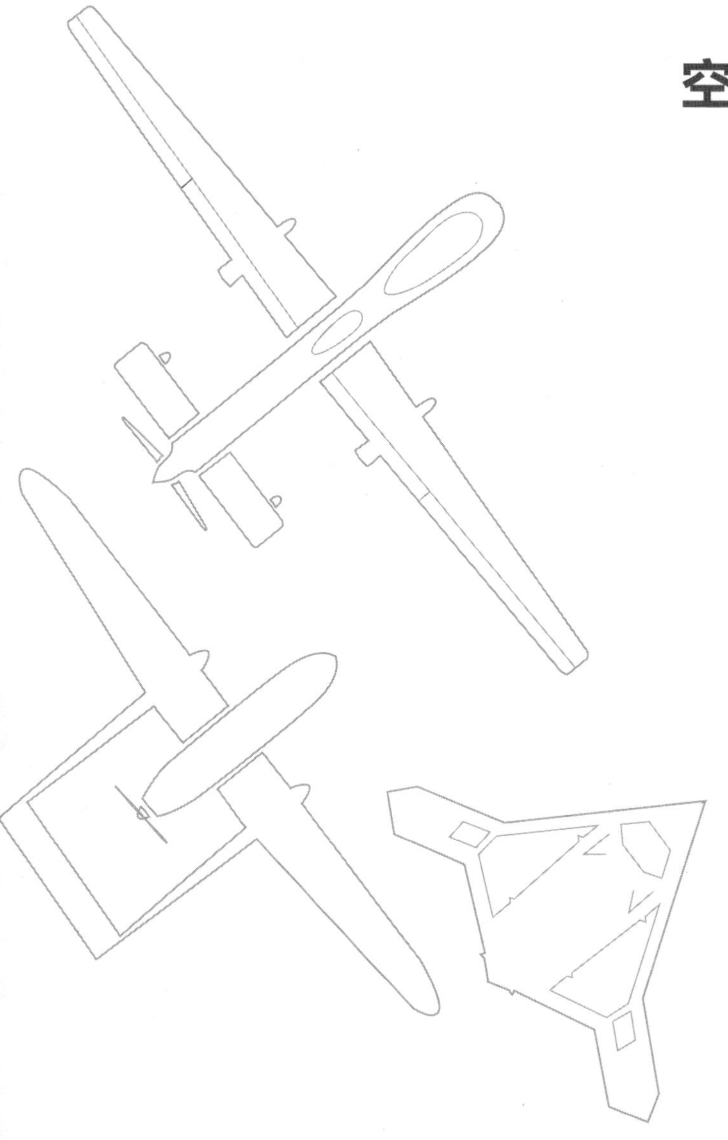

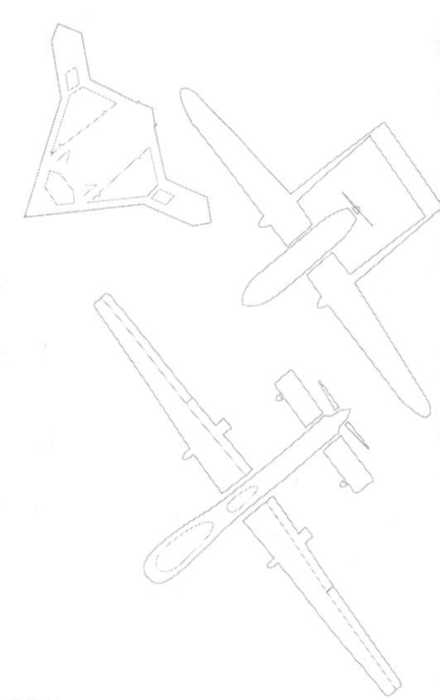

华盛顿的航空航天博物馆坐落在国家广场上，2020年1月进行过翻修。走过一小段路，通过必要的安全检查后，美国的航空航天史就呈现于眼前了。这里矗立着巨大的导弹和火箭，德国第二次世界大战时期的V-1和V-2导弹也在其中，V-1是第一枚巡航导弹，V-2是第一枚弹道导弹。

无人机、导弹和飞机有一些共同点，它们拥有同一个祖先，与动物的进化相似，它们也是科技发展的树形结构的一部分。每一架无人机都有一个起源，有些可以追溯到林德伯格（Lindbergh）时代，就像泰勒雷恩公司一样。当我们提到无人机时，最开始往往只会想到一些类似飞行炸弹或诱饵的东西，它们或是从飞机上投射，或是使用弹射器发射并通过回收网回收；然后我们会想到真正的飞行器，更像是模型飞机；如今这一切已经有了飞速的发展，涌现出不同飞行高度、不同类型、执行不同任务的无人机。2020年，我开车从航空航天博物馆前往杜勒斯机场（Dulles Airport），我正是在那里看见一架“捕食者”无人机悬挂在大厅上方，它既不是最漂亮的，也不是最大的，甚至如果不去关注宣传册，很可能不会注意到它，然而许多划时代的作品都曾经历过无人问津的开始。

无人机的起源

监视是无人机的第一项任务，而仅仅用于监视也带来了显而易见的局限性。2012 年，一群武装恐怖分子袭击了美国大使克里斯·史蒂文斯（Chris Stevens）在班加西（Benghazi）的住所，杀害了他和其他几个美国人。史蒂文斯是一位勇敢敬业的美国外交官，当时有几架无人机本可以救他，它们就部署在可实施有效火力打击的范围内，但它们只能用于监视，没有装备任何打击武器。2017 年，尽管当时的美国已经被普遍认为是全球无人机霸主，但缺乏武装无人机的问题仍然在尼日尔显现，当时美国特种部队在巡逻时遭到尼日尔军队伏击，双方在马里边境附近的丛林地区爆发了短暂冲突，4 名美国士兵被大批武装“圣战”分子杀害，而就在附近秘密部署着美国和法国的无人机基地，遗憾的是这些无人机除了记录惨剧之外无能为力[39]。

我们现在对无人机有很高的期望，它们不应该仅仅用于监视。它们应该可以帮我们取外卖，甚至用于阻止流行病。回顾 20 世纪 90 年代，当时无人机在监视领域取得了革命性突破，不仅具有使用实时视频和激光指示器进行目标探测的能力，而且能够连续数日在目标上空盘旋监视。

美国总统林登·约翰逊（Lyndon Johnson）曾在20世纪60年代提出，美国之所以能成功对抗苏联，是因为美国能够主宰天空，就像英国曾经主宰海洋，罗马曾经主宰陆地一样。20年后，无人机将带来主宰天空的崭新方式。以色列的经验很重要，但也很有限，一旦美国加入这场博弈，凭借其军事规模和在世界上的影响力，将可以改变战争形态。

20世纪80年代，随着苏联的衰落，以及像黎巴嫩战争那样的局部复杂战争的到来，情报需求量增大，大型弹药的需求量却在减少，这为针对无人机的各类试验迎来了一个窗口期。随着战争从坦克时代和大规模杀伤时代（如战略轰炸）向精准化过渡，无人机将填补大型地面、海上武器（如坦克、舰炮等）与大型空中武器（如大型轰炸机等）的空白。利用无人机可大幅提高特种部队的地面作战能力，这一作战样式已初步显现，无人机将取代有人机的预言也因此不胫而走。

理念的创新是空中楼阁，要真正实现需要基础支撑。无人机不能只作为远程控制的诱饵，更需要一些新的东西。20世纪80年代迎来了一场技术革命，苹果（Apple）、微软（Microsoft）和甲骨文（Oracle）等计算机公司都成立于20世纪70年代末，视频与图像处理技术、卫星技术等无人机所需的所有技术都在不断发展，计算能力呈指数级增长，侦察设备和有效载荷也在向着轻小型发展。无人机要想颠覆未来战争，就必须站在现有技术的“肩膀”上，而这个“肩膀”已经成熟。

建立模型

2010年，美国国防部无人机任务组对无人机库存进行了统计，共有8000余架，占所有军用飞机的41%，但具备武装能力的只有不到1%，所有无人机主要用于执行ISR任务[40]。在这份报告发布的15年前，在匈牙利，美国空军上校詹姆斯·克拉克（James Clark）和他的团队正在试验一种“蚊蚋”（Gnat）无人机的后继型产品——“捕食者”无人机。他在2013年时回忆道：“我们当时有三到四架。”“蚊蚋”无人机由通用原子公司（General Atomics）在圣迭戈研发而成，带有视频摄像头，能够实现持久监视，每12小时实施一次轮换飞行[41]，其设计制造借鉴了以色列制造的“先锋”无人机的成功经验。“先锋”无人机翼展17英尺，航程100英里，续航能力5小时，使用弹射器发射，使用操纵杆飞行，更像一架模型飞机，单价50万美元，图像可以传输到100英里外[42]。海军再投资了5000万美元，使其获得9种“最低基本能力”[43]。

海湾战争已经证明了无人机的威力，它们能够在空中持续飞行很长时间。在这场 1991 年的战争中，美国使用“先锋”无人机共飞行了 522 架次，其中海军 100 架次、海军陆战队 94 架次、陆军 84 架次[44]。它们协助海军舰炮和科威特边境的海军陆战队，利用红外传感器搜索敌军，还帮助“战斧”巡航导弹标定目标。

然而出现了一个问题，海军陆战队的一名情报军官说，部队对无人机的需求是现有数量的 3 倍，陆军也想要更多的无人机。美国众议院监督调查小组委员会（Oversight on Investigations Subcommittee）时刻审视着投入使用的无人机是否取得了成功，军官们异口同声地告诉他们：“我们需要更多无人机。”[45]。俗话说：“事成抢功劳，事败无人理。”美国军事史上充斥着许多损失数十亿美元的失败，改革和试验失败消耗了大量资源。“捕食者”无人机是成功的，于是很多人来“抢功”[46]。

CIA 局长詹姆斯·伍尔西（James Woolsey）为“捕食者”无人机的诞生指引了方向。20 世纪 90 年代初，他在阐述苏联解体后美国所面临的变化时表示：“我们现在就好像身处丛林之中，遍布着迷惑人心的毒蛇，我们很难去一一追踪。”

海湾战争后，波斯尼亚的战争引发舆论呼吁，要求美国干预以制止武装冲突，克林顿政府想得到塞尔维亚军队炮轰波斯尼亚人的情报。弗兰克·斯特里克兰（Frank Strickland）是CIA科学技术理事会（CIA's Directorate of Science and Technology）的一名高级官员，他当时正与伍尔西密切合作[47]，斯特里克兰回忆说："美国的卫星侦察能力仅限于每天几分钟的覆盖时间。"美国所需要的是能够在像西弗吉尼亚那样辽阔的地区进行持续侦察。CIA谍报部门主管托马斯·特恩（Thomas Twetten）已经审查了CIA过去在无人机方面的工作，包括20世纪80年代在黎巴嫩进行的一个名为"鹰"的秘密项目，该项目使用了模型飞机和相机[48]。受肯尼迪时代的启发，他放弃了在CIA的研究工作。特恩说话简短而从容，带点鼻音[49]，他把审查结果带给了伍尔西。

伍尔西曾在约翰逊政府担任情报系统分析员，并在时任CIA局长罗伯特·盖茨（Robert Gates）手下分析过空中侦察需求。我们需要的是一架长航时无人机。DARPA已经与卡里姆就一架名为"琥珀"（Amber）的无人机进行了接触，这架无人机可以飞行30小时。两架"琥珀"无人机被带到犹他州（Utah）达格韦试验场（Dugway Proving Ground）进行测试[50]。

"琥珀"无人机的独特之处在于，它不像以前的一些无人机那样使用摩托车引擎，而是拥有自己独特的引擎，到1988年已经能够连续飞行40小时，使用火箭助推器发射。DAPRA 认为这架 800 磅的轻型无人机是出色的，但卡里姆的 LSI 公司（Leading Systems，Inc.）却发现，由于政治原因以及采购不积极可能导致“琥珀”无人机的前景不容乐观。国会推动了多种通用近程无人机的开发，作为汤姆森·拉莫·伍尔德里奇公司和麦道公司竞争的一部分。LSI 公司开发了带有 Rotax 引擎的更大的“蚊蚋”无人机，并提供给土耳其和其他国家，但 LSI 公司最终破产了，通用原子公司收购了拥有其知识产权的休斯飞机公司（Hughes Aircraft Company），将 LSI 公司吞并[51]。

美国人解决波斯尼亚问题所需要的产品已经在卡里姆的车库里制造出来了。弗兰克·斯特里克兰回忆道：“简（Jane）是一名 CIA 飞行员，她和她的团队是在市场调查中发现‘琥珀’无人机的，在对通用原子公司进行调研之后，该团队定义了一个更为成熟的‘琥珀’无人机概念。”简和 CIA 行动处副处长泰德·普莱斯（Ted Price）将“蚊蚋”无人机带到伍尔西面前，伍尔西看到“蚊蚋”后说：“这是亚伯拉罕·卡里姆的设计。”伍尔西是在另一个导弹项目中认识卡里姆的。

伍尔西的无人机之路也来自以色列的成功经验。伍尔西在 1989 年就建议用无人机来解决各类问题，他的想法当时被驳回了。因此，他在终于执掌 CIA 后，立即要求召开一个美国无人机大会，兰利（Langley，CIA 本部所在地）需要知道无人机在波斯尼亚的壮举。作为CIA 局长，伍尔西拥有了继续推进无人机项目的权力，与国防部共同实施了一项投资 1 亿美元的联合无人机计划[52]。伍尔西与通用原子公司的联合创始人林登·布鲁（Linden Blue）通了电话，卡里姆也作为专家顾问共同参与，他们共同提案尽快在波斯尼亚部署“蚊蚋”无人机。“蚊蚋”的引擎声音就像是飞行的割草机，降低引擎噪声是当务之急，除了这个缺点，无人机操控员很喜欢这款新型飞机。很快地，伍尔西就看到了一个关于“蚊蚋”的视频链接，这些无人机被一架 C－130 运输机送到了波斯尼亚[53]。他通过“蚊蚋”俯瞰一座桥，要求无人机放大观察一个在桥上戴着一顶滑稽大帽子的人，以考验它的监视能力，“蚊蚋”经受住了考验[54]。

起初，视频信号通过一架 Schweitzer 有人机中继转发至位于意大利的地面通信设施，其数据链路一度干扰了意大利电视台，因此必须找到一个新的地面通信基站[55]。当时，这架无人机的任务是飞出阿尔巴尼亚的加德尔（Gjader），到达 140 英里以外，幸运的是，它的航程是 500 英里，续航能力是 20 小时，完全可以胜任此项任务[56]。

里克·弗兰科纳（Rick Francona）是一名退役的美国空军情报官，他是在越南首次见到早期的美国无人机，当时他正在波斯尼亚协助搜捕被指控犯有战争罪的人。在回顾所经历的无人机发展变化时，弗兰科纳回忆道："我们可以使用无人机进行监视，但当时我们并没有过多控制它们，这是因为指挥机构认为无人机的优先级较低。"虽然最终他更多地依赖直升机执行任务，但此次使用无人机的经历让弗兰科纳大开眼界[57]。

现在需要的是大规模生产。伍尔西和国防部密切合作，借助通用原子公司制定了"先进概念技术演示"（ACTD）计划，研究小组在无人机上安装了卫星链路，加大了无人机的尺寸，使其具有更远的航程和更大的有效载荷，于是"捕食者"无人机诞生了。伍尔西后来开玩笑说，他的角色是一个媒人，也可以说是中介[58]。

为什么"捕食者"无人机的外形是这样的？圆滑的身躯，大大的脑袋，就好像有人把驾驶舱拿出来装满了黏土，后来这种设计成为了标志性设计，象征着无人机应有的样子。"捕食者"无人机和不太好看的"侦察兵"无人机是世界上大多数无人机的两种基本型号。为什么"捕食者"无人机的机头是球状的呢？无人机需要一个天线来传递信号，而这个天线就安装在机头。它拥有更好的引擎，通用原子公司总裁托马斯·卡西迪（Thomas Cassidy）赋予了它"捕食者"这个绰号[59]。

通用原子公司的第一份合同签订于 1994 年 1 月，

3170万美元采购3架“捕食者”无人机，“捕食者”无人机在国内面临着来自政治和各机构部门之间的挑战。空军想要使用它，于是CIA的小组加入了内华达州的内利斯空军基地（Nellis Air Base）。内利斯位于一片平坦的平原，一面临山，地势空旷，几十年来，这些“捕食者”无人机就在这里安家。

“捕食者”无人机在1995年首次投入使用。它的速度很慢，在多雨的阿尔巴尼亚，操控员坐在一辆厢式货车内，一人控制操纵杆，另一人查看监控画面，当无人机飞行超出视距，操控指令将通过中继设备和空中的有人机来传输，这是一个缓慢的过程，在卫星链路得以开发应用之前，传输的视频往往是混乱的[60]，这些监控画面由一个可旋转的索尼相机拍摄而成。这架无人机还装有雷达和电子拦截设备[61]。

“捕食者”无人机在波斯尼亚被用于监视。它们并非无懈可击，其中一架在云层下执行监视任务时被塞尔维亚人击落[62]，截至那时，只剩13架“捕食者”仍然可用[63]。在1998—1999年的科索沃战争中，海军使用“捕食者”无人机辅助潜射巡航导弹瞄准目标，而空军则在其上安装激光指示器来辅助制导炸弹，科索沃被证明是无人机的一个分水岭。英国从皇家炮兵第32团带来了他们的“不死鸟”（Phoenix）无人机，共出动了20架次；法国和德国的CL－289 Piver无人机执行了

180 次飞行任务；法国的“红隼”（Crecerelle）无人机也出现在空中，总共战损约 21 架[64]。

科索沃战争结束后，“捕食者”无人机立刻前往执行下一项任务。国家反恐协调员理查德·克拉克（Richard Clarke）富有感染力的灿烂笑容常常照亮整个房间，他与国家安全顾问桑迪·伯杰（Sandy Berger）以及克林顿政府的其他人一起，同意派“捕食者”无人机去监视阿富汗[65]。美国驻非洲大使馆遇袭后，CIA 一直在追捕奥萨马·本·拉登，这些摄像头是否能看清并找到本·拉登？是否能确保远在波斯湾附近部署的潜艇发射巡航导弹成功对其实施袭击？2000 年夏天，“捕食者”无人机连同它的厢式货车、卫星天线和其他设备，被运往乌兹别克斯坦，乌兹别克斯坦总统伊斯兰·卡里莫夫（Islam Karimov）秘密同意部署，他手下的多数工作人员对此一无所知。到了 9 月，这些无人机拍到了位于阿富汗坎大哈附近一个叫作塔纳克农场（Tarnak Farm）的图像，人们认为本·拉登就在那里。

卫星数月来一直在徒劳地搜索，现在他出现在无人机视频中，穿着飘逸的长袍，留着白胡子。CIA 局长乔治·特尼特（George Tenet）将视频交给了克林顿和伯杰，于是各类飞行活动增加了，涉及追捕本·拉登的各军兵种的红头文件也增加了[66]。

Big Safari（第 645 航空系统大队）

美国终于有了“捕食者”无人机，随之带来的问题是应该由谁来控制它们。空军上将罗纳德·福格曼（Ronald Fogleman）曾在 20 世纪 90 年代领导空军，1996 年，他就在为无人机控制问题绞尽脑汁。福格曼在空军有很长的历史，可以追溯到 20 世纪 50 年代。他是一位铁路工人的后代，为人温和谦虚，但对自己负责的部门管理却很严格。福格曼似乎对“阿奎拉”计划和国会的干预耿耿于怀。1996 年，国防部长威廉·佩里（William Perry）同意并签署了一份备忘录，指定空军为使用“捕食者”的领军军种[67]。

美国军人第一次看到了新型无人机，这种无人机将在美国空中力量中发挥更大的作用。布拉德·鲍曼（Brad Bowman）是美国直升机飞行员，1995 年毕业于西点军校，20 世纪 90 年代末在华楚卡堡（Fort Huachuca）服役，驾驶“黑鹰”直升机，他回忆第一次看到无人机的情景，“我当时正在做 EH－60 的训练和资格认证，那是电子战型‘黑鹰’直升机，在做飞行模式训练时，我望向窗外，在交通模式中我看到身后有一架无人机，它可能就是早期型‘捕食者’，这是一种非常令人不安的感觉，这项技术太新了。”他在 2020 年 3 月回忆道[68]，“我对这种无人驾驶飞行器感到惊奇，它非常了不起，我希望那些坐在房间或是货车里（操控无人机）的新兵们训练有素，能够认真对待自己的工作……我不确定我们是否应该把有人机和无人机整合在同一种飞行模式中。”随着无人机进入美国空域，一种全新的运行方式开始了。

时任美国空军上校、负责建模与仿真的副参谋长助理詹姆斯·克拉克，于 1997 年前往波斯尼亚视察了第 11 侦察中队[69]。“捕食者”无人机面临的最大问题是每个人都想要它，陆军对自己失去了这个项目感到很沮丧，他们想争取更多的经费来采购“猎人”无人机。海军也想要无人机控制权，20 世纪 90 年代初，海军和空军联合尝试制造一种中程无人机，结果失败了，空军于 1993 年 6 月取消了合同[70]。

美国国防部副部长约翰·多伊奇（John Deutsch）后来担任 CIA 局长，他认为，美国需要一种无人机，能在 24 小时内飞行 500 英里，飞行高度达到 2.5 万英尺，有效载荷达到 500 磅，同时需要配备雷达、高分辨率视频设备、卫星链路，能够全天候飞行[71]。

与此同时，第一批可用的“捕食者”无人机及其住在帐篷里的操控员们都被困在匈牙利的塔萨尔基地，由一个原本驻扎在内华达印第安斯普林斯的中队负责。但这里的无人机飞行和保障情况开始变得捉襟见肘：3 架“捕食者”无人机需要 50 名工作人员操作和使用，而另一组操控员还正在接受为期 10 周的培训，要到 1996 年 6 月才能抵达[72]；飞行员抱怨天气不好，想去意大利；阿尔巴尼亚虽可靠，但政局极不稳定；恶劣天气也使系统故障频出；部队生活质量也令人无法忍受；无人机操控员们对“简陋”的帐篷表示不满；用于起降“捕食者”无人机的跑道其实只是一个木制的滑行道[73]。

克拉克抱怨道：“只要海军还在指挥，美国空军就无法直接控制自己‘捕食者’无人机的命运。”通用原子公司也太小，他声称该公司一年最多只能制造 7 架无人机。但是，卡西迪（通用原子公司总裁）得到了国会议员杰里·刘易斯（Jerry Lewis）等人的支持[74]，1997 年，福格曼坚持要求国会通过《国防授权法案》（Defense Authorization Act），将权力从海军转移到空军，并指定了被称为“Big Safari”的第 645 航空系统大队（645th Aeronautical Systems Group）来使用“捕食者”无人机，国会议员刘易斯对“Big Safari”印象深刻，国防部副部长贾克斯·甘斯勒（Jacques Gansler）也批准了这一行动[75]。

这就是“捕食者”无人机在空军的指挥下被带到乌兹别克斯坦追捕本·拉登的原因。在第 32 空军情报中队的控制下，通过与德国拉姆斯坦空军基地联系，美国空军情报局长爱德华·博伊尔上校（Edward Boyle）

和马克·库特少校（Mark Cooter）跟踪本·拉登[76]，先后两次拍到他的影像。

“暗星”（Dark Star）

在美国，通用原子公司已经凭借“捕食者”无人机横扫国防工业，五角大楼官方也在寻求填补无人机领域的更多空白，他们想要的是所谓的一级、二级和三级无人机，即战术无人机、中高空长航时无人机（medium－altitude long－endurance aircraft，MALE）和高空长航时无人机（high－altitude long－endurance aircraft，HALE）。

国会自1988年以来一直支持联合军种无人机项目，成立了国防空中侦察办公室（Defense Airborne Reconnaissance Office，DARO），以推动该项目通过“先进概念技术演示”。航空环境公司（AeroVironment）发明了一种奇异的高空太阳能（high altitude solar，HALSOL）无人机，该无人机在20世纪80年代得到资助，但在1995年撤资；波音公司另一个名为“秃鹰”（Condor）的无人机项目也未能实现，“秃鹰”其实完全可以满足高空长航时无人机的要求；洛克希德·马丁公司的“臭鼬工厂”也在研发一款名为“Quartz”的无人机。

美国空军提出需求，需要具备高空长航时能力且能突破敌方防空区域的无人机。20世纪90年代中期，时任兰利空军基地空战司令部司令的约瑟夫·拉尔斯顿（Joseph Ralston）将军对新的无人机计划保持乐观态度[77]，他认为美国正“大举进军”无人机领域，但无人机系统的开发需要较长周期，他继续强调：“空军的技术升级和革新并不像人们普遍认为的那样迅速。”[78]

拉尔斯顿对作战指挥官（或“地区总司令”）在不久的将来是否能够拥有可用的无人机表示怀疑[79]，等到资金投入无人机的时候，可能还要 10 年左右的时间，他认为，无人机具有巨大的潜力，同时也面临巨大的挑战[80]。1996 年，罗纳德·威尔逊上校（Col. Ronald Wilson）在回顾迄今取得的成就时，将这些无人机计划称为“天空之眼”（Eyes in the Sky）[81]，这些计划构建了一个无人机“家族”，供多军种部署使用，同时尽可能具备互操作性，服务于指挥、控制、通信、计算机和情报（C^4I）[82]。

这些挑战已经在两个项目中得到了检验。美国在构建未来无人机需求时设计为一个分层系统，“猎人”是“一级”，“捕食者”是“二级”，另外还有“三级”。空军还发展了两级无人机，分别是“三级减”的“暗星”无人机和“二级加”的“全球鹰”无人机。

“一级”无人机走的是一条崎岖的道路，我们有必要总结一下这场灾难，以说明美国为何未能在 20 世纪 90 年代成功研制出小型无人机。威尔逊认为战术无人机应具备电子战能力和移动目标指示能力，这种无人机最初打算由胡德堡（Fort Hood）军事基地的第4步兵师率先使用，该项发展计划于1997年启动，为期2年。这种无人机标配光电（EO）和红外（IR）功能，而且还能够满足侦察、情报、监视和目标捕获（RISTA）的需求。

尽管“捕食者”无人机已经在巴尔干半岛部署过两次，但威尔逊仍然没有意识到，“捕食者”将由空军和陆军的军事情报单位使用，用于向指挥官提供情报信息。陆军少将查尔斯·托马斯（Charles Thomas）说：“陆军从旅到战区的所有级别都需要该系统……我们的计划是通过部署在师和军的前方控制单元（FCE）来访问无人机系统。”[83]同时，他担心这样会花费太多时间，因此他认为“首先需要的是，部署一个经过良好测试、值得信赖、有能力、持久和经过验证的系统。”[84]

“猎人”无人机航程300千米，航时8小时，1995年停产，剩下的几架在胡德堡和华楚卡堡基地，这是一项预计交付52架、耗资21亿美元的项目，最终却只交付了7架[85]。另一种叫作“先驱者”（Outrider）的战术无人机，航程为200千米，航时3小时[86]。这架名为RQ－6A的奇特双翼无人机在1999年被取消[87]。最初人们对这种无人机寄予厚望，希望它能取代“猎人”无人机，但在投入了5700万美元却只制造了6架之后，人们的期望就逐渐破灭了[88]。

美军在2003年伊拉克战争中使用了“猎人”无人机，并为之装备了“蝰蛇打击”反装甲弹药。后来第五军在纳杰夫（Najaf）附近为“猎人”无人机建造了一个机场，以辅助“阿帕奇”（Apache）直升机寻找目标[89]，截至2004年，“猎人”已经飞行30000战斗小时。2005年“猎人”无人机进一步发展成为MQ-5B。

对于高空无人机，美国求助于其传统的国防公司。当时有传言称，洛克希德·马丁和波音公司正在制造一种秘密、隐身无人机[90]，这最终导致了在21世纪初出现了后掠翼概念无人机——X-45和X-47，不幸的是，这款创新无人机并没有成功。“暗星”是一款准隐身无人机，它的外形长而扁平，像一把飞行的尺子，中间有一个圆盘，有点像《星际迷航》中的“企业”号（Enterprise），它可以在敌对国境内的45000英尺高空飞行长达8小时，装备的摄像头可以监视1.85万平方英里的区域，航程可达575英里。

由波音和洛克希德·马丁公司制造的“暗星”无人机，在爱德华兹空军基地（Edwards Air Force Base）进行了测试。“暗星”无人机翼展69英尺，机身长度只有15英尺，重达8600磅，有效载荷1000磅[91]。美国空军在1997年春天表示，将在夏天继续对其进行测试。空军侦察办公室主任肯尼思·伊斯雷尔少将（Kenneth

Israel）希望“暗星”无人机能够“从敌方领土内的任何地方提供可靠的、持续的数据”[92]。

为向“暗星”无人机致敬，泰勒雷恩公司制造了“全球鹰”无人机，这是一种高空长航时的无人机。“全球鹰”无人机的有效载荷可达2000磅，地面指挥官可在雷达、红外和可见光三种模式间切换；“全球鹰”无人机能够以400英里/小时的速度飞行40小时，最高可达65000英尺；“全球鹰”航程为3450英里，目标上空盘旋时长为24小时。“全球鹰”原型机于1997年2月20日研制完成[93]。

军队指挥链条已形成了一个复杂的网络，威尔逊在预审“全球鹰”无人机计划时指出，“全球鹰”或“暗星”无人机从地面起飞，其侦察情报应供联合任务部队使用，即它拍摄的视频将传送到各个末端，如陆军的增强型战术雷达相关器（Enhanced Tactical Radar Correlator，ETRAC）和现代化图像开发系统（Modernized Imagery Exploitation System，MIES）、空军的应急机载侦察系统（Air Force Contingency Airborne Reconnaissance System，CARS）、海军和海军陆战队的联合服务图像处理系统（Joint Service Imagery Processing System，JSIPS）等。

“暗星”无人机被认为是“全球鹰”无人机的补充，针对雷达，它拥有一定的隐身能力，能够突防防空区域，后来被命名为RQ-3A。但是这架光滑的黑色飞机在1996年第二次起飞时发生坠机，1998年又进行了多次试飞，最终于1999年被取消，“暗星”无人机并没有像预期的那样带给美国进入敌人领空的能力。20世纪90年代，美国又将几个机密项目暂停，他们以“暗星”无人机为案例向国会进行了解释，阐述无人机采购是一个缺乏吸引力、耗资巨大的项目[94]。洛克希德·马丁公司根据“阿奎拉”项目的一些经验，继续探索飞翼无人机。2001年，该公司制造了一架翼展30英尺的飞翼无人机，名为X-44A，在2018年洛杉矶航展上亮相[95]。

2005年，洛克希德·马丁公司的“臭鼬工厂”又推出了另一款名为“臭鼬”（Polecat）的无人机，翼展90英尺，重9000磅，有效载荷1000磅，飞行高度60000英尺，与B-2轰炸机相似，改装后部署在海湾地区[96]，代号为P-175。洛克希德·马丁公司在没有政府支持的情况下研发完成了“臭鼬”，并在2006年的范堡罗航展上向公众展示。“臭鼬”采用飞翼式设计，结构简单，但2006年12月，它在内利斯基地的试验场遭遇了“不可逆转的意外故障”，随后洛克希德·马丁公司的操作人员按下了自毁按钮[97]。那次失败导致了另一种隐身无人机的投入研发——“哨兵”（Sentinel）RQ-170。

伟大的辩论

1997 年，美国加州众议员邓肯·亨特（Duncan Hunter）在一个采购小组委员会上向其他代表愤怒地表示，美国曾在 10 年内把人类送上月球，但却只把几架无人机送到了作战人员手中。亨特出生于 1948 年，曾是陆军游骑兵队员，在越南服过兵役，他于 1981 年首次当选众议员，是一位经验丰富的政治家。亨特对无人机也很感兴趣，1997 年 4 月 9 日，他召集了参与开发和部署无人机的美国主要军事人员召开听证会，这是前所未有的。

听证会讨论了美国军方所面临的挑战，埃格林空军基地（Eglin Air Force Base）刚刚建立了一个无人机作战实验室，但仍然无法满足部队对无人机的使用需求。美国总会计办公室国防采办事务主管路易斯·罗德里格斯（Louis Rodrigues）表示，数十亿的资金被浪费掉了，8 个项目中只有一个项目完全成功了，那就是“捕食者”无人机。

委员会回顾了无人机在“沙漠风暴”（Desert Storm）行动中的表现，它们几乎没有受到挑战，新技术使得新平台具备更长的飞行时间，在卫星覆盖的情况下突击敌方领空，无人机的机动性能虽然不如有人机，但其视频可以直接传输至当地指挥官。国会议员们还了解到在海军部长约翰·莱曼（John Lehman）的推动下，美国海军是如何开发无人机并采购了“猛犬”和“先锋”无人机的，莱曼专注于开发无人机的态度得到了议员们的肯定[98]。随后会议进入下一个议题，罗德里格斯说：“当前最主要的挑战是，如何确保各级战术指挥层具备部署战术无人机系统所需的技能和认知。”[99]

罗德里格斯接着说：“让无人机做的事越多，它就越难制造。”军方指出，无人机项目投入巨大，但却没有考虑到技术的成熟度，无人机本身只是无人机系统中最受关注的一部分，但不应忽略计算机、数据链和地面站，它们也是无人机系统重要的组成部分。

海军陆战队作战发展司令部（Combat Development Command）的保罗·K. 范·里珀（Paul K. Van Riper）将军戴着眼镜，身材瘦削，他说海军陆战队想要更多的无人机，“与早期的成功相比，过去10年无人机的发展历史对我们的作战部队来说并不令人满意。在匡蒂科基地（Quantico）的试验人员想要一个新系统，但他们只有‘先锋’”。美国空军侦察办公室主任肯尼思·伊斯雷尔（Kenneth Israel）少将留着一头短发，他认为无人机能够减少伤亡，值得投资，在演习中无人机已经展示出追踪敌方部队的能力。“敌人仰望天空，不是在寻找海尔波普彗星，而是在寻找无人机，因为无人机使他们的位置暴露无遗。”亨特向肯尼思·伊斯雷尔询问美国目前有多少无人机，得到的答案令他大为不满：约13架“捕食者”、45架“先锋”和56架“猎人”。

然后，他们开始讨论未来需要做些什么。海军陆战队表示，他们需要能够在舰船上轻松操控的垂直起降无人机。当时，美国军方正在制定《2010联合愿景》(Joint Vision 2010)，展望13年后的未来。其中一个概念是一种名为“密码”（Cypher）的无人机，这是西科斯基公司（Sikorsky）开发的一种形似甜甜圈的无人机，另外还有一种小型V形无人机——“敢死蜂”（Exdrone），由BAI航空系统公司制造，这两型都是战术无人机。伊斯雷尔声称：“我们今天掌握了技术、信息和数据分发，我们会坚持到底。”[100]

亨特同意这一观点，但他指出，冷战结束后美国正在缩减军队规模，美国海军将其舰艇规模从546艘缩减到346艘，陆军将相当于8个师的士兵退出现役。空军作战司令部副指挥官布雷特杜拉中将（Lt. Gen. Brett Dula）说：“我们喜欢无人机……我们想知道为什么我们现在没有做得更多，为什么这些项目没有进展得更快。”空军希望“捕食者”无人机能发挥更大的作用，比如“精确打击”，这表现出进一步武装“捕食者”无人机的需求[101]。在经过长达数小时的会议研讨，形成数百页的会议纪要后，美国国防国会研究服务部(National Defense Congressional Research Service）的理查德·贝斯特（Richard Best）在总结发言中指出，军方希望拥有一系列适用于不同范围、不同部队的无人机，但要实现这一目标将面临巨大困难。

除了会议提出的问题，所有现有的无人机还有很多其他问题：在科威特，温度高达 113 华氏度（45 摄氏度），“捕食者”无人机无法在如此高温中飞行；它们还需要 5000 英尺的跑道；雨水会毁坏“先锋”无人机的螺旋桨；频发的大雾和侧风等恶劣天气阻碍了无人机的飞行。无人机坠毁的概率要高出 17 倍，截至 1998 年，65 架“捕食者”无人机中已经损失了整整 23 架[102]。意见不合、官僚主义、资金浪费和“需求蠕变”（需求无限扩充，在无人机平台上堆砌越来越多的设备）……这一切正在扼杀这个摇篮中的巨人。

追随林德伯格的脚步

这一切都始于 1994 年阿尔弗雷多·拉米雷斯（Alfredo Ramirez）在画图板上的一幅草图[103]，这幅草图于 1995 年被 DARPA 选中。泰勒雷恩公司计划了“全球鹰”无人机的首飞，为此他们等了整整一年，终于在 1996 年 12 月 16 日获得了许可，并在 1997 年 2 月做好了首飞准备[104]。

“全球鹰”无人机的翼展达到 116 英尺，就像一只会飞的白鲸，与隐身的“暗星”不同，这是一个不需要躲避敌人雷达探测的笨重野兽[105]，它拥有白鲸般的耐力，可以飞行40小时，13000英里。最后，在多次推迟之后，“全球鹰”无人机终于在1998年实现了首飞，这是一个可以在任何天气条件下航行的庞然大物。

1998年2月28日，“全球鹰”无人机在加州爱德华兹空军基地完成首飞，滑行、起飞……那是一个全新的开端[106]。DARPA支持的这款原型机全身涂装成白色，被称为AV-1，通过控制站进行驾驶，首飞驾驶员是泰勒雷恩公司的迈克·蒙斯基（Mike Munski），从泰勒雷恩的林德伯格机场起飞，它飞行了近1小时，最大飞行高度达到了32000英尺[107]。DARPA的道格·卡尔森上校说：“今天的飞行是‘全球鹰’团队的非凡成就，这是赋予作战人员强大新能力的关键里程碑。”[108]

多年后，诺斯罗普·格鲁曼公司（Northrop Grumman）副总裁劳伦·史蒂文斯（Lauren Stevens）表示：“它塑造了航空史。”诺斯罗普·格鲁曼公司在1999年以1.4亿美元收购了泰勒雷恩公司，“全球鹰”项目也随之发生了一些变化，为了使这两架试验飞机达到标准，他们轮班工作12小时，工程师们在感恩节仍在加班加点[109]。然而试验并非一帆风顺，1999年3月，第二架被称为AV-2的原型机起飞后坠毁[110]，在从41000英尺坠落的过程中，一架用于监视的追踪飞机不停地在向它喊话——“拉起来！拉起来！”

高层对“全球鹰”无人机印象深刻。2000 年 2 月，该公司获得了一份 7100 万美元的采购合同[111]。“全球鹰”无人机完成了第一次跨洋飞行，首先飞往埃格林空军基地，然后飞越大西洋，位于布拉格堡的操控员看到了传回的图像；另一架“全球鹰”AV－5 从爱德华兹基地飞到澳大利亚爱丁堡基地（Edinburgh），飞行了 7500 英里，耗时 22 小时，这是第一次使用无人机飞越太平洋；此外它还创造了一项纪录，在 65000 英尺的高空飞行了 31 小时；2001 年 5 月获得了国家航空协会（National Aeronautic Association）颁发的科利尔奖（Collier Trophy），罗尔斯·罗伊斯（Rolls Royce）和雷声公司（Raytheon）与诺斯罗普·格鲁曼公司分享了该奖项。

2001 年 9 月 11 日的恐怖袭击使该公司加快了发展速度，“全球鹰”无人机被迅速部署到阿富汗战场。在那里它们终于展示出了强大能力：飞行数小时，提供塔利班和“基地”组织的实时情报。它们在“持久自由”（Operation Enduring Freedom）行动中，发送了 17000 张实时图像，执行了 60 次战斗任务。第 12 远征行动侦察主任托马斯·巴克纳中校（Thomas Buckner）对此印象深刻：“它们的需求量很大。”[112]

一年后，这些无人机被派往伊拉克执行“伊拉克自由”行动，执行了15次飞行任务，发回了4800张照片，这些都是行动中的“关键时刻数据”，发现了13个地空导弹连，50部地空导弹发射器和300辆坦克，它还对空袭萨达姆·侯赛因宫殿的行动进行了毁伤评估。

联合部队空中作战指挥官总结说，这些无人机加速了伊拉克的溃败。RQ－4B型“全球鹰”无人机拥有更大的翼展，达到了132英尺，研发人员安德森回忆道：“空军和承包商是我见过的最坚定的团队。”安德森和拉米雷斯继续研制更先进的型号，于是“特里同”（Triton）无人机诞生了[113]，自2001年交付给空军以来，到2018年已经飞行了25万小时[114]。

“全球鹰”无人机非常成功，V形尾翼由石墨复合材料制成，有助于减少雷达和红外信号的反射，发动机采用北美罗尔斯·罗伊斯公司生产的AE涡扇发动机。最终，“全球鹰”的Block 10批次的有效载荷增加到了3000磅[115]。这款无人机的工作方式除了任务控制以外，还需拥有独立的发射和回收站，即发射回收单元（Launch and Recovery Element，LRE）和任务控制单元（Mission Control Element，MCE），通过卫星进行通信[116]。当无人机在空中飞行时，可以通过雷达跟踪移动目标，并在目标指示器上显示，在站内实施24小时监视，可覆盖面积相当于伊利诺伊州的区域（约40000平方英里）。

"全球鹰"无人机是分批制造的，最初的原型批次共制造了7架，2006年以后制造了后续批次。2006年给海军部署了2架，2009年生产了6架，2011年计划生产15架，2012年计划生产26架[117]。它比美国过去用于广域监视的U-2侦察机更为优秀，也拥有光电红外成像（EO/IR）和SAR（合成孔径雷达）等新技术和传感器。SAR基本可以确保提供更精细的地形扫描，更好的相机能够提供更详细的图像。它可以实现24小时连续监视，而U-2只能监视10小时。由于生产的"全球鹰"无人机数量有限，因此它们备受关注，其作战经历也众所周知[118]：作为全球反恐战争的一部分，AV-3在三次部署中执行了167次任务，飞行时间达4800小时[119]；在此成功基础上，第4批"全球鹰"无人机于2004年开始投入使用，完成了422次飞行任务，最终在比尔空军基地（Beale Air Force Base）进行拆解，于2011年9月进入航空博物馆[120]。

"全球鹰"无人机的价格非常昂贵，20世纪90年代定价为每架1000万美元。2001年12月，其中一架损坏，仅仅修理费就花费了4000万美元[121]。诺斯鲁普·格鲁曼公司在2002年获得了一份2.99亿美元的合同，生产RQ-4B"全球鹰"无人机，续航时间提高到28小时，有效载荷达到3000磅，航程10000英里。在经过3年试验和77000小时飞行后，该项目于2006年获得了适航认证，允许在“可能的范围内”飞行，但在人口密集地区上空飞行仍然被限制[122]。

计算成本

常设情报特别委员会（Permanent Select Committee on Intelligence）大发雷霆，这架价值1000万美元的飞机单价怎么会飙升到4800万美元，然后又涨到4.73亿美元?“不断增加的新性能和新功能使这个项目难以负担。目前，一方面，已具备了大量资金，这些资金用于支撑‘全球鹰’项目；另一方面，已具备了快速对项目进行重大升级的特别计划，这些计划允许‘全球鹰’项目在需求未确定，或是未经充分检验如何融入整个体系架构的情况下实施。”[123]现在，“全球鹰”虽然变成了一个耗资高达十亿美元的项目，但是相比于此前的“阿奎拉”项目，至少它成功了。

第8批“全球鹰”无人机于2003年交付，部分部署在建于阿联酋的扎夫拉（Al Dhafra）空军基地，为伊拉克和阿富汗的行动提供了15000张照片[124]。五角大楼希望在Block 40中增加信号情报软件包和多平台雷达技术，计划在2010年前投入使用45架，2020年前投入使用78架[125]。美国国家航空航天局（NASA）和国家海洋和大气管理局（National Oceanic and Atmospheric

Administration）开始将它们用于科学研究[126]，甚至用于监测飓风。

随着U-2侦察机的退役，“全球鹰”无人机将取而代之，美国各类侦察机的问题已经显现，这表明需要更多的“全球鹰”。

在20世纪90年代，只有“全球鹰”无人机和“捕食者”无人机取得了成功，它们在进入21世纪的前20年中主导着世界的反恐战争，发挥了重要作用。但经历的失败也多得令人吃惊，从1979年到2000年，美国在8个无人机项目上浪费了超过20亿美元[127]，国会对此表示失望。

这使得“多层级无人机系统”（multi-tiered UAV system）的概念极不完善：陆军没有战术无人机；海军没有可替代“猎人”的无人机；没有可以在高空压制雷达的无人机；没有可以在低空快速飞行的无人机[128]。

“全球鹰”计划最终在2012年过渡到“特里同”无人机，代号为MQ-4C，供海军使用，它耗资超过11.6亿美元，其中5架从现有的RQ-4改装而来，美国海军表示，需要68架MQ-4C无人机来辅助有人驾驶的P-8飞机，用于广域海洋监视。其中一型为广域海洋监视验证机（Broad Area Maritime Surveillance-Demonstrator，BAMS-D）[129]，代号为RQ-

4N[130]，可在50000英尺的高度飞行30小时，以每小时360英里的速度飞越2300英里。总之，“全球鹰”无人机的各类改进型都在发挥作用，帮助美国从日本的基地监视朝鲜，在非洲打击“博科圣地”和ISIS的行动。[131]

2019年6月，一架RQ-4N无人机被派往伊朗海岸附近进行海域巡逻[132]。当时正值伊朗在阿曼湾（Gulf of Oman）发动袭击后美伊关系极度紧张的时候，同时也门也对沙特阿拉伯发动了火箭袭击。美国海军当时只有4种“全球鹰”改型无人机。6月20日上午，这架RQ-4N无人机被伊朗导弹击中，落入霍尔木兹海峡（Strait of Hormuz）[133]。

击落美军无人机的是伊朗“霍达德”-3防空系统（3rd Khordad air defense system）。这架美国最昂贵的、比F-35战斗机更加珍贵的飞机是如何被伊朗导弹击落的？犹如1960年弗朗西斯·加里·鲍尔斯（Francis Gary Powers）驾驶的CIA的U-2侦察机在苏联上空被击落，这一事件引发了人们的很多担忧，但至少没有人员伤亡或被俘。据美国《防务一号》网站（Defense One）称，美国已经迷失了无人机发展道路，以至于会轻易地被普通的雷达和导弹击落[134]。这个问题困扰着美国，当美国用了20年时间发展无人机，多年来打击了无数敌人，从未被击落时，这些是否使美国变得自负了。要了解美国是如何变得如此自负的，首先必须了解无人机是如何发展出武装能力的。这个故事从20世纪90年代的本·拉登开始，至2020年1月巴格达机场一个温暖的早晨达到高潮。让我们从故事的结尾讲起。

第三章

“海尔法”：带导弹的无人机

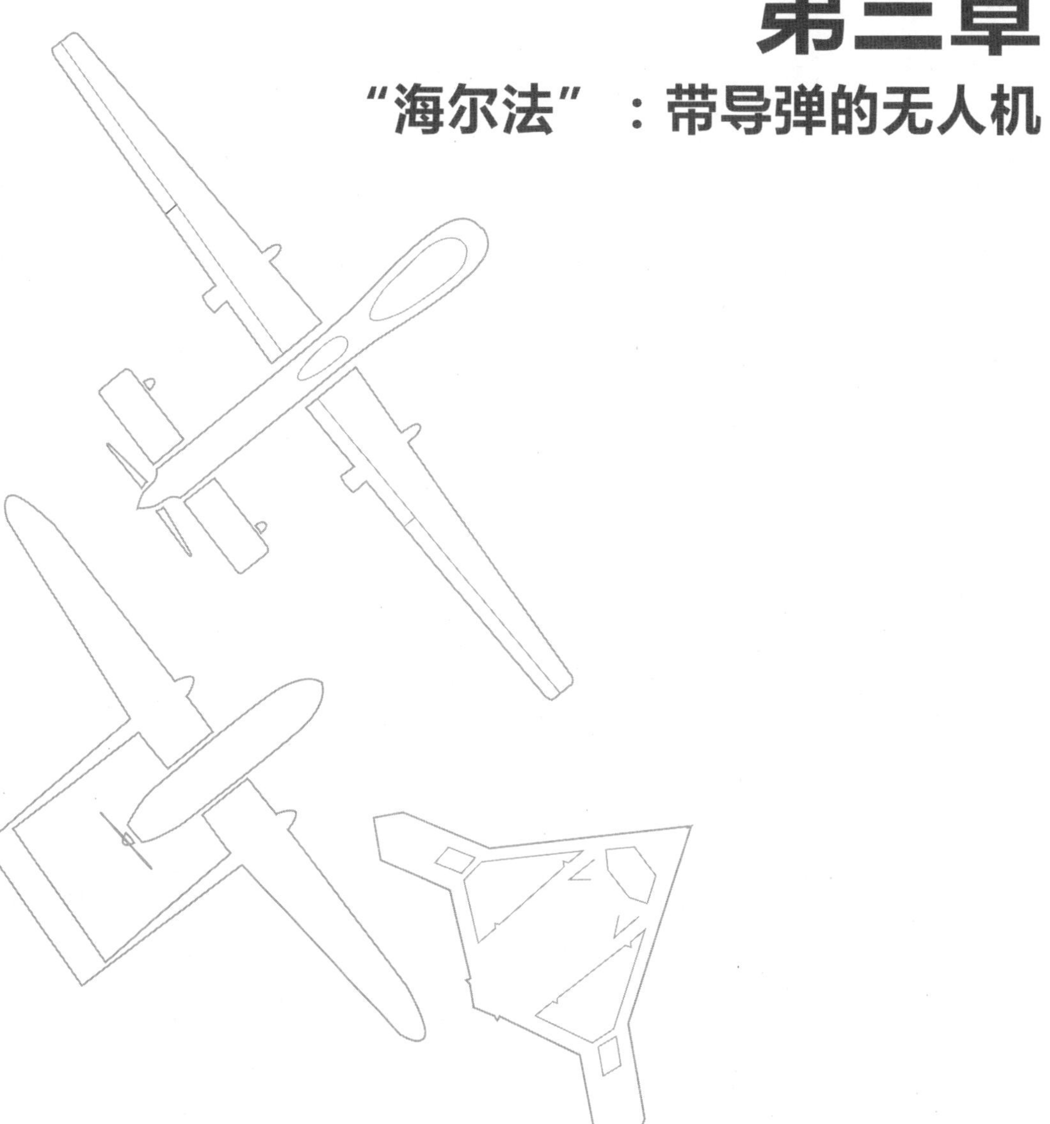

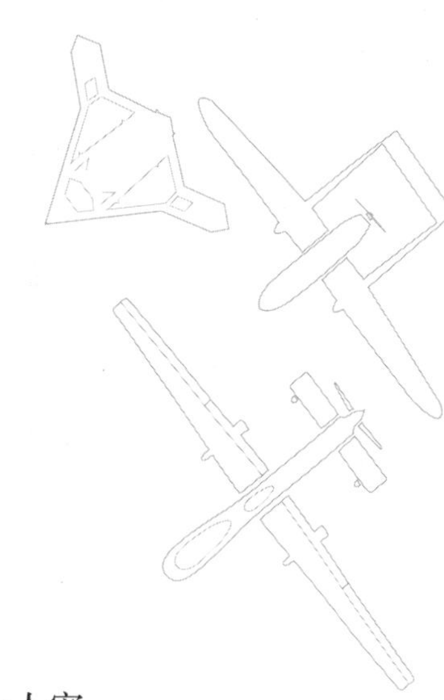

2020年1月3日，在巴格达国际机场，有两个人密切注视着从大马士革起飞的鞑靼之翼（叙利亚的一家航空公司）航班，飞机延误了2小时，在午夜后着陆。几个身材魁梧的男人率先走下悬梯，越过停机坪，绕过海关，一辆丰田阿瓦隆和一辆现代小巴在候机楼外等着他们[135]，伊拉克民兵领袖阿布·马赫迪·穆罕迪斯（Abu Mahdi al - Muhandis）正在车里迎接伊朗革命卫队圣城旅传奇指挥官卡西姆·苏莱曼尼。他们穿着风格相同的衬衫，没有扣上纽扣，留着类似的白色短发。穆罕迪斯安排了特别的迎接方式，他让机场的联系人穆罕默德·雷德哈（Mohammed Redha）将车队尽可能靠近苏莱曼尼。与此同时，早有在机场密切关注此航班的美国特工向美国官员提供了情报，确认飞机已经抵达，且一名符合苏莱曼尼特征的人已经下了飞机[136]。

飞机降落25分钟后，巴格达时间12点55分，那辆现代小巴正沿着从机场通往巴格达市中心的道路行驶，一架美国无人机发射了两枚导弹将其摧毁，第三枚导弹摧毁了那辆丰田阿瓦隆，唯一能确认苏莱曼尼这位伊朗将军身份的，是一根戴着戒指血淋淋的手指。当地报道了这起突发事故，认为是附近美军基地的火箭弹发生偏离所致。没有人察觉到美国早就想要杀害这位伊朗最知名、最令人恐惧的将军。

在6200英里之外的美国，总统唐纳德·特朗普（Donald Trump）听取了这次成功行动的简报。导弹飞向车辆的过程中，一名士兵在实时向特朗普报告："他们只有1分钟的生命，先生，30秒，8秒，他们死了，先生。"[137]与此同时，伊朗负责航天行动和情报的阿米尔·阿里·哈吉扎德（Amir Ali Hajizadeh）将军感到很慌乱，因为他在科威特的特工当时正在监视阿里·萨利姆空军基地（Ali al－Salem Air Base），并发现一架美军无人机的活动十分异常。

美国的"死神"（Reaper）无人机（MQ－9）在空中飞行，直升机也在巴格达上空飞行，苏莱曼尼没有将自己的行踪告诉哈吉扎德。哈吉扎德说："我们一直在监视美国的活动，但我们不知道哈吉·卡西姆（对苏莱曼尼的尊称）的日程安排。"哈吉扎德和其他人很快便得知巴格达机场遭到轰炸，而这正意味着他们失去了一位著名的指挥官。

杀死苏莱曼尼的导弹是从一架重达4900磅、翼展66英尺的无人机上发射的，这就是"死神"无人机，自 2007 年开始投入使用。在苏莱曼尼遭遇袭后的几天，伊朗使用弹道导弹锁定了艾因阿萨德基地（Ayn al - Assad base），在交火中，美军控制的“灰鹰”（Gray Eagles，代号 MQ - 1C）被击中，无人机操控员当时在地面站方舱内，持续工作了几小时，终于保障无人机成功着陆。[138]

无人机在历史上扮演着关键的角色，不仅因为它们能够杀死苏莱曼尼和穆罕迪斯，还要记住它们没有杀死的人：奥萨马·本·拉登。

我们可以武装它吗？

道格拉斯·J. 费斯曾就任国防部副部长，负责政策工作，2001 年他参加的一次跨部门会议就是关于无人机的，时值 8 月，华盛顿气候潮湿。他回忆说：“我们当时看到了一些卫星影像，有一个高个子、身着白袍的人，他们认为这可能就是阿富汗的奥萨马·本·拉登。”[139]此次会议召开的时间是在“9·11”事件之前，美国对本·拉登的关注由来已久，按美国的说法，本·拉登的双手早已在非洲和中东与美国的作战中沾满了鲜血。“当时会议着重研究了该如何应对，我们刚刚把‘海尔法’（Hellfire）导弹装备到无人机上，这是一项全新的技术，从未使用过。那时的无人机主要用于 ISR，不具有打击能力。在 2001 年 8 月，我们得到命令已经可以在无人机上使用一枚‘海尔法’导弹了，那么下一个问题就是我们是否应该使用‘海尔法’导弹来杀死本·拉登。”

辩论接踵而至。相关的决策者问道：“如果我们这么做了，会有什么问题?”谁负责操控无人机？CIA 吗?谁负责扣动扳机？军方起初回避责任，一位将军说：“军队不负责追捕。”他们对 20 世纪 90 年代追捕巴拿马铁腕人物曼努埃尔·诺列加（Manuel Noriega）有着糟糕的记忆，他们认为“定点清除”（Targeted killing）并不是军方的责任。费斯回忆道：“‘9·11’事件之后，军方进行了调整，打击恐怖主义领导人的行动成为军事任务。‘不负责追捕’的说法再也没有出现过，取而代之的是被俘或被杀的‘基地’组织领导人名单。这属于军事任务吗？在当时，军方人员说不是，让情报部门来做，如果无人机是军事资产，是否应该把它们移交给 CIA 来扣动扳机?”

随后爆发了“9·11”事件。

在恐怖袭击之后，关于猎杀本·拉登仍存有一些困扰，政府并没有将其列为优先事项，CIA 和空军到底谁来负责该行动仍在反复讨论[140]。自 2000 年 5 月以来，空军战斗司令部上将约翰·江珀（John Jumper）就一直试图武装“捕食者”无人机[141]。CIA 局长乔治·特尼特即将派“捕食者”无人机去执行阿富汗任务，美国国务院对此却犹豫不决，认为加装这些导弹可能违反1987年的《中导条约》，因为这可能被归类于“陆基巡航导弹”[142]。而美国空军则在国防部副部长贾克斯·甘斯勒的支持下推进了该项计划，甘斯勒希望“捕食者”无人机装备武器，他还积极推进DARPA的X－45A无人机项目继续发展[143]。

武装“海尔法”导弹受到最高领导层的关注。国家安全副顾问斯蒂芬·哈德利（Stephen Hadley）、CIA副局长约翰·麦克劳克林（John McLaughlin）、国防部副部长保罗·沃尔福威茨（Paul Wolfowitz）和空军上将理查德·迈尔斯（Richard Myers）研究制定了派遣武装“捕食者”无人机前往阿富汗的任务。国家安全委员会（National Security Council，NSC）的理查德·克拉克解释说，这并没有违反1987年的《中导条约》，任务因此顺利获得了批准，当时正在开发武装版本的“Big Safari”项目立即付诸实施。首先，需要花费200万美元进行演示验证，空军上将斯蒂芬·普卢默（Stephen Plummer）获得了10枚“海尔法”－Ⅱ导弹和3套M299发射器。克拉克于2001年3月再次派“捕食者”无人机去寻找本·拉登，并将此次行动命名为“发现即摧毁”[144]，9月4日布什也同意了派遣武装“捕食者”无人机[145]。

然而行动有些缓慢，直到9月18日，华盛顿和纽约遇袭之后，CIA才在兰利总部组建了一支分队，即空战司令部远征空中情报中队（Air Combat Command Expeditionary Air Intelligence Squadron）第1分队[146]。这支分队将在隐蔽于兰利总部的拖车内执行任务，后更名为第17侦察中队，被称为“捕食者部队”，该分队被派往内华达的印第安斯普林斯空军备用机场（即现在的克里奇空军基地）[147]。至此，CIA获得了发现即摧毁“高价值目标”的许可[148]。

托马斯·卡西迪回忆道，在通用原子公司，“捕食者”无人机的订单源源不断，谁能想到就在几天前，他还在卖力地向科学家和消防员们推销“捕食者”无人机[149]，在阿富汗，“捕食者”无人机找到了自己的用武之地。“9·11”事件发生后的两个月内就锁定了525个目标，美军指挥官汤米·弗兰克斯（Tommy Franks）表示：“在追捕消灭‘基地’组织和塔利班领导人方面，‘捕食者’无人机是最出色的武器。”[150]

同时，“海尔法”导弹于2001年2月在中国湖基地完成了测试[151]，无人机可以依托“Big Safari”项目建立的通信系统实现美国本土内跨域飞行[152]。第一架发射“海尔法”导弹的“捕食者”无人机在退役前飞行了261架次，退役后交付给航空航天博物馆（Air and Space Museum）[153]。当时只有10架“捕食者”无人机可用，经过快速地投入生产，到2007年达到了180架[154]，无人机搜寻目标的全过程在华盛顿和美国空军基地持续直播。

美国空战学院战略与技术中心的大卫·格莱德（David Glade）在2000年表示，“无人机的发展可能会给未来军事力量的使用带来革命性的变化。”[155]他是对的。2002年11月4日，“捕食者”无人机扩大了行动范围，目标是一辆行驶在也门阿尔纳卡（Al－Naqaa）一个农场附近的黑色丰田越野车，“海尔法”导弹将其炸毁，造成6人死亡。据伦敦《泰晤士报》报道，这是机器人战争中的一场“革命”[156]。这次行动是由当地的一名卧底特工实施的，他向当地部落成员行贿，使用一部手机，将信息传递给其他特工和无人机操控员。行动结束后，那辆车变成了冒烟的废铁，“基地”组织的指挥官阿布·阿里·哈勒希（Abu Ali al－Harethi）当场死亡，美国除掉了这位制造2000年10月“科尔”号爆炸案的主谋[157]。

“捕食者”无人机搭载AGM－114C“海尔法”导弹从吉布提起飞至也门上空，他们等待这一天已经好几个月了，美国总统乔治·W. 布什已经与也门长期掌权的领导人阿里·阿卜杜拉·萨利赫（Ali Abdallah Saleh）通了话。哈勒希的遇害引发了一场关于“定点清除”是否具有合法性的争论[158]，在也门也引发了同样的争议，政客们假装对美国的所谓“自由”行动毫不知情，并抨击美国驻也门大使埃德蒙·赫尔（Edmund Hull）[159]。

美国官员随后表示，这是一次干净利落的袭击[160]。

CIA对这次打击很满意。早在近30年前，时任副总统的乔治·H. W. 布什（老布什）就在推动反恐特别工作组的成立，1986年在杜安·克拉里奇（Duane Clarridge）领导下建成了反恐中心，为了解救人质和惩罚伊朗支持的黎巴嫩恐怖分子，美国人投资了一项超级秘密的飞行器计划——“鹰计划”（Eagle Program），搭载一部红外摄像头和一个木制支架[161]，这款飞行器的后代就是2001年后CIA使用的“捕食者”无人机。

现在，美国及其盟友准备在2003年入侵伊拉克，而此次战争他们不再是只拥有几架无人机，而是展开真正的无人机作战。战损在所难免，2002年12月23日，一架米格-25击落了南部禁飞区上空的一架“捕食者”无人机；另外几架“捕食者”无人机也在入侵中被击落。这些击落事件表明，无人机还没有做好空空作战的准备，需要更多的隐身型号。当时，美国已经在研发（或许已经在使用）一种类似于“哨兵”的隐身无人机[162]。

最终，这些无人机配属第46远征侦察中队，驻扎在伊拉克的巴拉德空军基地（Balad Air Base），由一名少校指挥，共有约25架无人机。他们参与了2004年11月的费卢杰战役，在战斗中打死了伊拉克狙击手；海军陆战队也使用“先锋”无人机为155毫米迫击炮制导[163]。空军也终于将无人机纳入体系，一个中队由大约5套无人机系统组成，每套系统包含4架无人机，配备55名军官和机组人员。到2006年，第11、第15和第17侦察中队有1000名军官和机组人员[164]。从2005年6月到2006年6月，“捕食者”无人机执行了2073次任务，飞行了33000小时，跟踪了18490个目标，进行了242次攻击[165]。到2011年，他们的战斗时间达到了100万小时[166]。

“捕食者”无人机应具备在目标上空24小时盘旋的能力，但有时也会出现问题，有限的卫星资源难以保障所有的“捕食者”，在2001—2002年期间，只有2架“捕食者”和1架“全球鹰”无人机可以同时升空。尽管如此，空军希望到2004年拥有100架这样的无人机。

随着“捕食者”无人机的发展，也带来了一些其他问题。空军要求垄断无人机的操控，由现役飞行军官操控无人机，尽管如此，大多数想成为飞行员的人都不想坐在拖车里开飞机，而海军、陆军和海军陆战队则可以接受由应征入伍的新兵操控无人机。

随着无人机的作用越来越大，需求也越来越大。到2007年，大约部署了180架“捕食者”无人机，各部署单位要求其每天能够提供约300小时的信息，但它们的能力无法达到这一要求。无人机操控员身处美国，但是经常要在靠近作战区域的地方起飞，比如伊拉克的巴拉德空军基地。在21世纪初，无人机通常由克里奇或内利斯空军基地驾驶和控制。P. W. 辛格（P. W. Singer）在他的《联网作战》（*Wired for War*）一书中提到，一名飞行员曾对他说，他的任务是确保“无人机不会误伤自己人”，飞行员要具备与指挥官、其他飞行协调员和情报人员进行通信的能力。

武装后的“捕食者”无人机不仅能够进行监视，还可以使用激光指示器或红外光束为地面部队进行目标精确定位[167]，这与过去相比可以称得上是一场革命，2003年，当第五军的士兵准备进入伊拉克时，他们只有少量“猎人”无人机。这个时代的美国无人机也开始在其他领域应用，比如2008年的边境巡逻，以及用于自杀式攻击，这始于一次失误，一架“大乌鸦”（Raven）无人机的操控手驾机撞上了一名恐怖分子[168]。

到2006年，有32个国家在开发无人机，型号超过250种，41个国家已经拥有80种作战无人机。美国有1000架无人机[169]，其中包括一种叫作“黄蜂”（Wasp）的微型无人机，仅重250克[170]。美国当时保有250架大型无人机，预计投入130亿美元，目的是到2015年雇佣1400名员工用于产品研发。

超视距

1967 年 6 月 6 日，以色列士兵雅基·赫茨（Yaki Hetz）参加了以色列最艰苦的战斗之一——“六日战争”（Six Day War）。当时，他是以色列第 55 伞兵旅的一员，在耶路撒冷与约旦军队的战斗中参与攻击耶路撒冷弹药山的行动。山丘上布满了战壕，从山顶上，人们可以看到远处的耶路撒冷旧城及其奥斯曼时代的城墙。“一切发生得太快了。”赫茨后来回忆说，他的排长被约旦人击中，而他在凌晨两点半后接替指挥了这次袭击，他也因此获得了勇气勋章[171]。

弹药山之战使赫茨意识到，步兵在近战中，需要观察战壕周围或山另一侧的情况。他画了一个武器的草图，可以盘旋，发现并消灭敌人[172]。他从 1967 年的创伤中走出，开始学习工程学，然后进入以色列武器发展管理局（Israel's Authority for the Development of Arms）工作，该机构就是后来的拉斐尔先进防御系统有限公司（Rafael Advanced Defense Systems Ltd.，简称拉斐尔公司），赫茨在拉斐尔公司工作了 40 年，他的“旋翼武器”最终在 21 世纪初得以实现。该武器被最终命名为“萤火虫”，这是一架双旋翼无人机，搭载一枚 3 千克的导弹，可以收纳在一个背包内，便于发射，能够在建筑物周围飞行，攻击隐蔽或埋伏的敌人。

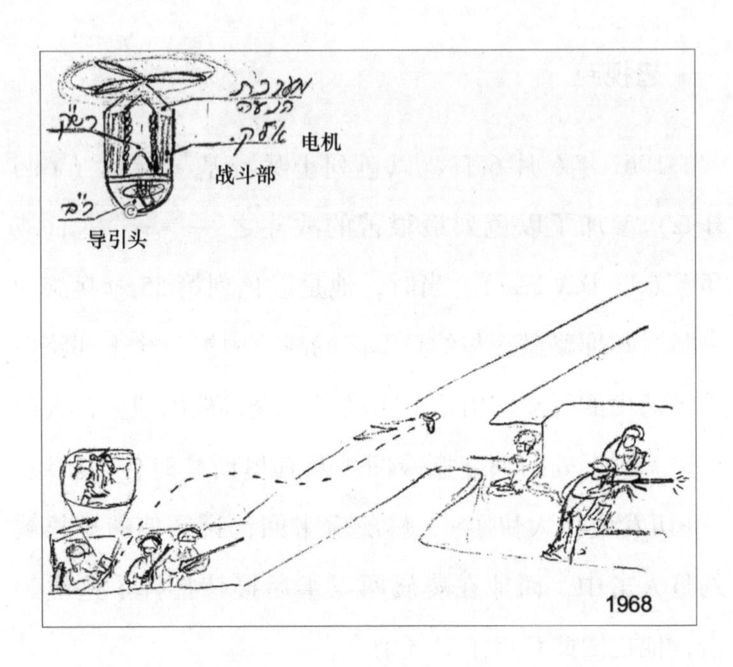

赫茨凭借1967年的这次战争记忆画了这幅草图，几十年后，拉斐尔公司受这幅草图启发，成功研制了“萤火虫”（Firefly）无人机（图片提供者：拉斐尔公司、赫茨）

以色列国防军于2020年5月采购了这款由以色列国防部和拉斐尔公司研发的“萤火虫”无人机，该型无人机采用了小型弹头设计，能够以每小时70千米的速度猛击敌人，它使用与以色列反坦克导弹相同的光电技术，配备红外昼夜传感器，通过平板电脑控制，任何士兵都能学会使用，过去部队需要配备迫击炮手、无线电报务员、医务人员或自动化武器运载小队，现在只需要配备无人机操控员。在赫茨和拉斐尔公司努力将这款武器批量生产的时候，另一些人则已经开始了高空无人杀手的制造竞赛，比如美国的“捕食者”无人机。

“我第一次接触无人机是在2002年或2003年。”理查德·坎普上校回忆道。他是一名英国军官，在阿富汗战争中晋升为指挥官，这位强势威严的上校回忆说，当美国在也门杀死一名极端分子时，他正在伦敦的内阁办公室参加联合情报委员会（Joint Intelligence Committee），“对我来说，这是一场革命性的战争行动。”这名极端分子的活动被监视，通信被追踪，然后他就消失了。“我知道无人机一直在发展，但这是我第一次经历无人机参与实战，这体现了无人机的巨大力量。无人机掌握在CIA手中，不在军方。之后美国如法炮制地在巴基斯坦部落地区进行了更多的打击。”

这位指挥官与驻阿富汗美军一同见证了无人机的能力，但是遗憾的是在阿富汗的那些年他并没有亲自操控过这些武器。在华盛顿喝酒畅谈无人机在阿富汗的作用时，坎普回顾了最近的冲突。20世纪90年代，他曾参与北爱尔兰事务，试图加强英国军队的监视能力，即开发一种飞艇，也就是今天所说的浮空器，它可以在目标上空盘旋，提供爱尔兰共和军（Irish Republican Army，IRA）恐怖活动的信息。“我们渴望能力的进一步增强。”

像早期的无人机一样，这种运行概念是给顶层指挥机构提供情报的，而不面向一线部队。“这只是无人机的一小部分功能，但这足以改变局势，一架或一组无人机就能彻底改变北爱尔兰的冲突。我们建造了有人值守的观察站，每个观察站配备20～30名士兵，他们虽然经常会受到攻击，但他们不需要军队，也不需要还击，他们的任务只是观察无人机。其实无人机本可以发挥很大的作用。”

在坎普看来，为了整合无人机并使部队适应无人机，必须进行根本性的变革。“1977年我刚入伍的时候，我们拥有的技术，除了夜视热成像外，和第一次世界大战时没有什么不同，无线电和其他一些技术都很相似。”如今，科技掌握着无人机的力量。“在我看来，最大的不同是，在没有建立任何新的基础能力的情况下，我们实现了利用无人机进行监视和攻击。这并不是本质上的不同，但它确实是战场上一种新的模式，能够实现长时间持续监视。而此前除了卫星，我们没有其他手段。对政客来说，这也赋予了他们以一种从未有过的方式运用军事力量的能力，而且不违反现行协约，无风险，且不需要基础设施支撑。我要说的是，变革更多的是在这个层面上，而不是在战术层面上。”[173]

无人机是战场上的必然发展趋势。派遣武装无人机用来代替特种部队，可以有效减少士兵的生命威胁。现在的无人机可以追踪并消灭敌人，“捕食者”无人机主要在被击落风险较低的“许可”空域或“无争议”空域执行任务。这是美国全球霸权和投资注入反恐战争武器的结果，是 20 世纪 90 年代的产物，也演变成了后“9 · 11”时代的战争。

爱尔兰国防军（Irish Defense Forces）前高级军官凯文 · 麦克唐纳（Kevin McDonald）认为，无人机技术的出现从根本上改变了战争形态。这位和蔼可亲的爱尔兰军人是一名登山运动员，他以幽默的口吻进行了严肃的讨论，对技术和战争充满热情。“尽管目前这是一项正在发展的最新技术，但是使用它的军队却可以拥有比对手更长的‘触手’。”这就是所谓的“非接触”能力，可以从更远的地方进行打击，而不会危及己方士兵的生命，大到最大的无人机，小到排一级指挥官使用的最小的战术无人机，都是如此。他将其比作 1916 年引进的第一辆坦克，坦克能够帮助士兵们离开战壕去迎战埋伏的敌人，无人机也能够做到[174]。

天生的猎手

2006 年的一份报告称：“新的‘捕食者’无人机操控员利用他们的空对地专业知识，与工程师一起开发成功使用无人机武器所需的程序、界面和检查清单。”[175]“捕食者”无人机如此成功，以至于其他无人机计划被一再搁置[176]。但是，有必要弄清楚要如何训练无人机操控员才能确保其坐在数千英里外的拖车中熟练地驾驶无人机并追捕恐怖分子。起初，“捕食者”无人机使用激光指示器来引导其他武器进行打击，现在有了“海尔法”导弹，操控员就可以研究更多的战术、技术和程序（Tactics，Techniques and Procedure，TTP）来提高能力。

到2010年，美国已经拥有约7500架无人机[177]。驾驶这些无人机的经历让操控员们付出了代价，一名不愿透露姓名的前无人机操控员（姑且叫他布莱克上尉）描述了部分过程。他曾是一名飞行员，在特种部队工作数十年，在巴拉克·奥巴马（Barack Obama）总统任期初期，随着美国武装无人机项目进入高速发展时期，他接受了无人机操控员培训。培训地点在新墨西哥州阿拉莫戈多附近的霍洛曼空军基地，后来转到圣安东尼奥的伦道夫，培训结束后他来到克里奇空军基地负责驾驶无人机。培训内容包括模拟机训练和理论课程学习，以获得远程驾驶飞机的基本知识和技能[178]。他说，当真正开始飞行时，他感觉这是他所经历过的“压力最大”的任务[179]，也是要求最苛刻的。

在某种程度上，让布莱克上尉感到不适的是，拉斯维加斯的普通平民生活与开车近1小时去克里奇基地执行任务之间的巨大反差。与驾驶F－16飞往波斯湾，或参加越南战争和第二次世界大战的飞行员相比，这种无人机战争有很大区别。他说：“你必须在早上六点起床，开车到基地，听取简报，然后坐在屏幕前开始驾驶无人机，身边坐着一个传感器操控员、一个任务规划员和一个摄像设备操控员。一直要工作到下午四点，然后做汇报。全天工作 12 小时，工作 5 天，休息 3 天，或者有时工作 6 天，休息 2 天。”[180]

迈尔斯（Miles），第 489 攻击中队飞行员、上尉；达利特（Darriette），第 489 攻击中队传感器操作员、一级飞行员。图为二人在 2020 年 11 月 24 日内华达州克里奇空军基地，正在进行无人机模拟飞行训练。第 489 攻击中队拥有专职发射和回收的机组人员，使得 MQ－9 具有全球范围内作战能力（图片提供者：美国空军一等兵威廉·里约热内卢·罗莎多）

与旺盛的需求相比，无人机机组人员则一直短缺，导致现有的无人机操控员几乎没有休息日。布莱克上尉说："在飞行任务越来越多时，气氛紧张，士气低落，操控员们希望现役的机组人员都能来工作，他们的工作量实在太大了。"他持续飞行了将近3年时间。

《无人机战士》（*Drone Warrior*）一书的作者布雷特·维利科维奇（Brett Velicovich）回忆起他2009年坐在"盒子"里的经历，"盒子"就是操控员们在伊拉克摩苏尔南部工作时所用的拖车，有8台平板显示器，用于监测无人机的速度、导弹激光指示器和地图等实时信息。他所在的小组由6个人组成，其中包括军事情报人员和其他士兵。

他描述了一次使用无人机追捕嫌犯的任务[181]。坐在他旁边的是一位空军战术指挥员，他们可以与美国其他间谍机构的专家通信，也可以联系直升机和地面部队。敌人当时使用的是一辆Bongo卡车，这是一种在伊拉克常见的白色卡车，操控员利用光电和红外设备跟踪，当时的任务就包含使用无人机跟踪敌人，并呼叫"黑鹰"无人机提供空中支援。此次突袭成功了，Bongo卡车在路上颠簸，"黑鹰"无人机在它周边开火，士兵拘捕了嫌疑人。这就是无人机战争：全天候监视、杀伤打击、与地面部队协同。一名美国军人花了74天时间追踪目标，最终确认后，一架战机将目标摧毁，他因此立功[182]。

最初几年，在伊拉克的无人机操控员们也遇到了许多麻烦。我采访过的一位美国国民警卫队指挥官描述了在巴格达北部农村地区的芦苇和沼泽中正在进行的突袭，那里是逊尼派“圣战”分子的藏身之处。尽管可以使用无人机，但是首先要向后方请求命令，然后再与无人机操控员取得联系，这些流程让整个行动变得效率低下。这就导致了即使无人机发现了敌人，当士兵到达时敌人也已经不见了。解决无人机与地面人员快速协调的难题，花费了数年的时间。

美国空军要停止数年来使用轮换飞行员来操控无人机的模式，取而代之的是训练一支真正的无人机操控员部队，即走一条无人机操控员职业化道路。他们中的一些人最终会驾驶“捕食者”B 无人机，即后来的“死神”无人机。“死神”无人机早在 2001 年就完成了研制和试飞，它搭载霍尼韦尔涡轮螺旋桨发动机，拥有比“捕食者”无人机更长的机翼，翼展达 64 英尺，可携带 3000 磅的武器，飞行高度 55000 英尺，续航时间 25 ~ 36 小时。通用原子公司出资研发了“死神”无人机，在 2001 年 10 月的“9 · 11”事件后，美国空军开始关注“死神”无人机。

“死神”是专门为猎杀而设计的攻击机，而不是搭载了导弹的侦察机。“死神”无人机价格便宜，每架约 500 万美元。到 2006 年，“死神”无人机已经做好

2020 年 1 月 14 日，一架 MQ-9“死神”无人机在内华达州测试训练靶场上空执行训练任务。MQ-9 机组人员为世界各地的作战指挥官和盟友伙伴提供主导的、持续的攻击和侦察（图片提供者：美国空军一等兵威廉·里约热内卢·罗莎多）

了战斗准备，机翼上有 6 个挂架，可以挂载超过 12 枚导弹。“死神”无人机挂载不同的武器可以执行不同类型的任务，就像当年的 F-15 战斗机一样，它可以挂载“海尔法”、“毒刺”或“毒蛇”导弹以及 GPS 制导的“杰达姆”（Joint Direct Attack Munitions，JDAM），具备更强的杀伤力[183]。

“死神”无人机配备了最先进的西屋电气公司（Westinghouse）的雷达和雷声公司的激光指示器[184]，原本还计划配备多达 9 个摄像头的光学设备，用于显示直径2.4英里范围的图像。“死神”无人机具有可怕的打击能力，这也在潜移默化地影响着政客们。随着布什政府任期的结束，即将上任的奥巴马团队认为无人机可以在不损失士兵的情况下追捕恐怖分子[185]，他们希望走出伊拉克和阿富汗的困境，战争耗费了数万亿美元，造成了大量人员伤亡，他们盼望着无人机的应用可以促进全球反恐战争的胜利。

20世纪90年代，克林顿政府在实施巴尔干半岛、科索沃甚至针对“基地”组织的空袭中，美国仰仗全球霸权地位，进行基于所谓世界新秩序的人道主义干预，他们仍然保持着使用无人机取胜的幻想。但“9·11”事件打破了这种幻想，美国对此无能为力。如今美国再次感到无助，源于无法取得胜利的伊拉克战场。

尽管无法达到取胜目的，美国也在不断实施打击任务[186]，奥巴马政府使用“死神”无人机来达到致命效果。例如，在巴基斯坦，布什政府只实施了48次空袭，第一次发生在2004年6月19日；而奥巴马则下令实施了至少353次已知的攻击[187]，多达2683人被杀，但其中的162人也许是平民。奥巴马团队坚持集中精力消灭塔利班成员[188]。

克里奇空军基地是此类行动的核心，飞行员们对奥巴马政府在授权打击高价值目标方面从未动摇的态度表示称赞。机组人员迅速从2010年的一个中队七八人增加到250人以上，甚至一个中队的成员就多达500人。“发展非常迅速，他们必须尽可能多地训练。”布莱克上尉回忆说[189]，“当我第一次去克里奇空军基地的时候，那里看起来很不一样，他们已经拆除了我们过去飞行所需的建筑，建设了新的设施。”随着无人机项目的扩大，有关操控员的争议也在扩大，人们担心恐怖分子可能会把基地作为袭击目标。“我们完成了很多重要的飞行任务，严厉打击了恐怖分子，我对此感到非常自豪。”

打击“高价值”目标转为打击“标志性”目标，即打击遵循某种行为模式的武装分子或恐怖分子。每天从空中、地面，或通过其他监视手段来监视目标行动开始后，飞行员、传感器操控员和情报专家会紧盯并杀死逃跑的人；接着进行情况汇报，然后回家，第二天再次回到同一地区，等待下一个机会。

这是一项艰苦的工作，包括监视、跟踪、标绘等。坐在屏幕前，无人机操控员在左边，传感器操控员在右边，注视着瞄准线上的敌人，等待扣动扳机的命令。布莱克上尉说：“传感器操控员引导武器……我们可以在500磅激光制导炸弹和三种型号的‘海尔法’导弹中做出选择。”报告甚至还提到，他们还使用了其他从未公开的秘密武器。

奥巴马政府大多数的打击行动都是在2012年之前

实施的。一份报告指出："CIA对巴基斯坦部落地区的袭击平均每5天进行一次。"[190]例如，塔利班指挥官贝图拉·马哈苏德（Baitullah Mehsud）在2009年8月被杀；第二年，"基地"组织的另一名头目伊利亚斯·卡什米里（Ilyas Kashmiri）也死于"海尔法"导弹。

奥巴马重视精确打击，他强调，精确打击能力可降低误伤平民的可能性[191]。2010年袭击规模达到最高峰，在巴基斯坦共发生了128次袭击。美国国家安全顾问约翰·布伦南（John Brennan）表示，美国是第一个定期使用无人机进行打击的国家，2012年，他又指出，如果美国希望其他国家在使用无人机的时候做到风险可控，那么美国自己首先要做到这一点[192]。美国非常担心无人机正在发展成一条失控的"杀伤链"，因此必须在无人机战争的各个环节中做到"人在回路中"，这种意图表明美国对无人机采用了制衡限制的发展思路，但有些人认为这种思路在某种意义上是错误的[193]，因为当美国因此而放缓无人机发展速度的同时，美国的其他敌人却不会停止发展无人机的杀伤技术。

无人机的战场迅猛扩张[194]。被派往非洲参与利比亚行动；被派往尼日尔和吉布提的莱蒙尼尔营地；甚至在2014年飞越乍得[195]。

“死神”无人机在2010年已有104架，空军希望到2019年增加到346架[196]。2011年，这些无人机在伊拉克的“持久自由”行动中执行了2227次任务，2012年又执行了1889次，包括支持也门“紫铜沙丘”行动（Copper Dune）打击“基地”组织。相比之下，较早的“捕食者”无人机于2012年在伊拉克飞行了7797架次，其中238架次用于支持土耳其的反库尔德工人党行动（即“游牧影子”行动），1119架次用于在利比亚打击恐怖分子[197]。

土耳其渴望获取库尔德工人党的情报，为此积极与美国接触[198]，美国通过无人机向土耳其提供有关库尔德工人党行踪的情报。2019年，在与安卡拉的紧张局势升级后，美国停止共享这些情报。为此，土耳其开始增加自己的无人机武器库，主要依托国内生产制造[199]。

国会和参谋长联席会议主席迈克·马伦（Mike Mullen）非常喜欢这项“改变游戏规则的技术”，因此在2011年资金投入增加了75%[200]。但同时这些行动也带来了担心。迈克尔·海登（Michael Hayden）担心，CIA过于专注于打击恐怖分子，导致美国在应对“阿拉伯之春”（Arab Spring）、2014年的ISIS威胁以及“克里米亚事件”等问题上处于不利地位[201]。布伦南同意这一观点，政府开始停止CIA在阿富汗和巴基斯坦的投入。特朗普政府在 2017 年上台时提出了结束阿富汗战争的想法，大幅减少了对巴基斯坦的无人机袭击，直到 2018 年基本结束。

无人机战争拯救了美国人的生命。截至 2014 年，共有 2356 名美国军人和 3485 名联军成员在阿富汗阵亡。“大量武装分子被杀有助于遏制塔利班的势头。”[202] 无人机有效缓解了美国民众对这类无休止战争的抱怨。美国无人机政策特别工作组在 2015 年总结称，无人机已成为反恐战争的“首选武器”[203]。

随着“死神”无人机和“捕食者”无人机的数量扩大到现役 303 架，它们执行的任务数量也在迅速增加。根据 2011 年的统计数据，无人机用了 15 年的时间才达到 100 万飞行小时，但在随后的两年时间就能达到 200 万飞行小时[204]。克里奇基地第 432 空军远征联队，仅在 2017 年，就飞行了 12000 架次，飞行小时数达到了 21.6 万。空军认为这些机器帮助广大地区从 ISIS 手中解放出来，使数百万伊拉克人和叙利亚人得以重返家园[205]。无人机已经发展成熟，从提供精确打击能力的新兴事物，已发展成为赢得战争的武器系统。纵观美国战争历史，使用无人机作战较过去战争中的大规模轰炸任务相比，获得了更大效益[206]。

美军无人机部队的数量也在增加。除了第 432 空军远征联队外，还组建了许多其他的无人机部队：装备

“死神”无人机的第732作战群和第17、第22和第867攻击中队；装备“哨兵”无人机的第44侦察中队和第30侦察中队[207]。甚至还有传言称要给无人机战士颁发特殊勋章[208]。

8月8日，美国内华达州克里奇空军基地，第432空军远征联队指挥官斯蒂芬·琼斯上校（Stephen Jones）站在一架MQ－9“死神”无人机前。作为指挥官，琼斯领导着5个小组和21个中队的5000余人，此外，他还担任克里奇空军基地的安装指挥专家（图片提供者：空军一等兵威廉·罗萨多）

2020年，斯蒂芬·琼斯上校是第432联队的指挥官，他也是武装“捕食者”无人机的最初团队中的一员。他在接受采访时说：“我可以告诉你，整个企业都是创新的产物。”[209]在克里奇空军基地，琼斯上校带领着5个小组和21个中队，共约5000人[210]。他毕业于加州大学伯克利分校（University of California, Berkeley），曾是一名B-1轰炸机飞行员，在阿拉巴马、拉姆施泰因等基地服役，参加过伊拉克和阿富汗战争，飞行时间超过700小时，是美国最有经验的无人机指挥官之一。

琼斯说：“我们今天部署的无人机具有很强的战场适应性：一年365天都能够执行飞行任务，单架单次飞行时间可达16~20小时，第432联队的机组人员每年的作战时间通常超过35万小时，每天都在检验武器系统的多功能性，战场搜索营救（CSAR）和打击协同侦察（SCAR）战术是MQ-9具有的前所未有的应用模式。”[211]

从战损数据看，无人机证明了其拯救飞行员生命的能力。截至2018年，全球约有254架大型无人机坠毁，其中196架是“捕食者”或“死神”等美国无人机。“捕食者”无人机经历了一段特别糟糕的时期，在2009—2018年期间，有69架在事故中被完全摧毁[212]；相比之下，已知事故显示，同期以色列、印度、土耳其和巴基斯坦发生的事故寥寥无几。这说明了美国无人机的使用量相当庞大。

当一种新型、相对便宜、可消耗的武器出现时，人们往往会为之上瘾。美国发现自己在全球多达 80 个国家追捕恐怖分子，因此开始沉迷于使用这种最简方式，即使用无人机搭载“海尔法”导弹实施打击。一些人坚信无人机正在成为终极杀人机器，接下来讲述的就是他们的故事。

第四章

杀人机器：无人机战争的伦理

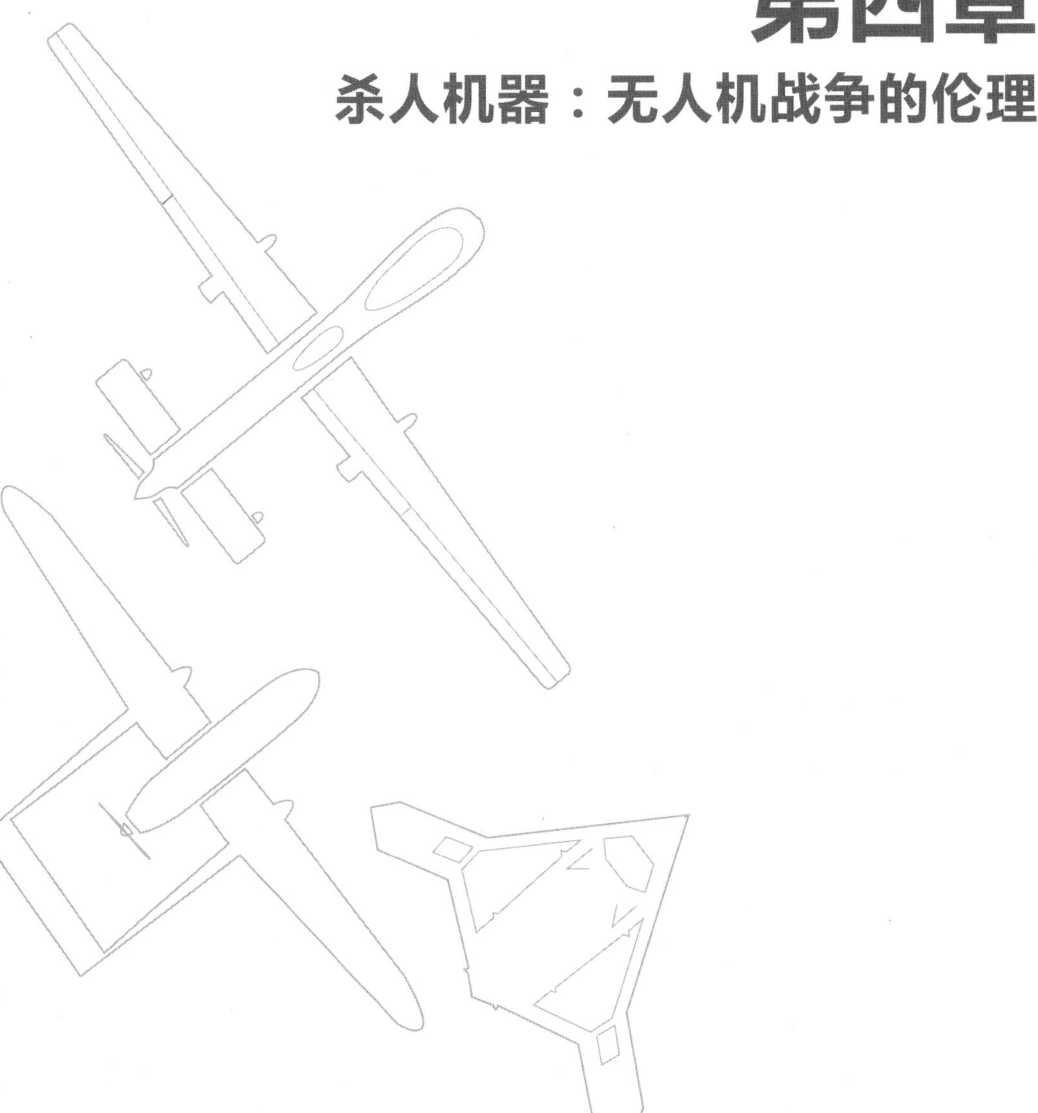

2012年9月11日，美国国务卿希拉里·克林顿（Hilary Clinton）致电CIA的戴维·彼得雷乌斯，想就美国驻利比亚班加西领事馆遇袭一事与之达成一致意见，美国国防部长利昂·帕内塔（Leon Panetta）也参与其中。五角大楼一直在监视事态发展，一架在达尔纳（Darna）附近执行监视任务的美国无人机被抽调，用于侦察活动。这架无人机在华盛顿时间下午5点11分到达目标上空，当时是班加西的晚上11点，领事馆建筑物已被烧毁[213]。

此时对使馆中的人来说已经太晚了，美国大使克里斯·史蒂文斯和其他3名美国人已经遇难。这架抽调用于侦察的"捕食者"无人机并没有武器，华盛顿方面也限制使用无人机打击袭击者。美国参谋长联席会议（Joint Chiefs）主席、陆军上将马丁·邓普西（Martin Dempsey）在2014年10月表示："我们认为，班加西袭击事件的相关人，或是袭击的参与者，或是袭击的领导者，他们都没有使用军事力量的权力。"[214]美国没有找到并消灭他们，因为军队没有得到命令[215]。

他的上述声明与美国多年来的做法截然相反，很快，武装无人机的热度冷却下来，无人机被要求优先执行监视任务。2009 年，从“班布里奇”号（Bainbridge）上发射的美国“扫描鹰”（Scan Eagle）无人机帮助营救了“马士基·阿拉巴马”号（Maersk Alabama）的理查德·菲利普斯（Richard Phillips）[216]舰长。[217]“扫描鹰”无人机是美国海军自 2005 年以来使用的新一代小型弹射式无人机之一，已飞行约 50 万小时、56000 架次。

白宫如同惊弓之鸟，误击误伤事件不断出现。2015 年，一次反恐行动杀死了“基地”组织劫持的两名人质沃伦·温斯坦（Warren Weinstein）博士和乔瓦尼·洛·波尔图（Giovanni Lo Porto）[218]。奥巴马在任期内大量使用“死神”无人机，已成为争议的焦点，甚至有文章称他为“死神”总统，还有许多报道记录了无人机袭击造成巴基斯坦和其他地方平民死亡的事件[219]。据一份报告称，“2004—2014 年间，美国无人机在巴基斯坦的袭击估计造成约 2000 ~ 4000 人死亡，而美国在也门的袭击估计造成数百人死亡。”[220]

多年来无人机的成功使用带来了恐怖气氛。在利比亚，无人机帮助推翻了独裁者穆阿迈尔·卡扎菲（Muammar Gaddafi）。这位暴君在镇压反叛者数月后，于 2011 年 10 月 20 日乘车离开苏尔特（Sirte），一架

“捕食者”无人机袭击了他[221]，卡扎菲逃进一条排水沟，被反叛者抓获并处决，40 年的执政宣告结束。

同样，奥巴马政府也加大了在非洲的行动力度。当时还在美国中央司令部任职的戴维·彼得雷乌斯推动了一项非常规战争联合特遣部队（Joint Unconventional Warfare Task Force）的行政命令[222]，吉布提的莱蒙尼尔军营（Camp Lemonnier）成了行动中心。莱蒙尼尔军营呈长矩形状，紧挨着水面，跑道平行于基地的房屋和建筑，这里气候干燥，由一条壕沟把基地和外场分开，军营整齐布满了令人感到压抑的大量集装箱（无人机地面站），同时还配有一些健身房。

特别行动联合特遣部队 84 –4（Joint Special Operations Task Force 84 –4）将负责执行在索马里和也门的行动，这两个国家隔曼德海峡（Bab al – Mandab Straits）相望[223]，更多的海军无人机也参与其中，其中包括 MQ –8“火力侦察兵”（Fire Scout）无人直升机和“扫描鹰”无人机。MQ –8 由诺斯罗普·格鲁曼公司于 2000 年开始制造，2009 年推出，旨在为舰船提供一种不依托跑道即可简易运行的无人机；“扫描鹰”无人机于 2002 年研发完成后投入使用[224]，由位于华盛顿州的英西图公司（Insitu）制造，该公司成立于 1994 年。“扫描鹰”无人机最初设计用于在海上搜寻金枪鱼，后来与波音公司的合作使之得到突破，它的外形看起来就像大写的“V”字，机头有一个大“灯泡”。

最初的几次袭击发生在也门，而后来大量的袭击发生在索马里。无人机在非洲实施的行动规模不大，主要原因是有人机占用了大量空域和地面资源。2012 年吉布提只有 10 架“捕食者”无人机和 4 架“死神”无人机。报道称，埃塞俄比亚有数架无人机，尼日尔有 1 架“捕食者”无人机，塞舌尔有 1 架“死神”无人机，乍得和喀麦隆也有 1 架“捕食者”无人机[225]。这迎合了美国继续打击恐怖主义的决心，对“基地”组织表现出强硬态度，虽然 2011 年奥萨马·本·拉登在海豹突击队（Navy SEAL）的一次突袭中被杀，但他的死并没有让这些行动停止。相反，随着“基地”组织的各分支机构继续独立活动，美国反而增加了打击行动。

公众关注的是无人机带来的争议。2012 年 10 月，在巴基斯坦西北部山区一个温暖的日子里，一名 68 岁的妇女在无人机袭击中丧生，她的家人们反应强烈，根据国际特赦组织（Amnesty International）的报告，她的家人们并没有得到任何“正义或赔偿”。她的名字叫马马纳·比比（Mamana Bibi），她是被美国无人机杀害的知名度较高的平民之一，无人机的使用是否过于广泛过于随意，这个问题引发了公众的热议。[226]

国际特赦组织调查了 2012 年 1 月至 2013 年 8 月期间的 45 次空袭事件，美国甚至没有提供有关空袭的

“基本信息”，声称这些信息是涉密的。但有人质问，根据国际法，这些在空袭中丧生的平民到底处于什么地位。“根据对过去两年事件的回顾，国际特赦组织严正关注这些空袭以及其他空袭事件导致的非法杀戮，这可能构成法外处决或战争罪。”[227]

2020年9月3日，在美军先进作战管理系统“跨域2号”演示试验（ABMS Onramp #2）前，第556测试评估中队的一架美国空军MQ－9“死神”无人机装备了AIM－9X型导弹。在试验中，MQ－9成功地使用一枚AIM－9X Block 2空空导弹实弹，对抗用于模拟巡航导弹的BQM－167无人机（图片提供者：美国空军，SrA Haley Stevens）

战争罪

巴基斯坦以及也门和索马里等地的问题在于，美国正在打一场影子战争，这些国家和地区并不是美国的盟友，也不是美国占领的地区。无人机利用并不清晰的国家边界，在叛乱分子或极端分子扎根的无政府地区上空飞行，托马斯·巴内特（Thomas Barnett）在他 2004 年出版的《五角大楼的新地图》（The Pentagon's New Map）一书中称之为“非一体化隔阂国家”（non－integrated gap）。他的地图描述了这样一个世界，非洲、中东、中亚国家及巴基斯坦、印度尼西亚和几个南美国家作为“非一体化隔阂国家”被包围着，这些国家都是弱国或“失败国家”，毋庸置疑，这些地区也正是美国无人机战争造成大量伤亡的地区。无人机部队之所以在这些地方行动，是因为没有人有能力击落它们，也因为全球反恐战争似乎给他们赋予了全部权限，可以任意打击所谓的恐怖分子，无论他们身在何处。

国际特赦组织担心，美国没有提供有关袭击的信息，且巴基斯坦也未能保护和履行受害者的权利。国际特赦组织指控巴基斯坦当局参与了“美国无人机项目造成的非法杀戮……未能保护部落地区的人们免受非法的无人机袭击，也未能充分维护受害者利益。”[228] 此外，研究人员断言，德国、澳大利亚和其他国家为美国的空袭提供了情报。

现实情况可能更为复杂。因为巴基斯坦曾经支持过塔利班，所以它也为自己留了一条退路，如果美国离开阿富汗，那么当塔利班重新掌权时，巴基斯坦就能够与他们建立友好关系，同时确保巴基斯坦的稳定。2014年，巴基斯坦塔利班在一场学校大屠杀中杀害了148名学生。巴基斯坦领导人佩尔韦兹·穆沙拉夫（Pervez Musharraf）在1999年的一次政变中掌权，2007年政治家贝娜齐尔·布托（Benazir Bhutto）被暗杀，而后不久，佩尔韦兹·穆沙拉夫于2008年辞职。那是一个动荡的时期，极端分子在红色清真寺（Lal Masjid）被包围，“2008孟买恐怖袭击”是直接针对印度的恐怖袭击，针对少数什叶派的恐怖袭击也在增加。

在巴基斯坦，无人机战争增加了不确定性。通常情况下无人机杀死的是恐怖分子，但一名美国飞行员在2014年一部名为《无人机》（*Drone*）的纪录片中发声，讲述了他在一场战争中扮演的角色，而那场战争导致了1626人死亡[229]，于是批评人士开始支持巴基斯坦击落美国无人机。

马马纳·比比是一位巴基斯坦老人，她早已习惯了看到无人机。与马马纳·比比同村的一位居民回忆说：“无人机整日整夜都在我们村子上空盘旋，有时两架、有时三架同时飞行。当一家人正在地里干活时，马马纳·比比被至少两枚‘海尔法’导弹炸成了碎片。”[230]为什么美国要把他们当成攻击目标？可能是因为附近有一名塔利班士兵使用了卫星电话，这就像是一种基于算法决策的致命行动，这种非接触战争给无人机带来了坏名声。这比第二次世界大战中轰炸机飞行员夷平一座城市还要糟糕吗？也许不是，但今天的评价标准已经改变，毕竟现在的美国被人们普遍认为是掌握了高科技的“民主国家”。躲在暗处的CIA还在策划地下的战争。

在2012年的另一起事件中，一群工人坐在帐篷里，而无人机瞄准了他们。目击者称，他们看到4架无人机在该地区飞行，袭击造成18人死亡。国际特赦组织的报告提出疑问，即这些工人中是否真的有一些是塔利班成员？报告称，即使真的有，那么是否可以将这些人列为合法目标？是否可以运用正确的袭击时间和袭击方式，从而确保无辜平民不处于危险之中？[231]

那些试图向美国法院提起诉讼的人没有成功。2012年，美国公民自由联盟（the American Civil Liberties Union）和宪法权利中心（the Center for Constitutional Rights）就2011年9月和10月安瓦尔·奥拉基（Anwar al-Awlaki）、萨米尔·汗（Samir Khan）和阿卜杜勒拉赫曼·奥拉基（Abdulrahman al-Awlaki）被杀一事提起诉讼。在“奥拉基诉帕内塔”一案中，他们表示，刺杀行为违反了宪法关于未经正当程序剥夺生命的基本保障[232]。奥拉基出生于新墨西哥州，他的父母是也门人，他在弗吉尼亚州福尔斯丘奇（Falls Church）做阿訇，后来在2004年移居也门，支持恐怖分子并在美国发动了恐怖袭击，他是在去马里布吃早餐的路上被杀，正如 2002 年也门的袭击一样。奥巴马称奥拉基被杀是对“基地”组织的“重大打击”，关于他被杀的案件于 2013 年 7 月审理，并于 2014 年 4 月驳回。

美国公民自由联盟担心美国公民被杀害，也担心他们会被放在“杀戮名单”上。他们曾在 2010 年提起诉讼，质疑奥拉基是否会被列入“杀戮名单”，该案被驳回。美国公民自由联盟声称，美国也在进行“特征打击”（Signature Strikes），即在没有确定目标人员身份的情况下，仅根据其某种行为模式而进行的打击。美国公民自由联盟认为，在此类袭击中，美国将所有达到服兵役年龄的男性都列为了恐怖分子[233]。

2019 年 3 月，德国一家法院也对美国无人机项目进行了审查[234]，意料之中的是，德国国防部拒绝为美国的行为负责。据估计，到目前为止，也门已经进行了大约 330 次空袭，造成 1000 多人死亡，其中 200 人可能是平民，甚至还有儿童。美国的武器弹药是否具备更高的打击精度，目前还无法评估，包括美国已装备在无人机上的 GBU－12“宝石路”－Ⅱ（Paveway Ⅱ）型导弹。

联合国开始关注无人机袭击，联合国法外处决、即审即决和任意处决问题特别报告员克里斯托弗·海恩斯（Christof Heyns）于 2013 年表示，无人机“本质上不是非法武器”，联合国警告称，随着越来越多的国家使用武装无人机，世界将形成“多个国家秘密使用此类武器”的新格局[235]。联合国报告认为，各国应解密其使用无人机的情况，并使空袭的后果更加透明，无人机运营商和使用无人机的国家和地区应对此负责。已经有16个国家呼吁联合国调查有争议的无人机使用问题，其中巴基斯坦名列榜首。

在关于使用无人机的辩论中，巴基斯坦呼声极高，巴基斯坦政府表示不同意在其领土上空使用无人机，联合国也认为这是对巴基斯坦主权的侵犯。美国国务院发言人维多利亚·纽兰（Victoria Nuland）表示，美国正在与巴基斯坦讨论反恐问题[236]，前美国驻巴基斯坦大使卡梅伦·芒特（Cameron Munter）认为，问题不在于无人机进行反恐行动时做得不好，而是在于如何明智地使用无人机：“你想赢得几场战役，却输掉整场战争吗?”后来在2013年3月就任CIA局长的约翰·布伦南在听证会上表示，美国只有在别无选择的情况下，才能以终极手段使用无人机执行以“拯救生命”为目的的作战任务[237]。

以色列增加使用无人机也受到了批评，“赫尔墨斯”-450（Hermes 450）无人机和“苍鹭”（Heron）无人机在加沙战争中投入使用，参与2008年的“铸铅”行动（Operation Cast Lead）[238]。以色列被指控在随后的2012年和2014年的加沙冲突中更多地使用无人机进行袭击。“我在边境目睹了所有这些冲突，巴勒斯坦的‘卡桑’火箭弹（Qassam）随处可见，我们站在斯德洛特镇（Sderot），或是站在田地中远望加沙城，等待‘红色警报’响起，这警报至今还时常在我耳边咆哮。”那些在加沙边境作战的士兵，对于以色列的空袭没有任何预警能力，他们以为自己遭到了隐身战机的袭击。

以色列不承认使用武装无人机，但人权组织、外国报告甚至美国军事研究报告都表明，以色列使用“苍鹭”－TP和“赫尔墨斯”－900进行了袭击[239]。加沙方面声称大约37%的伤亡是由无人机袭击造成的[240]。但以色列官员表示，这些无人机使用了更好的传感器和光学设备，提高了分辨恐怖分子与普通平民的能力。其他国家还在使用一代和二代无人机时，以色列已经在使用三代和四代无人机了。

以色列不承认使用了武装无人机，但是也从未公开表态是否应该在战争中使用无人机，是否应该越来越依赖于无人化技术。虽然以色列对于舆论压力几乎没有受到什么影响，但也确实出现了一些以色列无人机及其打击武器的相关证据，在黎巴嫩，一项证据于2020年5月19日在社交媒体被曝光[241]，据称，2014—2018年间，在西奈、黎巴嫩和加沙发现了一枚名为“米霍利特”（“Mikholit”）的导弹[242]。2014年之后，以色列的

埃尔比特公司“赫尔墨斯”–900 无人机装备了海上监视设备和救生筏。随着无人机被越来越多地使用，它们也获得了应用于不同场景的新能力（图片提供者：埃尔比特公司）

军事行动在总体上迅速提高了精确性，因此到 2020 年，几乎再没有平民在任何形式的袭击中丧生。

在大西洋彼岸，美国使用无人机的转折点出现在 2013 年。奥巴马政府唯恐自己的政治前途受到玷污，他们的上任是为了结束战争，而且奥巴马也已获得了诺贝尔和平奖。无人机本应减少人员伤亡，并使美军能够撤离伊拉克和阿富汗战场。美国已经减少了在这两个国家的驻军，但是反恐战争仍在继续，遍及整个非洲，进入利比亚等国家和地区。“阿拉伯之春”加剧了不稳定性，极端分子数量上升，为此华盛顿方面又开始秘密地重返无人机战场。

欧洲议会与联合国一道呼吁对武装无人机进行克制和更多审查[243]。欧盟议会对在国际法律框架之外使用武装无人机表示关切，试图“在欧洲和全球范围内制定适当的政策应对措施，用于维护人权和国际人道主义法。”2014 年通过的决议呼吁外交事务和安全政策高级代表反对法外处决和定点杀戮：

“将武装无人机纳入相关的欧洲和国际裁军和军备限制制度；禁止开发、生产和使用能够在无人干预的情况下使用的完全自主控制的打击武器；承诺确保其管辖范围内的个人或实体禁止在海外实施法外处决和定点杀戮。”

决议还敦促欧盟就武装无人机的使用采取共同立场，呼吁“欧盟促进第三国在使用武装无人机方面提高透明度，加强问责制”。[244]

美国政府重新赋予无人机新的角色，将无人机包装成由冷酷无情的军官或压力巨大的士兵操纵的杀人机器，这一形象成为了好莱坞热衷的宠儿。2014 年上映的《国土安全》（*Homeland*）和《善意杀戮》（*Good Kill*），2015 年上映的《天空之眼》（*Eye in the Sky*），这些都与无人机有关；尤其是 2015 年的电影《无人机袭击》（*Drone Strike*），讲述了一名英国皇家空军无人机操控员在 4000 英里外的基地操控无人机发射“海尔法”导弹，摧毁了一个阿富汗家庭的故事；紧随其后的是 2017 年的又一部惊悚片《无人机》（*Drone*），片中一名无人机操控员被疯狂追杀，只因追杀者认为是他杀害了其家人。几乎所有的影片都让无人机看起来与有人机轰炸任务有所不同，这主要是因为无人机操控员是坐在办公室里看着视频来做出打击决定的，而且影片中的受害者们（无论其是否为恐怖分子）大都被设计为由无辜家人陪伴在身边，无人机操控员不得不在两难情况下迅速做出决定。事实上，大多数无人机袭击并不是针对家庭，大多数恐怖分子也不是那么难于分辨。

曾经的无人机操控员和飞行员说，高精确度的打击能力并没有减轻他们的创伤。布莱克（Black）上尉回忆说，有许多无人机操控员患有创伤后应激障碍（PTSD），他们在执行任务的过程中饱受摧残。无人机操控员在高清视频中目睹敌人死状的图像，这从本质上与驾驶 F－16 或 B－52 的飞行员不同，毕竟他们看不到伤亡画面。从这个意义上说，无人机操控员更像是一名地面狙击手，但是狙击手是和战友们一起在战场上的，他们沉浸在战争之中，而无人机操控员却远离战场，晚上回家还要过平民生活，这是极其分裂的，让人心理扭曲，无法逃避。问题的本质是，随着摄像技术越来越先进，无人机操控员在扣动扳机时看到的画面也越来越生动，即使没有平民被误杀，战争的恐怖仍然清晰地展现在你面前，你不仅能够清楚地知道敌人被杀，甚至可以看见他们鲜血喷流而出的样子。

因为无人机看起来很有未来感，会让人联想到终结者、机械战警和人工智能自主决策杀戮等。虽然 F－16 战机也能在像巴基斯坦这样的战场上达到相同的打击效果，但是无人机的使用却可以以一种简单的方式化解外界对于美国的批评。哥伦比亚大学法学院和其他许多学术中心对无人机和无人机战争产生了兴趣，包括巴德无人机研究中心（Bard Center for the Study of Drone）和新闻调查局（Bureau of Investigative Journalism）的报告，还有《新美国》（*New America*）、《长期战争期刊》（*Long War Journal*）、《空战》（*Air Wars*）、《拦截》（*The Intercept*）以及其他开展广泛研究的出版物，这些研究成果不断通过维基解密（WikiLeaks）或其他知识库进行信息更新[245]。

踩刹车

2013 年5 月，美国总统巴拉克·奥巴马在美国国防大学（National Defense University）讲话时表示："在全面反恐战略中，必须将使用武力作为重要的组成部分。"

2014年5月，他在西点军校（West Point）进一步提出："我们必须坚持自己的价值观，这意味着我们只有在面临持续的、迫在眉睫的威胁时，只有在几乎肯定不会造成平民伤亡的情况下，才采取打击行动，因为我们的行动应该经得住一个简单的考验，即我们不能制造出比战场上的敌人更多的敌人。"

华盛顿的史汀生中心（Stimson Center）批准并设立了一个美国无人机政策特别工作组（Task Force on US Drone Policy）。美国退役将领约翰·阿比扎伊德（John Abizaid）和美国法学教授罗莎·布鲁克斯（Rosa Brooks）在史汀生中心指出："无人机技术将继续存在下去。如果使用不当，它们将危及我们的利益，损害地区和全球稳定；如果使用得当，它们将有助于促进我们的国家安全利益，甚至促进我们对法治的更强有力的国际承诺。"[246]这个特别工作组成员包括前任CIA反恐中心（CIA Counterterrorism Center）副主任菲利普·马德（Philip Mudd）和前任阿富汗联合部队司令部（Combined Forces Command - Afghanistan）司令大卫·巴诺（David Barno）中将。

特别工作组的报告称，有人担心无人机"打鼹鼠"式的使用方式正在使其战略价值受到损失，无人机被用于全球范围内的大规模秘密行动，有时用于定点清除，现在没有什么策略和战略而言，几乎只有杀戮。报告指出："无人机技术所实现的看似低风险和低成本的特点，可能会促使美国更频繁地使用无人机，执行那些可能会使有人机或特种部队陷入危险之中的目标追击任务。"[247]恐怖组织和"非国家行为体"（"non - state actors"）已经在侵蚀国家利益，这意味着战场形态和战斗人员的概念都在发生改变。史汀生中心的报告称："实际上，美国目前似乎认为，它有权根据秘密标准和秘密证据，在任何时候，在地球上任何国家打击它认定为是'基地'组织或其相关部队的任何人，而这些证据是由一些未知名组织中的未知名人员，以未知方式、未知程序评估出来的。"[248]

特别工作组考虑使用监管部门进行监督。美国在2001年授权军事力量打击恐怖分子，但禁止美国军方以秘密的形式采取行动：CIA应得到总统令以及国会情报委员会的通知；而军队则应向众议院和参议院军事委员会报告。军方似乎也对杀戮不感兴趣，美国特种作战部（Special Operations Command，SOCOM）负责人约瑟夫·沃特尔（Joseph Votel）认为，抓获嫌疑人会比将其杀死获取更多的情报信息[249]。时任国防情报局（Defense Intelligence Agency）局长迈克尔·弗林（Michael Flynn）中将承认，无人机行动主要"只是为了杀戮"[250]。

美国目前向大约90个国家派遣了8300名特种作战部队人员，同时新的无人机和导弹也将很快部署使用[251]。随着无人机携带更多武器执行更多任务，并变得更易于操控，其自主性或智能性也将提升。史汀生中心的报告总结说，美国应该“把执行无人机致命打击的责任从 CIA 转移到军方”[252]。这一结论可能会对无人机在反恐行动中如此广泛使用造成一定冲击，也与美国自 20 世纪 80 年代以来一直致力于寻找这种机器来应对恐怖主义威胁的事实背道而驰[253]。

技术扩散

荷兰和平组织 Pax 的人道主义项目负责人维姆·兹维恩伯格（Wim Zwijnenburg）说：“如果在执行秘密行动中杀错了人，那么将很难伸张正义，反而会让大众产生怨恨，导致适得其反的结果。”我在 2020 年春天给维姆打了电话，想了解一下国际社会今天在无人机和“定点清除”方面做了什么。他对这一领域充满热情，也意识到在越来越多国家制造无人机的世界里，监管无人机所面临的官僚系统的障碍。

自从奥巴马政府开始重返无人机战场以来，情况发生了转变[254]。近年来，使用无人机的国家越来越多，无人机大量出现在利比亚、也门和叙利亚战场。使用无人机的国家可能是沙特阿拉伯、阿联酋及其盟友，以及土耳其和其他国家。也门的胡塞武装（Houthi）在与沙特阿拉伯对抗时开始使用自己的无人机，这些无人机采用伊朗的相关技术研发而成；加拿大也曾在阿富汗使用过外形像箱子且结构紧固的“雀鹰”（Sperwer）无人机，最终损失了6架；德国人部署了“月神”（Luna）无人机，一款看起来像白鹭的无人机。此外，另一种新的无人平台出现，它介于直升机和固定翼飞机之间，类似于倾转旋翼机或垂直起降飞机，这是新的创新，为武器装备提供了新的选择[255]。

21世纪初期，无人机的出口管制备受关注，美国和欧洲国家对出口无人机保持沉默，对武装无人机也采取同样的监管立场。有一些方法可以绕过这些规定，比如制造载重不超过500磅、飞行距离不超过300千米的无人机。

越来越多的国家开始使用武装无人机，并试图绕过出口管制。英国已经实施了几次“死神”无人机袭击；阿联酋和乌克兰正在制造自己的无人机，或从其他国家采购；巴基斯坦和尼日利亚现在也在使用武装无人机；伊拉克拥有无人机；土耳其也迅速增加了无人机武器库。这使得MQ-9受到攻击的可能性迅速增大，作为应对措施，美国在2020年推出了一个名为MQ-Next的项目，以取代“死神”无人机，计划在2031年完成[256]。

西方国家不希望技术扩散。虽然北约国家迫切需要美国的无人机，但由于美国不愿出售其技术，希望垄断无人机，因此交易几乎从未达成。到2020年夏天，北约才开始在西西里岛部署“全球鹰”无人机进行训练；其他盟友也同样不顺利，比如阿联酋仅仅买到了一架未装备打击武器的“捕食者”无人机。就在美国犹豫迟疑的时候，非盟友也开始进入无人机市场，美国国防工业对此表示不满。2020年初出台了一份草案，提出了出口武装无人机的一些原则，一方面不希望技术扩散，另一方面又不希望非盟友占上风，在两种考量之间的不断纠结导致了协议的淡化。由于无人机价格便宜，使用时对飞行员来说没有风险，因此它们比特种部队或突击队员更具实用性，同时这也意味着它们很容易被滥用。

为了减少滥用武器的指控，美国研发了RX9，即“忍者”导弹，该型导弹没有弹头，而是在下落时能够弹出类似砍刀的装置。那么，这个带着100磅砍刀的巨型飞镖比传统的爆炸装置究竟好在哪里？首先，它不会造成太大的伤害，如果你打错了人，在最坏的情况下，也仅有那个人会被杀，最多再波及一位临近者。2019年和2020年，“忍者”导弹在叙利亚被多次使用。网上流传的图片显示，汽车像西红柿一样被切成小块，车内人员的残骸散落各处，在这种情况下，这种武器可以杀死一辆车里的乘客，但不会伤及附近的其他人，其附带伤害几乎为零[257]。

未来将会更多依赖于信号情报和传感器的算法，这些人工智能算法能够向人们推荐谁该被消灭，这种基于算法的军用武器系统可以帮助军队大大提高精确性。但是，当计算机识别出威胁目标，并提示指挥官轻松地按下一个按钮清除威胁目标时，会发生什么呢？如果输入的数据是错误的，指挥官很可能会使用这些自主性越来越高的系统误杀无辜的人。西方国家希望接近零伤亡的结果，没有友军士兵死亡，也没有平民死亡。

西方国家借鉴美国和以色列的经验，趋向谨慎和极端精确，而其他国家则相反。恐怖组织将无人机视为一种简单粗暴的武器来扭转战场上的劣势，这些组织看起来更像是恐怖分子的军队，通过夺取非洲萨赫勒（Sahel）的无政府地区以及中东的沙漠地区（一直到阿富汗和菲律宾）的国家从而得到大量无人机。美国五角大楼的规划者把这片自20世纪80年代以来恐怖组织不断壮大的地区视为世界上的“非一体化隔阂国家”[258]，如今这个群体即将让美国人和他们的无人机军队大吃一惊。

第五章

在敌人手中：他们拥有了自己的无人机

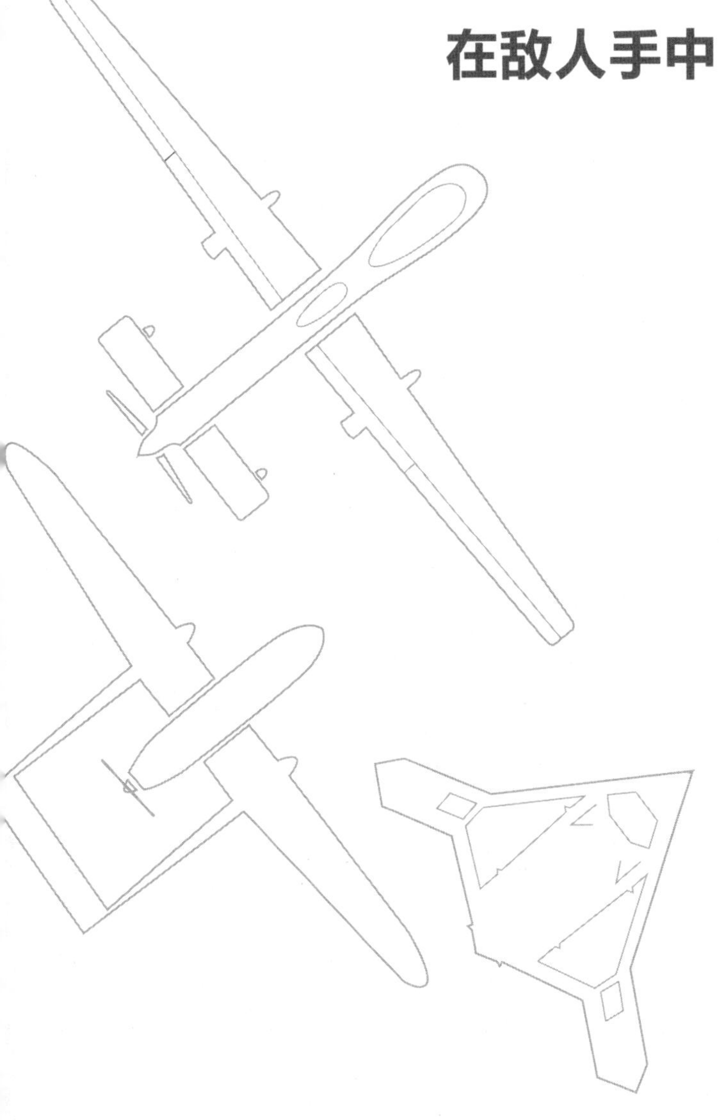

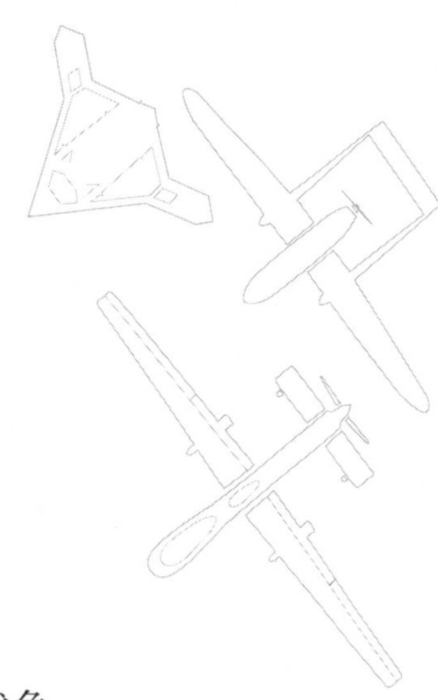

在伊拉克，我第一次感受到了对手的无人机战争。在摩苏尔战役期间，我蹲在一所大房子里，我和伊拉克联邦警察躲在一起，侧耳倾听 ISIS 无人机的声音。那是一次令人紧张的经历。我们曾经是追捕 ISIS 的猎手，现在突然变成了猎物，这说明任何军队在没有防御的情况下，是多么容易受到来自科技的攻击。我们只有火箭筒和 AK-47 自动步枪，在摩苏尔战役的几个月里，伊拉克人向天空开火是徒劳的，ISIS 的无人机给美国训练的伊拉克军队造成了严重损失。

ISIS 是如何获得无人机的？纵观无人机的大部分历史，只有高科技国家才能拥有这种昂贵而复杂的技术，极端分子能够熟练驾驶这些飞机似乎是不可想象的。

无人机的每一个基础元器件是相对简单的，A. M. 洛（A. M. Low）早在 1917 年制造了一个无人空中靶标，Radioplane 公司在 1940 年制造了无人靶机[259]，加之极端组织已经掌握了炸弹制造的精密工艺，因此他们完全有动机有能力制造出自己的无人机。

许多极端组织或“非国家行为体”已经制造或使用了无人机，这包括巴勒斯坦伊斯兰“圣战”组织、真主党、尼日利亚的“博科圣地”、叙利亚的沙姆解放组织（Hayat Tahrir al－Sham，HTS）、菲律宾的毛特组织（Maute）、也门的胡塞组织以及各种卡特尔组织（Cartels）[260]。无人机也出现在乌克兰的顿巴斯战争（Donbass War）中，利比亚各派和委内瑞拉的反政府武装也都在使用无人机。

真主党是一个伊斯兰什叶派极端组织，该组织试图利用无人机项目来对付以色列。20 世纪 80 年代，该组织在伊朗的支持下出现在黎巴嫩南部，当以色列在 2000 年从黎巴嫩撤军时，真主党获得了更多的自由来储备武器，并从伊朗进口新的导弹和无人机。

2020 年 3 月 26 日，一架小型模型飞机从黎巴嫩南部飞入以色列领空。以色列击落了这架飞机，并在网上发布了一些片段。这是真主党为了展示其无人机能力而进行的多次行动的最新一次尝试。真主党很清楚以色列容易受到此类袭击，因为早在 1987 年巴勒斯坦人就曾用滑翔机袭击过以色列，导致 6 名以色列人丧生。

在以色列撤军后，真主党领导人哈桑·纳斯鲁拉（Hassan Nasrallah）从伊朗获得了几架无人机。纳斯鲁拉是真主党的代表人物，他留着大胡子，声如洪钟，由于担心以色列的空袭，过去几十年里他一直住在一个地

2017 年 9 月，库尔德战士在基尔库克（Kirkuk）附近的一间办公室发现了一架 ISIS 使用过的无人机（赛斯·弗兰茨曼）

堡里。他感到害怕是有情可原的，因为其他的真主党成员曾遭遇了惨烈的结局，比如他的前同事伊马德·穆格尼耶（Imad Mughniyeh）于 2008 年在大马士革的一次汽车炸弹袭击中被炸得四分五裂。

真主党想考验以色列。2004 年 11 月 7 日，该组织的一架无人机在以色列城市纳哈里亚（Nahariya）上空飞行，然后飞向大海，后来纳斯鲁拉吹嘘说，它可以装备 40 磅炸药，能飞到以色列任何地方[261]。这架无人机被认为是仿制伊朗的 Mohajer 无人机。它有两个尾翼和垂尾，这与 20 世纪 80 年代期间伊朗仿造以色列的一些无人机比较类似，也很实用。Mohajer 无人机采用弹射式发射，用降落伞回收。实施此次飞行任务的可能是 Mohajer－4 型无人机，伊朗在 1997—2006 年间制造了大约 40 架 Mohajer－4 无人机，真主党将其更名为 Mirsad（米尔萨德）。

真主党 Mirsad 无人机的第一次飞行以失败告终，2005 年 4 月 11 日的第二次飞行取得了成功，无人机返回了黎巴嫩。一位与真主党关系密切的消息人士告诉美国驻贝鲁特大使馆，真主党当时只有 3 架无人机[262]。一位当地消息人士在一次秘密会议上告诉美国人，叙利亚情报机构可能在飞行过程中向真主党提供了情报。尽管以色列没有击落这些无人机，但在接下来的几年里，用自己的无人机进行了回应[263]。

当时的黎巴嫩就是个火药桶。2005 年，真主党暗杀了黎巴嫩总理哈里里（Rafic Hariri），大规模抗议导致叙利亚从黎巴嫩撤军。真主党担心自己的地位可能被大规模抗议削弱，因此于 2006 年 7 月对以色列发动袭击，杀害以色列士兵并偷走他们的尸体，一场持续一个月的战争爆发了。无人机发挥了作用，几架真主党无人机被击落[264]。这标志着 F－16 战斗机首次与无人机交战。3 架伊朗制造携带 40 千克炸药的形似 Ababil（“阿巴比”）的无人机被轻易击落[265]。8 月 7 日，以色列派出一架配备“蟒蛇”（Python）导弹的 F－16 战斗机在海岸附近击落了第一架无人机，8 月 13 日又击落了另一架。残骸看起来像 Ababil 无人机，这款无人机其实更像是巡航导弹[266]。真主党在战争接近尾声时使用了无人机，但它们并没有完成任务。

2008 年，在黎巴嫩首都贝鲁特的街头，真主党在巷战中取得胜利，自此真主党在很大程度上劫持了黎巴嫩，并在黎巴嫩政治中发挥了越来越大的作用，同时建立了自己的武器库。以色列无人机一直在密切关注真主党。2009 年，联合国驻黎巴嫩临时部队（United Nations Interim Force in Lebanon，UNIFIL，简称“联黎部队”）观察到 7 架以色列无人机；2007 年，一架以色列无人机被击落[267]；2019 年，另一架无人机在贝鲁特被击落。

到 2008 年，真主党武装了 Mirsad 无人机，为其安装了炸药[268]。美国国会报告认定亚－马赫迪工业集团（Ya Mahdi Industries Group）/库兹航空工业公司（Qods Aeronautics Industries）是伊斯兰革命卫队（Islamic Revolutionary Guard Corps，IRGC）无人机和滑翔机的供应商[269]。以色列日益关切，反恐局局长尼赞·努里尔（Nitzan Nuriel）在2010年9月的一次会议上警告说，真主党拥有可以飞行300千米的无人机[270]。以色列也意识到真主党试图拦截以色列无人机的通信，这促使以色列提高了其无人机的通信加密技术[271]，以色列知道，像真主党这样的恐怖组织已经取得了以前只有大国才能获得的技术成功[272]。

伊朗也向伊拉克派遣了无人机。小型“亚希尔”（Yasir）无人机是美国“扫描鹰”无人机的翻版，交付给类似于真主党的当地民兵组织——伊拉克真主党精英运动组织（Harakat Hezbollah al－Nujaba）。在打击ISIS的战争中，伊朗的Mohajer－4和Ababil－3无人机最终出现在了伊拉克。伊朗自2009年以来一直在伊拉克使用无人机监视美军，后来转向监视巴格达以帮助打击ISIS，并为伊朗的F－4战斗机空袭目标作支撑[273]。

真主党继续推进其无人机项目，2012年从伊朗引进零部件，并将另一架无人机深入以色列领空，以色列再次紧急升空一架配备“蟒蛇”空空导弹的F－16将其击落[274]。纳斯鲁拉却在吹嘘这一事件，他声称“黎巴嫩抵抗组织从黎巴嫩派出了一架先进的侦察机。”[275]纳斯鲁拉接着说，这表明了以色列的“铁穹”防空系统（Iron Dome Air Defense）并不是不可攻破的。真主

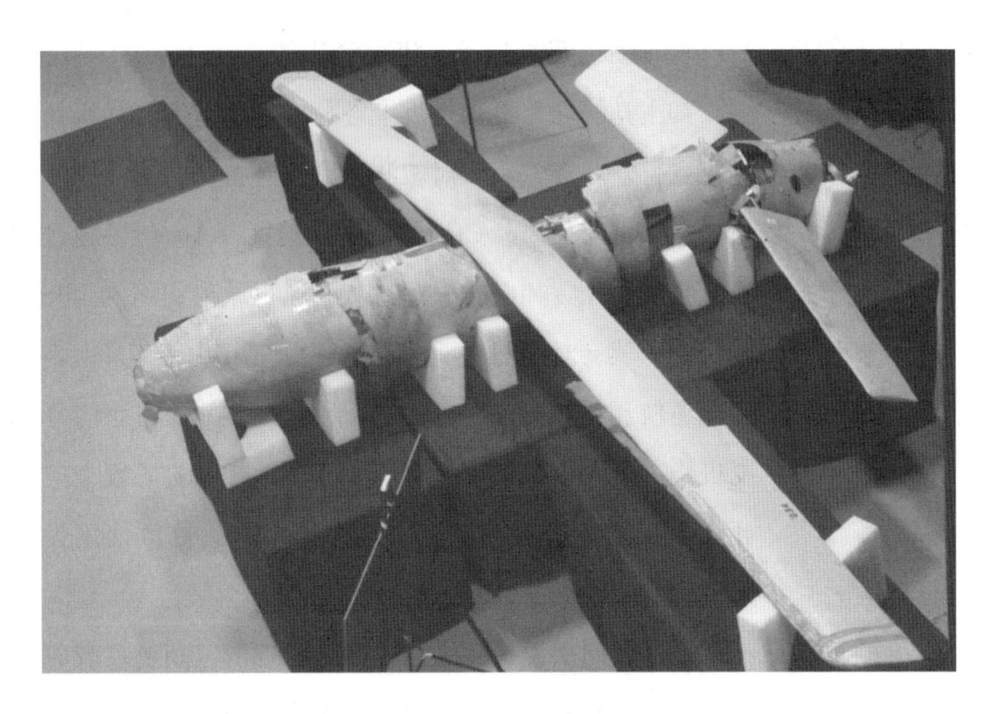

11 月 26 日，在华盛顿特区的阿纳卡斯蒂亚－波林联合基地（Joint Base Anacostia－Bolling）建立了伊朗装备展示中心（Iranian Materiel Display，IMD），展示了一架伊朗 Shahed－123（“见证者”－123）无人机的残骸。美国国防部于 2017 年 12 月设立了伊朗物资展示中心，以提供证据证明伊朗正在向危险组织提供先进武器，造成这些地区的不稳定局势和冲突。伊朗装备展示中心还陈列了伊朗向也门、阿富汗和巴林提供的很多物资和材料（图片提供者：美国国防部 Lisa Ferdinando——非官方提供）

党称，这架名为“阿尤布”（Ayoub）的新型无人机，是对以色列入侵黎巴嫩领空约 2 万次的回应[276]。真主党向伊朗发送了“阿尤布”拍摄的视频，有人担心这架无人机曾在位于以色列迪莫纳的核设施附近飞行。

2013 年 4 月，另一架无人机再度升空。

真主党的无人机依托贝卡谷地专门建造的简易机场进行飞行，并在叙利亚对叙利亚反政府组织的战斗中使用。无人机前往风景如画的阿萨尔地区（Arsal），越过连绵起伏的丘陵和山脉，到达叙利亚反政府组织和 ISIS 的活动区域，对他们的活动进行监视。2014 年 9 月，真主党还使用无人机袭击了“基地”组织在叙利亚的分支机构——努斯拉阵线（Nusra Front），造成了数十人死亡。这是极端组织或“非国家行为体”首次使用无人机进行武装袭击[277]。

对以色列来说，真主党用无人机打击叙利亚反政府组织的举动有利有弊。在叙利亚内战期间，真主党在叙利亚发挥的作用越来越大，这意味着它把重点放在了叙利亚与黎巴嫩边境的卡拉蒙（Qalamoun）山区的战斗组织上，因为该组织声称自己在保护黎巴嫩免受极端分子的袭击。同时，新的简易机场还可用于起降伊朗的 Ababil - 3 和 Shahed - 120 无人机[278]。在某些方面，真主党使用伊朗无人机并不代表一个极端组织制造了自己的无人机，而只是有更多的无人机编配到组织之中[279]。真主党的无人机活动持续增加，2017 年 9 月，伊朗的另一架无人机通过叙利亚进入以色列，以色列使用“爱国者”导弹将其击落[280]。

以色列为应对与日俱增的无人机威胁，快速发展防空和雷达技术，其速度与伊朗的无人机技术一样呈爆炸式发展，这无疑是一场军备竞赛。最初的 Mirsad 无人机在 2004 年首次侵入以色列领空时体积很小，长约 9.5 英尺（2.9 米），它的飞行速度很慢，约为 120 英里/小时（可能被夸大），似乎能够躲过雷达，对此以色列议会不得不要求当时的以色列国防军总参谋长摩西·亚阿隆（Moshe Ya'alon）中将来应对这个问题[281]。以色列对此项无人机计划的继续扩大感到担忧，同时对伊朗向黎巴嫩贩运精确制导导弹和其他军械也感到焦虑[282]。然而，拥有了约 200 架无人机的真主党，却在其无人机活动中受挫[283]。2019 年 8 月，真主党试图在叙利亚发射带有杀戮武器的无人机，这种企图暴露了极端组织使用无人机的脆弱性。以色列监视到真主党在叙利亚的行动，发现一支队伍试图把无人机抬上山，随后以色列使用了秘密手段（也许是电子干扰），阻止了这次行动[284]。

尽管真主党继续武装其无人机所带来的威胁还比不上其强大导弹武器库[285]，但是该组织并没有停止升级无人机的努力。两名男子在美国受到指控，指控他们于 2020 年 3 月合谋违反美国出口法，帮助真主党采购无人机零部件[286]，他们曾试图购买数字罗盘、喷气发动机、活塞发动机和其他有助于无人机导航的产品。2018 年，他们逃到南非，但很快被捕并遣返回明尼苏达州。

伊朗不仅将 Ababil 无人机给了真主党，而且还向加沙的哈马斯（Hamas）提供了技术。多年来，哈马斯一直在对以色列实施袭击，在2006年以色列撤军后，哈马斯接管了加沙地带，这意味着他现在可以进口和制造更多的导弹和无人机。2012年11月，一架哈马斯的无人机从加沙地带北部的汉尤尼斯（Khanyunis）起飞[287]；第二年，哈马斯还试图在约旦河西岸制造几架小型无人机。哈马斯声称，他们制造了Ababil A1B型无人机，还拥有侦察型版本。Ababil无人机大约有9英尺长，Ababil的意思是“燕子”，而哈马斯的版本类似于伊朗的“萨里尔”H-110（Sarir H-110）无人机，与之相比更加现代化，也采用双尾设计[288]，2014年7月的一段视频中展示了这种无人机，它们全副武装。

哈马斯不断改进其无人机，并于2014年12月的27周年纪念日上进行了展示。他们用围巾围着脸，尽情地庆祝这些可能改变游戏规则的无人机能够给予以色列巨大威胁，而一旦制造出了无人机，就一定会想尽办法使用它们。2016年9月，一架以色列F-16战斗机在加沙海岸发现一架哈马斯无人机，并将其击落[289]；2017年2月，以色列发现另一架哈马斯无人机从加沙起飞，并派出战机再次将其击落。以色列官员认为，这是“直接威胁”[290]。在2019年7月和2020年2月，以色列击落了更多的哈马斯无人机。埃及甚至也被卷入了这场竞赛，击落了一架在埃及边境拉法亚（Rafah）上空飞行的哈马斯无人机，该无人机侵入埃及领空时间长达10分钟[291]。

从哈马斯无人机屡次被击落的失败历程中不难看出，哈马斯企图获得无人机技术的努力基本上是失败的。哈马斯在2009年、2012年和2014年的战争中试图用火箭弹击败以色列，但以色列制造了“铁穹”防空系统实施拦截；哈马斯尝试使用隧道，以色列创造了防御隧道的技术。哈马斯的无人机战争从未开始，因为它无法武装无人机，而以色列则利用雷达和其他监视手段能够轻而易举地发现无人机，使得加沙成为地球上监控最为密集的地区之一。后来哈马斯试图使用进口的民用无人机来伪装其军事用途，但也在边境被拦截了。

在千里之外的也门战场，以色列同样遭遇着无人机战争给他们带来的困扰，而伊朗的无人机技术表明，如果落入哈马斯之手，将会造成巨大的威胁。

长臂

2019年11月25日，一艘独桅帆船漂浮在阿拉伯海，在印度、伊朗和阿曼之间的贸易航线上航行，看起来与其他任何一艘普通商船没有什么两样。但是美国海军“福雷斯特·谢尔曼”号驱逐舰（USS Forrest Sherman）怀疑它装有更多的东西，经过检查，登船队发现了一批从伊朗运往也门的武器。2020年2月，另一艘船也被扣押，里面发现了导弹和热成像望远镜等，还有无人机的组装配件[292]。

这表明了，像伊朗这样给极端组织提供无人机技术是非常危险的，而这种危险在也门得到了最为显著的体现。美国曾在也门广泛使用无人机打击“基地”组织，但到了2015年，一个新的组织出现，撼动了整个中东。胡塞武装是由伊朗支持的一支来自山区的武装组织，他们占领了大片地区，并在2015年威胁要占领主要港口——亚丁。

起初胡塞武装看起来很粗犷，他们来自乡村，对抗的是沙特领导的强大联盟和腐败的也门政府。他们声称正在与美国、以色列和其他伊朗敌人作战，并在言辞中加入了“美国去死，诅咒犹太人”之类的字眼。在洞穴和掩体中，他们利用走私手段获取伊朗的先进技术，悄无声息地发展出一个由无人机和导弹组成的尖端武器库。2019年9月，胡塞武装通过摄像机，展示了一个装满无人机的房间。大多数无人机体积较小，只有几米长，用来发动“神风自杀式攻击”（Kamikaze Attack）。利雅得（Riyadh，沙特首都）已经部署了“爱国者”导弹来对付胡塞的弹道导弹，成功拦截了226枚，但无人机对他们来说是一种新的威胁[293]。

胡塞是伊朗无人机技术的真正先驱。他们是第一个在复杂战争中使用无人机的组织。谢拜（Shaybah）天然气液化厂坐落在阳光普照的红色沙漠中，没有人想到它可能会成为目标。2019 年 8 月 17 日，10 架无人机袭击了沙特阿美石油公司（Saudi Aramco）的设施，事件发生在阿联酋边境附近的空旷地区，距离也门胡塞武装前线约 1000 千米，胡塞计划对其进行“大规模、深度攻击”，并成功派出武装无人机对其进行打击。“我们向沙特政权和所谓大国们宣布，将会展开更加广泛的行动。”一名胡塞武装成员对胡塞阿尔马希拉电视台的镜头大放厥词[294]。

随着时间的推移，该组织囤积并改进了大量无人机，这加速了伊朗同沙特之间进行一场无人化战争。2019 年，随着美伊紧张局势升级，胡塞武装的袭击事件也在不断增加[295]。

和大多数极端组织一样，胡塞一开始只是购买现成的无人机。2015 年，他们购买和使用大疆“精灵”商用无人机，对敌人进行监视，同时他们还尝试在网上寻找元器件和组装指南制造无人机模型。最终，他们从伊朗获得了发动机和模型来制造他们的 Qasef－1 无人机，这是伊朗 Ababil 无人机的翻版[296]。2016 年 11 月，阿联酋拦截了一批从伊朗运往胡塞的无人机。2017 年，在美国国防部长吉姆·马蒂斯（Jim Mattis）的领导下，美国在华盛顿特区的阿纳卡斯蒂亚—波林联合基地建立了伊朗装备展示中心，马蒂斯性格粗暴、直率，他想借此展示来自伊朗的威胁。最终有75个国家前来观看伊朗无人机和导弹的残骸，证实了伊朗在向胡塞提供武器。

胡塞声称研发了4种无人机，一种是飞翼，一种是巡航导弹，还有两种看起来像模型飞机[297]。联合国大使妮基·海利（Nikki Haley）在阿纳卡斯蒂亚－波林联合基地展示了一架Qasef－1无人机的残骸，它看起来像伊朗的Ababil－T[298]。残骸中还包括一个陀螺仪，经过冲突军备研究所（Conflict Armament Research）的分析，这也与伊朗有直接关系，Ababil－3无人机和Qasef－1无人机使用的是同一款V10型陀螺仪，在2019年9月对阿布盖格（Abqaiq）设施进行更大规模的集群袭击中，也发现了类似的V9陀螺仪。

美国海军在阿拉伯海的突袭行动中，也证实了伊朗与胡塞在无人机方面联系紧密。美国官员称，在华盛顿特区展示的伊朗装备就像是一个“爱畜动物园”，可以将发现的残骸与已知的伊朗武器相匹配，比如2016年10月从阿富汗找到的Shahed－123无人机，将其V9与其他陀螺仪相比较[299]。Shahed－123无人机的机身看起来就像一个巨大的管子，顶部用螺栓固定了一个机翼，这是一架由伊朗人漆成卡其色的无人机，其中一架在华盛顿参加了伊朗装备展。该型无人机看起来像是伊朗人参照“赫尔墨斯”－450无人机而复制出来的，可能是一架在阿富汗坠毁的英国曾使用过的“赫尔墨斯”–450[300]。这就是无人机战争的本质：各国从偏远的坠毁地点、在伊朗和阿富汗山区的隐蔽战争中窃取彼此的设计。而美国情报人员则试图在伊朗及其盟友制造下一个威胁之前将其拼凑起来。

有证据表明，胡塞先是通过使用“大疆”四旋翼无人机来发动无人机战争，然后逐渐转变为从伊朗采购 Ababil–T 无人机，最后发展为研制自己的无人机[301]，这些自制无人机是由从世界各地搜集的木质螺旋桨、电路板等结构件拼凑而成的。例如，胡塞开始制造的 Sammad 无人机使用了从德国出口到希腊的引擎，再如 2018 年 2 月伊朗进入以色列领空的 Shahed–141 无人机的发动机和胡塞 Qasef–1 无人机的零部件等[302]。

胡塞武装既成为了无人机操控专家，也是伊朗出口无人机武器的实验者。他们使用自杀式无人机对抗“爱国者”的雷达和防空系统；他们成功避开沙特的防空系统，深入沙特空域进行打击；2019 年 1 月，他们还袭击了也门阿纳德的阅兵式。胡塞不断升级其无人机，声称在当地制造了从 Qasef–1 到 Qasef 2K 多种型号的无人机。他们以真主党的 Mirsad 无人机和伊朗的 Muhajer 无人机为原型，制造了一组 Sammad 系列无人机[303]。据称，2018 年，该系列中的一架 Sammad–3 无人机袭击了近 1500 千米外的阿布扎比机场（Abu Dhabi’s air-

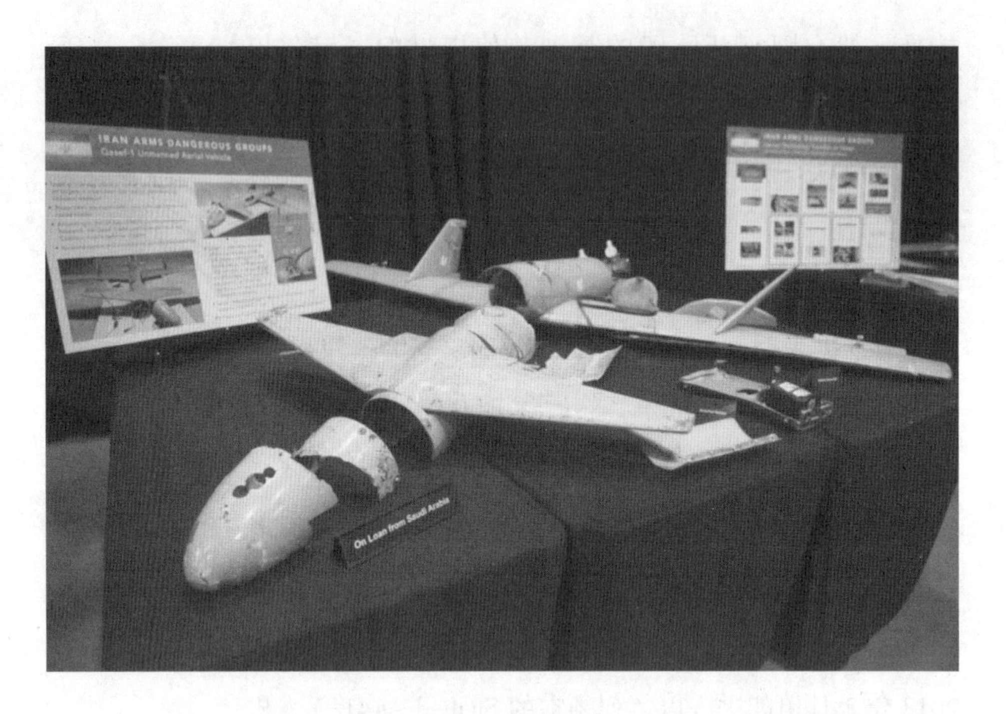

11 月 26 日，在美国华盛顿特区阿纳卡斯蒂亚－波林联合基地的伊朗装备展示中心，展示了一架 Qasef－1 无人机的残骸（图片提供者：美国国防部 Lisa Ferdinando——非官方提供）

port）[304]。这架无人机的行为更像是一枚巡航导弹，或称作所谓的“巡飞弹”，不需要回收[305]。随后，胡塞武装还派遣无人机袭击了沙特阿拉伯南部的机场，于 2019 年 6 月和 7 月袭击了阿卜哈机场（Abha Airport）[306]，此次事件中，胡塞武装使用装满炸药的 Sammad 系列无人机发动袭击的照片，成为了整个 2020 年持续曝光的热点[307]。

胡塞还制造了一系列无人侦察机，分别被称为

Hudhud、Raqib 和 Rased[308]，它们大部分与模型飞机相似，航程只有约 30 千米，续航时间也只有 90 分钟[309]。胡塞想要表明的是，他们可以利用伊朗的技术，使用伊朗提供的一些设备，再加上本土设计，完全能够创建一支混合无人机部队。他们需要从伊朗走私获得陀螺仪和一些其他技术，但能够在本土制造机翼和机身，甚至可以利用 GPS 导航实现远程定位。他们已经建立了一个巨大的威胁，且“低技术，高回报”，以此来对付一些最富有的政府，尽管这些政府拥有高科技以及西方的防空系统[310]。到 2019 年年底，全球大国们都感到了担忧。2020 年胡塞武装一直持续与沙特防空力量进行所谓的“猫捉老鼠”的游戏。美国的“爱畜动物园”和由欧盟和阿联酋支持的研究都表明胡塞武装与伊朗有密切的联系，美国海军驱逐舰正在海上巡逻，寻找更多的伊朗走私船只，美国和以色列现在已经完全知道，伊朗一直在向中东地区的极端组织出口自己的“捕食者”—— Ababil无人机[311]。

黑色旗帜

在真主党、哈马斯和胡塞武装都在使用伊朗的技术时，另一个组织却有自己的想法，那就是 ISIS，ISIS 是在伊拉克与美国进行各种“圣战”的过程中发展起来的。2013 年年底至 2014 年年初，ISIS 几乎是突然出现在叙利亚，吞噬了幼发拉底河沿岸地区。其创始人阿布·巴克尔·巴格达迪（Abu Bakr al - Baghdadi）是伊拉克人，过去曾因“圣战”活动而入狱。他在伊拉克有一支队伍，这支队伍不仅有与美国作战的经验，还与曾在萨达姆·侯赛因军队中服役的人有密切联系，甚至其中还包括一些工程技术人员。

最初，ISIS 几乎没有遭到反抗，伊拉克军队向巴格达撤退，真正与 ISIS 在伊拉克和叙利亚作战的是库尔德人。2015 年春天，ISIS 的对手变成了一个庞大且不断扩大的全球联军，为此它从世界各地招募了 5 万名新兵，其中一些人对无人机有所了解，他们有些是工程师，有些是业余爱好者，有些做过无人机销售工作，会对无人机和小手榴弹等打击武器进行组装。

这个恐怖组织通过走私购买了小型四旋翼无人机运入叙利亚和伊拉克，其中大部分来自土耳其的走私者，这样的走私行为直到 2016 年 ISIS 失去了对边境的控制后才被迫终止。从 2016 年开始，这些狂热分子就已经使用了装有手榴弹和弹头的无人机。受美国支持的叙利亚反对派表示，ISIS 每天都在前线频繁使用无人机。他们使用无人机辅助迫击炮瞄准，提高其打击精度，还能够帮助引导装载炸药的车辆。尽管 ISIS 于 2017 年在摩苏尔和拉卡被击退，但他们仍然每天使用无人机，最多的时候他们一个月对伊拉克军队轰炸了百余次。

该组织还认为他们应该制造自己的无人机，于是他们联系了包括英国和孟加拉国在内的海外支持者，试图创建一些幌子公司，目标是购买相机、天线和模拟器等零部件，他们热衷于用木头或其他材料制作固定翼模型飞机。后来，这些海外支持者们被捕，ISIS 转而分散购买四旋翼无人机和其他走私材料。

以美国为首的联军对此非常担忧，开始投入资金打击 ISIS 无人机。尽管无人机并没有真正打击联军人员，但美国特种作战司令部指挥官雷蒙德·托马斯（Raymond Thomas）仍表示无人机的威胁是巨大的，数据表明，ISIS 在摩苏尔的战斗中单次任务就投放了 12 架无人机，一天之内投放了 70 架[312]。这相当于一种让世界各地的军事规划者担忧的无人机“蜂群”，而且这些都不是廉价无人机，每架估计价格高达 2000 美元，稍加计算便可清楚地知道 ISIS 在无人机项目上投入了至少数十万美元，甚至达到数百万美元。作为回应，DARPA 和其他部门拨款至少 7 亿美元，用于研发小型无人机的反制技术[313]。波音、雷声及其他公司被动员起来寻求解决方案。

联军开始关注无人机工厂以及其他能够影响 ISIS 无人机战争的地方。电子围栏划设的禁飞区被设立，试图干扰无人机通信链路，使其很难侵犯这些“围栏”区域。ISIS 仍在不断地试验无人机，2016—2017 年，ISIS

已经构建了强大的无人机集团，更可怕的是，这些“成就”也在影响着其他极端组织。不久，菲律宾毛特组织的极端分子使用无人机占领了马拉维（Marawi），战斗双方共击落了十余架无人机。战争结束后，曾支持菲律宾的美国和澳大利亚军队得出结论，小型无人机对前线步兵来说是绝对必要的。他们还指出，一次性、廉价的商用无人机有助于侦察敌情和吸引火力，没有必要为部队装备特殊的军用无人机[314]。ISIS 的支持者也开始在也门和其他地方使用无人机，墨西哥的贩毒集团从 ISIS 那里获得了灵感，制造了一架可以从空中投放爆炸物的无人机。

对伊拉克人来说，击退 ISIS 无人机非常困难。他们尝试了各种各样的设备，其中一些看起来像未来派的枪支。这些设备旨在通过干扰来击落无人机，这使得伊拉克人的作战行动变得更加缓慢，因为他们需要不断地抬头搜索目标。ISIS 的无人机虽不能在战略上成为战争改变者，但它们确实让人头疼。

当我在 2017 年 3 月进入摩苏尔时，ISIS 控制了河西岸的部分地区，他们被伊拉克军队慢慢地挤压到河边。在前方开路的是联邦警察部队，为了到达摩苏尔，我们从伊拉克库尔德地区的首府埃尔比勒（Erbil）开车，穿过在战斗中被破坏的田野和桥梁，沿途尽是被烧毁的汽车和 ISIS 自杀式炸弹汽车的残骸。大约一个半小时的车程，在蜿蜒穿过废弃的基督教村庄和尼尼微平原后，终于到达了幼发拉底河。

当我们到达城郊的联邦警察大院时，与进城的士兵汇合，他们的装甲车和我们的越野车组成车队，我们再次穿越了破碎的道路、被炸毁的田地和房屋之后，来到了一个仅能步行通过的小巷。从某种意义上讲，摩苏尔与其他城市没有什么区别，有商店、市场，但当我们进入小巷时，破坏的痕迹随处可见。为了保护我们不受狙击手的攻击，巷子里挂满了毯子。与此同时，他们在不停地搜寻空中的无人机，这些无人机永远都是一种威胁，这种威胁虽不比迫击炮或狙击手更为可怕，但是它隐蔽在看不见的地方，突然在高空嗡嗡作响，这令人非常不安。据报道，塔利班对“捕食者”无人机也有同样的担忧。无人机与快速机动的直升机和战斗机有所不同，相比之下它们很安静，会巡逻，会监视，会等待，这有时让人感到恐惧。在我去摩苏尔的那些日子里，每当听到无人机的声音，我们就会感到对未知的恐惧，没有办法击落它们，我们只能不断地躲藏。

因此，美国随后投入资金，研究各种对抗无人机的解决方案也就不足为奇了。战斗部队得到了 Dedrone 公司制造的无人机防御武器（Drone Defender）；美国空军斥资 2300 万美元购买了可装在车辆上的高功率激光武器（HELW）；雷声公司还获得了一份价值 1600 万美元的 Phaser 合同，这种武器以电影《星际迷航》中的虚构武器 Phaser 激光炮命名，是一种高功率微波武器[315]。

这些武器的研制是为了应对 ISIS 小型无人机的威胁。在战争中，军队训练的目标是打赢对手并结束战争，对于那些没有防空系统的对手，则不需要具备突防能力的装备和专门的突防训练。比如“捕食者”“死神”和“全球鹰”无人机，它们并不具备对抗现代化防空系统的能力，那是因为它们面对的敌人并没有防空系统，而如今 ISIS 制造的无人机威胁促使美国开始投入资金寻找应对方法。然而，“道高一尺，魔高一丈”，下一个威胁又可能来自其他方面了。

商用无人机制造商在 21 世纪初曾一度繁荣，但无人机带来的安全威胁也在与日俱增，为此出台了很多规章制度。这一切都意味着 ISIS 存在的时代是一个独特的时代，无人机可以更容易地跨越国界。然而，ISIS 在其成长、发展、壮大再到毁灭的这些年里，许多国家越来越担心无人机的威胁，伊朗曾逮捕过一对驾驶无人机拍照的夫妇，指控他们从事间谍活动，也曾有新闻记者因为使用无人机拍照而被扣留在机场。

极端组织也不得不更加创新。沙姆解放组织曾是叙利亚版的“基地”组织，后来演变成一个准叙利亚叛军组织，该组织使用无人机打击叙利亚政府军和俄罗斯在拉塔基亚（Latakia）的基地。他们甚至在 2018 年使用“无人机蜂群”攻击俄罗斯的一个基地，俄罗斯使用昂贵的防空系统击落了这些叙利亚无人机；他们向伊德利卜（Idlib）发动攻势，迫使土耳其不得不在无人机出没的地方加强戒备。这种情况在2018—2019年不断上演，俄罗斯强烈指责美国制造并到处炫耀其“无人机蜂群”，还谴责美国使用海军P-8侦察机与“无人机蜂群”协同作战[316]。

极端组织、代理商和“非国家行为体”获得无人机的速度非常之快，而且不仅是拥有了大量商用四旋翼无人机，还拥有了自己的无人机军队，这一切都构成了真正的威胁。这表明，从以色列率先使用无人侦察机的时代，到美国在无人机打击方面的霸权，再到其他国家的崛起，历史发展得如此迅速。如今，大约有80个国家已经拥有了自己的无人机，这使得人们对无人机威胁的担忧真正地成为了现实。在2014年的纪录片《无人机》中，出现了一句关于某天无人机将会威胁纽约市的调侃之语，这似乎在暗示实施秘密空袭的不仅仅是美国，这一天已经临近，虽然无人机取代飞机的预言仍是神话，但其带来的威胁却已是现实。

与此同时，俄罗斯人从无人机威胁中学到了一些东西，位于圣彼得堡的特种技术中心（STTS）制造了一个反无人机武器。美国海军分析中心的塞缪尔·本德特（Samuel Bendett）表示，这种没有炸药的简单武器能够有效减少地面伤亡[317]。

叙利亚境内的 HTS 无人机看起来不像是商用四旋翼无人机，而更像是安装了小型武器的模型飞机。俄罗斯声称可以轻而易举地在远处探测到这些无人机，并用导弹摧毁它们[318]。俄罗斯的经验表明，部署防空系统可以对抗现代无人机的威胁，许多其他国家也纷纷效仿，反无人机技术的发展成为了下一个竞争赛道。无人机与反无人机，就像一对“大小相等、方向相反”的作用力和反作用力，让我们看看对抗是如何发生的。

第六章

反击：针对无人机的新防御

洛克希德·马丁公司制造了一型无人机，被人们称为“野兽”，这头“野兽”于2007年在坎大哈（Kandahar）首次公开亮相，在天空中呈现一个带有翅膀的黑影，它就是RQ－170，由洛克希德·马丁公司的臭鼬工厂开发，这是美国最新的无人机，绰号“哨兵”。展出当天，人们都在拭目以待，看看这架神秘的无人机有多大本事[319]。再次证明了无人机无论何时出现都会引发备受关注的话题浪潮，以至于瞬间在公开媒体上出现了大量关于这款新式无人机的照片和信息，但却没有更多有价值的信息，直到2020年它仍处于保密状态。2011年1月流出的一张照片中出现了这只野兽，它栖息在阿富汗的停机坪，同时也有传闻称在韩国也发现了它的踪迹[320]。

就在这张照片拍摄近一年后，国务卿希拉里·克林顿的助理胡玛·阿贝丁（Huma Abedin）给国务卿发了一封电子邮件，说有报道称一架RQ－170在伊朗被击落，那是2011年12月4日，伊朗的阿拉伯语新闻电视台 Al－Alam 正在兴奋地报道这架“间谍”飞机被击落的故事[321]。美国官员提出，要通过突袭或空袭行动把无人机夺回来，但为了避免加剧与伊朗的紧张关系，该意见最终没有被采纳[322]。

接下来几天的报道显示，这架无人机一直在对伊朗进行间谍活动，并很可能参与了 2011 年 5 月对本·拉登巴基斯坦住所的突袭[323]。这架无人机在距离坎大哈近 1000 千米的卡什马尔（Kashmar）附近的伊朗腹地被击落[324]。在接下来的几天里，伊朗运走了无人机并对外展出。它看起来几乎完好无损，很明显它不是被击落的，也没有任何自毁痕迹[325]。美国总统奥巴马要求德黑兰将其归还，但德黑兰表示要破解其秘密。现在看来，伊朗当时是依靠干扰其通信系统将其俘获的，而美国媒体则称，可能是“飞行员操作失误”，CIA 和空军则没有发表任何评论[326]。

对于伊斯兰革命卫队航空部队准将阿米尔－阿里·哈吉扎德来说，这是一次成功的胜利宣传，具有巨大的潜在价值。他告诉当地电视台，伊朗是在收集了有关无人机飞行路径的情报后，在精确的电子监控下，俘获这架无人机的。现在，伊朗很有可能已经具备了对无人机新技术实施逆向工程的能力，比如隐身技术或独特的、80 英尺翼展技术等[327]。

伊朗多年来一直试图击落美国无人机，最近伊朗采购了俄罗斯的 Avotbaza 电子情报系统。RQ－170 的被俘对美国来说十分尴尬，对伊朗来说则是一剂强心针，在这场无人机战争的高风险博弈中，无人机操控员必须要做到领先对手一步。而对于失败或弱小的国家，如伊拉克或阿富汗，美国使用无人机则不会受到任何威胁，他们也不需要隐身技术。

例如，2009 年，美国空军第 62 远征侦察中队就驻扎在阿富汗的坎大哈，该地区立即成为了无人机战争的中心，在坎大哈负责指挥的指挥官们要求无人机操控员花更多的时间驾驶“捕食者”[328]。

此时，伊朗的核计划备受关注，其关注程度达到了顶点，相比之下实施对伊朗的无人机侦察任务则显得不那么受重视[329]。然而，随着越来越多有关 RQ－170 的信息被披露出来时，比如 RQ－170 已经部署到了阿富汗的辛达德（Shindand）空军基地，美国国防部长帕内塔发誓对伊朗的侦察任务一定要继续下去[330]。伊朗驻联合国代表穆罕默德·卡扎伊（Mohammed Khazaei）非常愤怒，呼吁停止这种“非法行为”，伊朗还打电话给阿富汗领导人，发出警告，如果美国无人机做进一步入侵，将被视为敌对行为[331]。

突破

伊朗在战争中使用无人机是为了侦获最新情报，正如冷战时期美军的 U－2 侦察机一样。RQ－170 被认为是战争样式的改变者，它可以飞到 5 万英尺的高空，隐身的机身安装了大量传感器，兰德公司（RAND Corporation）的一名分析师说，它甚至可以侦测出化学物质[332]。“哨兵”配备了全动态视频（FMV）这一最新技术，视频可最终与高清信号（HD）融合，将无人机的位置叠加显示在地图上，这可以帮助分析人员迅速发现潜在的可疑活动[333]，不管是模拟信号还是数字信号，都能够与地面部队整合在一起，这样每个人都能看到统一态势，这将改变战争样式，而“哨兵”正是这场无声变革中的关键一环[334]。

伊朗想要把握住这场变革，驾驭这辆发展的快车，哈吉扎德从 2011—2020 年间一直在为之努力。他得到了伊朗最高领袖阿亚图拉·阿里·哈梅内伊（Ayatollah Ali Khamenei）的支持，哈梅内伊肯定了伊朗的无人机计划以及对抗美国无人机军队所做出的努力。

在获得了领导人的支持后，哈吉扎德大力推动无人机计划，并击落了更多的美国无人机，不仅有“哨兵”无人机，还有“捕食者”“死神”和“扫描鹰”无人机[335]，甚至还获得了以色列制造的“赫尔墨斯”。德黑兰通过监视甚至“控制”等手段，在伊拉克、叙利亚和伊朗上空捕获了多达 8 架无人机[336]。2014 年，伊朗展示了通过黑客攻击俘获无人机的侦察视频，还展示了以色列的“赫尔墨斯”无人机的残骸碎片，伊朗声称以色列利用“赫尔墨斯”无人机监视纳坦兹（Natanz）的铀浓缩设施，那里距离以色列约1000英里。专家在《耶路撒冷邮报》（*Jerusalem Post*）中称，伊朗展示俘获的无人机从画面上分不清是“赫尔墨斯”–180还是“赫尔墨斯”–450无人机，而对于执行侦察纳坦兹这样的任务，以色列的“苍鹭”无人机则更为适合[337]。

以色列航空工业公司生产的“苍鹭”–TP无人机，一种多用途、先进、远程中高空长航时无人机（图片提供者：以色列航空工业公司）

伊朗密切关注着以色列的进展。以色列的“苍鹭”无人机是自20世纪90年代以来，一直处于主战机型行列的大型无人机之一。21世纪初，以色列制造无人机逐渐由防务公司转向无人机销售商，而“苍鹭”无人机正是这一时期的产物[338]。“苍鹭”系列无人机拥有超过40小时的长航时和超过1000千米的长航程，是此类无人机的中流砥柱。2005年，伊朗眼睁睁地看着以色列将“搜索者”-Ⅱ型无人机换装为“苍鹭”无人机，部署于帕勒马希姆（Palmahim）空军基地。2007年，以色列空军司令埃米尔·埃赫尔（Amir Eshel）获得了首批“苍鹭”无人机，装备给空军的一个中队[339]，随后在以色列对叙利亚部队的空袭行动中发挥了关键作用。

在无人机战争中，宣传报道可能和实际进展一样重要。每个无人机的制造者似乎都在模仿他人，例如伊朗的“雷电”（Saegeh）无人机就是“哨兵”的直接复制品；伊朗的Shahed S-171型喷气式发动机驱动的Simorgh无人机也是2014年首次部署的“哨兵”的复制品。哈吉扎德将“雷电”进行了武装，最多可挂载4枚导弹，声称可以深入敌人领空[340]。2018年2月，一架“雷电”从叙利亚的T-4基地起飞，在进入以色列领空时被击落[341]。

伊朗击落“哨兵”无人机后，无人机战争的世界格局从少数无人机超级大国转变为多国拥有无人机作战能力，这从根本上打破了原有平衡，无人机可能会产生更多的威胁。伊朗的目标是建立一支独立的无人机部队，就像以色列在20世纪80年代所做的那样。在哈吉扎德的指导下，伊朗在2019年击落了“哨兵”和“全球鹰”，并向也门派遣了无人机[342]。短短几年，世界就进入了一场快速变化的无人机战争革命。

为了对抗以色列和美国，伊朗已经走上了一条漫长而血腥的道路。1979年伊斯兰革命后，伊朗获得了一些美国的靶标无人机，类似于装有火箭弹的大型模型飞机，但是伊朗的新领导人没有时间去学习如何使用它们。1980年9月22日，伊拉克战机袭击伊朗，两伊战争开始。伊拉克是技术上的巨人，拥有苏联的武器和毒气，而伊朗以宗教驱动的人海战术予以还击。伊朗的新宗教革命卫队开始使用无人机，很快他们就把早期的模型无人机带上了战场。1986年，卡西姆·苏莱曼尼（后成为伊斯兰革命卫队领导人）带领他的手下穿过了连接伊朗和伊拉克巴士拉的运河，与他同行的有伊朗新一代无人机武器，执行了940次飞行任务，拍摄了54000张照片[343]。

伊朗继续他们的无人机创新。20世纪80年代，伊朗制造了Quds Mohajer无人机，并于1985年完成首飞；随后，数百架可由两个人携带的小型无人机也被制造出来，最初版的 Ababil 无人机在 1986 年开发完成，共生产约 400 架。制造 Ababil 的是伊朗飞机制造工业公司（HESA），该公司实际上是革命前制造贝尔直升机的德事隆工厂创立的。Ababil 像是一种巡飞弹，更像是一枚巡航导弹，从卡车上的弹射装置发射[344]。20 世纪 90 年代，Ababil - 2 紧随其后，21 世纪初，Ababil - T 双尾版继续跟进，该型号同时被出口到黎巴嫩和也门。

伊朗的无人机项目大量借鉴了 20 世纪 80 年代的设计，包括以色列航空工业公司生产的“侦察兵”无人机，和由以色列设计、美军使用的 RQ - 2“先锋”无人机。比如 2006 年开发完成的 Ababil - 3，同样采用了双尾翼设计，航程为 100 千米，速度为 200 千米/小时，续航时间 4 小时，到 2019 年已拥有数百架[345]。南非航空工业集团下属子公司 Denel Dynamics 在以色列的帮助下生产制造了“探索者”（Seeker）无人机，可能是因为商业泄密，Ababil - 3 的某些特征与“探索者”十分相似[346]，更有趣的是，2015 年阿联酋的一架“探索者” - Ⅱ无人机在也门被胡塞武装击落，而后者背后的支持者正是伊朗[347]。

伊朗对以色列无人机的深入了解，很可能还来自 1991 年在伊拉克战争中被击落的两架“先锋”无人机，或者 1999 年在科索沃战争中被击落的一架“猎人”无人机[348]。近些年，一架“捕食者”无人机于 2015 年在叙利亚上空消失，一架“死神”和一架“扫描鹰”无人机分别于2019年的6月和11月在也门被击落，伊朗可能获得了这些残骸[349]。在外观方面，伊朗借鉴这些无人机的模板和照片来设计自己的无人机[350]，不仅如此，伊朗还在此基础上尝试提高无人机的续航时间，增强无人机监视、通信或瞄准敌人的能力。但是受制裁影响，美国和以色列高科技产业所拥有的复合材料、制导和光电技术都无法广泛应用于伊朗。在外观设计方面，南非的“探索者”、Mohajer－4B、美国的“先锋”和以色列Aeronautics公司制造的Aerostar等无人机看起来基本上都一样，都有长翅膀和双尾翼，前端都有一个装有光电设备的球状结构[351]，而伊朗则开始聚集于无人机的内部改造。

伊朗成功了，他们将Ababil和Mohajer改造成了先进的无人机。2008年，联合国维和人员就苏丹发现无人机这一问题做了调查，政府回应道，这些无人机叫作“Zagil”，实际上就是伊朗的Ababil－3，只是被重新命名[352]，其中两架被击落。此外，2007年委内瑞拉还购买了伊朗的Mohajer－2用于执行监视任务[353]。

从20世纪80年代到2010年，伊朗制造了几代无人机，共生产了大约600架，都属于视距内控制无人机，最远控制距离为100多千米，此外，受油箱限制，航程也较短[354]。Ababil主要由革命卫队广泛使用，伊

一架携带卫星和电子侦察有效载荷的“苍鹭”无人机。无人机可针对不同任务类型搭载不同载荷（图片提供者：以色列航空工业公司）

朗军队使用的 Mohajer 无人机又名“NEZAJA”[355]。2020 年 4 月，伊朗为空军和陆军推出了一系列新型 Ababil－3无人机，声称拥有全新的制导打击能力。此外还展示了一型新的类似巡航导弹的“克拉尔”（Karrar）无人机[356]，德黑兰声称该型无人机可以 900 千米/小时的速度飞行 1500 千米，飞行高度可达 4.5 万英尺。伊朗还仿制了以色列的“长钉”（Spike）导弹，将其装备在

Ababil－3上，声称该无人机已具备了反坦克能力[357]。

2010年后，伊朗又制造了各种各样的无人机，“亚希尔”（Yasir）、“霍德”（Hodhod）、“罗哈姆”（Roham）、“亚马赫迪”（Ya Mahdi）、“萨里尔”（Sarir）、“拉德”－85（Raad－85）、“哈马西”（Haamaseh）和“哈齐姆”－1（Hazem 1），这在很大程度上是为了试验和炫耀大量无人机型号[358]。伊朗无人机专家亚当·罗恩斯利（Adam Rawnsley）表示，伊朗制造的无人机不是用于飞行的，而只是为其中一两架原型机进行宣传的。伊朗上校阿克巴尔·卡里姆洛（Akbar Karimloo）在2020年春指出：“在无人机领域，‘男人’与‘男孩’的区别在于网络空间，以及将图像和数据按需传输的能力。”[359]伊斯兰革命卫队无人机司令部正在迅速提高其通信能力，他们通过伊朗塔斯尼姆（Tasnim）通讯社的新闻指出，目前无人机在使用视频图像和GIS技术方面取得了进步，航程超过了100千米，最后他还列举了几个最新型号的无人机——Ababil－3、Mohajer－6和Shahed－149。

伊朗建立无人机部队的目的是侵扰敌人。早在20世纪80年代，伊朗就在对伊拉克的战争中使用过这些武器，现在更大的较量即将开始。德黑兰在地图上勾勒出无人机可以影响的所有国家，从伊拉克这个“近邻”开始，延伸到叙利亚、黎巴嫩、也门、苏丹、加沙和阿富汗，甚至伊朗无人机可以飞越波斯湾和阿曼湾。德黑兰能够在无人机力量上与美国媲美吗？美国感觉压力不小。美国原本试图在全球约 240 个地点部署全天 24 小时飞行的无人机（称作 CAPS），在全球建立永久性的作战空中巡逻区[360]。可最终，美国只够精力管理其中的 60 多个，这是因为这 60 多个地点聚集着大量的极端分子和敌人，监视压力巨大[361]。

以色列无人机制造商 Aeronautics 公司的大厅，展示了 Aerostar 战术无人机模型，这是一款性价比极高的无人机，已经在全球飞行了超过 25 万小时（赛斯·弗兰茨曼）

为了对抗美国，伊朗在霍尔木兹海峡沿岸及其南部建立了一个无人机基地网络[362]。无人机部署在靠近阿巴斯港（Bandar Abbas）和贾斯克港（Bandar Jask）的凯舍姆岛（Qeshm）上，依托建在沙漠中的简易跑道起飞，其中两处简易机场分别叫作米纳布（Minab）和科纳拉克（Konarak）。伊朗以“捕食者”为原型制造了新式的 Shahed - 129 无人机，并在科纳拉克部署。Ababil - 3 无人机也从 2010 年开始部署至米纳布和阿巴斯港。2015 年，一条新的跑道在 Jakigur 建成。至此，伊朗已经具备了很多在各地机动部署无人机的经验，他们甚至将无人机送到叙利亚，部署在一个位于沙漠的叫作蒂亚斯（Tiyas，或称 T - 4）的基地。

2018 年2 月，伊朗在这里出动一架无人机，用于试探以色列的防御力量。无人机在戈兰高地（Golan）附近飞行，渗透到约旦河谷的贝特谢恩（Beit Shean）附近，几乎到了约旦领空，以色列紧急出动一架“阿帕奇”直升机将其击落。作为报复，以色列发动了空袭，结果导致一架以军 F - 16I 战斗机在以色列北部坠毁，2 月 10 日早上，我正在海法（Haifa）北部的海滨工人阶级社区基里雅特（Kiryat Yam），被随即传来的坠机消息惊醒。我开车到谢法阿姆尔（Shefa’amr）附近，飞机坠毁在一排巨大的鸡笼附近，寒冷潮湿的土路上能够看到飞机残骸和仍在燃烧的引擎，连着一条长长的因撞击而变黑的痕迹。这就是伊朗的无人机战争造成的后果。

伊朗变本加厉。2016 年 1 月 12 日，伊朗的一架无人机飞越了美国“哈里·杜鲁门”号航母和法国“戴高乐”号航母，美国第五舰队发言人凯文·斯蒂芬斯（Kevin Stephens）表示，这架无人机没有武装，不会构成威胁，认为该无人机是“不正规且不专业的”[363]。伊朗派出执行飞越任务的是新型的 Shahed – 129 无人机，这表明，尽管美国认为其并不专业，但伊朗正是通过这样的行动来检验该型无人机的能力。事实上，伊朗在 2015 年 12 月就飞越过该航母；阿亚图拉还在 2017 年派遣无人机飞越过阿富汗上空，在赫拉特（Herat）被发现[364]；2017 年 8 月派遣一架“沙迪赫”（Sadegh）无人机飞越过波斯湾的“尼米兹”号航母；该无人机还在 2019 年 4 月飞越过“艾森豪威尔”号航母。

同时，伊朗还积极开展无人机演习，比如 2019 年 3 月的大规模海上演习，共涉及 50 架无人机，伊朗将该演习称为“前往耶路撒冷之路”[365]。2019 年 6 月，伊朗击落了一架美国“全球鹰”无人机[366]；2019 年 7 月，在霍尔木兹海峡，伊朗的无人机飞越美国“拳师”号（USS Boxer）两栖攻击舰，美国对其实施了干扰[367]。美国、以色列和其他国家意识到，要防御伊朗的无人机并非易事。长久以来，美国都在发展无人机武装技术，然而却忽视了拥有了无人机技术的其他国家，忽视了与这些国家对抗的重要性，更忽视了研究如何与之对抗[368]。

20年间的新想法

在20世纪90年代和21世纪初，美国拥有绝对的空中优势，这意味着美国并不着急。例如，在2005年，美国考虑投入更多的资金到“猎人”RQ－5A，重新命名为MQ－5B。这个项目在20世纪90年代已经消耗了数百万美元，后来被取消。诺斯罗普·格鲁曼公司也在华楚卡堡利比空军基地（Libby Air Field），试图对“猎人”无人机进行现代化改造。“猎人”在巴尔干半岛和伊拉克飞行了14000个小时，改造后的新版本翼展更长，航时达到15个小时[369]。

20年的全球反恐战争实际上是阻碍了新型无人机的发展，原因是这种创新似乎不是必需的，各种各样的新想法出现了又消失了，数以亿计的美元花在了毫无进展的原型系统上。

诺斯罗普·格鲁曼公司已经在制造“全球鹰”无人机，以及装备海军使用的“火力侦察兵”无人直升机。另外该公司还参与了DARPA的X－47计划，用于制造联合无人作战航空系统（Joint Unmanned Combat Air System，J－UCAS）。曾在载人联合攻击战斗机X－

32项目中工作过，并在2001年参与过洛克希德·马丁公司的F-35项目的波音公司工程师，如今加入了X-45项目中。诺斯罗普·格鲁曼公司设计了X-47，而洛克希德·马丁公司制造了X-44。这些无人机项目的共同特点是，它们外形上都像是一个呈V字形的飞行器，看起来就像科幻小说里的东西，与传统的飞机大相径庭，这种设计方式后来被广泛应用于未来隐身无人机。此类无人机并不是很大，它们多数借鉴了20世纪80年代制造的B-2隐身轰炸机的飞翼设计。从这个意义上说，设计没有太大变化，但是其机载技术则有了很大变化。

这些项目进展得也不算顺利。该飞翼概念原本属于联合无人作战航空系统的一部分，但这个想法在2006年被取消；波音公司的X-45外形圆滑，原本是为美国空军设计的，后来被美国空军国家博物馆（National Museum of the Air Force）收藏，不过其用于在航母上自动起降所需的软件系统被有人机采用[370]。其中，也有一部分项目被海军保留了下来，首先是海军无人作战航空系统（N-UCAS），其次是无人舰载机载监视和打击项目（UCLASS），这些项目是在舰载空中加油系统（CBARS）和波音的“黄貂鱼”（Stingray）无人机（代号MQ-25）中保留下来的；另外，隐身能力稍差的X-47B在2013—2015年期间继续在“哈里·杜鲁门”

号、“乔治·布什”号和“西奥多·罗斯福”号航母上服役，并进行了一系列试飞；波音公司为海军设计的X－45N和X－46的部分零部件也保留了下来，此外还有“幻影射线”（Phantom Ray）无人机。

X－45制造于20世纪90年代，当时DARPA提出了一些可行的新思想。空军军官迈克·莱希（Mike Leahy）曾向诺斯罗普·格鲁曼、波音、雷声和洛克希德·马丁提供资金，希望制造一架武装无人机[371]。该无人机应能摧毁敌方的防空系统，就像以色列和沙特最初使用无人机对付叙利亚和胡塞武装一样。莱希说：“武装无人机项目可以使‘白头巾’们免受威胁。”[372]（这里的“白头巾”是对飞行员的一种称谓）。资金方面，F－35和F－22等有人战机耗费了空军巨大的资金，而X系列无人机却耗资很少。新的创新和思想需要数年的时间才能开花结果，比如隐身无人机“女武神”（Valkyrie，代号XQ－58）、最高机密的RQ－180、通用原子公司的“复仇者”（Avenger），以及“忠诚僚机”（Loyal Wingman）的概念。

俄罗斯持续关注美国无人机项目的同时，也在发展自己的带有未来感的飞翼无人机。“海鹰”－10（Orlan－10）无人机于2010年投入使用，这是一种看起来像小型飞机的微缩模型，大约生产了1000架，后来又出了体积稍大的升级型号。俄罗斯无人机主要由米格和苏霍伊公司制造。2019 年 8 月苏霍伊 S－70 完成了试飞，俄罗斯称其为“猎人”（Hunter 或 Okhotnik），这是一架重型攻击无人机。对于俄罗斯来说，这是一个面子工程，是展示自己可以制造出能够与美国 F－35 和美国无人机相竞争的先进飞机。在莫斯科国际航空航天展览会（MAKS－2019）上，俄罗斯副总理尤里·鲍里索夫（Yuri Borisov）极力宣传该型无人机，并声称将在 2025 年完成最终交付。

航展中，这架俄罗斯重型无人机连续飞行了 20～30 分钟后成功着陆。这是一款带有隐身能力的无人机，重量达到约 20 吨，飞行速度可达 1000 千米/小时，搭载了光电和雷达设备[373]。一旦该无人机形成战斗力，对于俄罗斯来说将是非常重要的，俄罗斯试图证明，它可以在叙利亚、利比亚等冲突中对美国起到震慑作用，同时俄罗斯还可以向北约成员国土耳其出售其 S－400 导弹防御系统。尽管俄罗斯目前拥有的无人机还不具备强大实力，但其构建起一支真正意义上的第五代空军，这将全面提升俄罗斯的军事形象。

伊朗在无人机领域取得进展后，世界无人机战争的格局演变为：美国及其盟友在空中受到了越来越大的挑战。美国无人机根据提供的服务进行分类，但主要依赖于经过验证的较老的机型。例如“灰鹰”无人机，它只是“捕食者”的一个版本，“捕食者”无人机早在

2004—2009 年间就装备陆军使用。美国陆军航空及导弹司令部（United States Army Aviation and Missile Command）非常喜欢“灰鹰”无人机，他们最初购买了 11 套系统，每套包含 12 架无人机[374]，提供给第 82 战斗航空旅（the Eighty - Second Combat Aviation Brigade），然后推广到更多的师，最初在伊拉克的迪亚拉省使用[375]。

AAI 公司制造的“影子”（Shadow，代号 RQ - 7）无人机专为陆军设计使用，该型无人机采用小型双尾设计，意图取代“先锋”无人机。它们使用相同的控制系统，具有更高的燃油经济性，并有可能得到更好的军备[376]。与此同时，海军也在购买更多的战术小型无人机，如波音公司的子公司英西图研制的“黑杰克”无人机（Blackjack，代号 RQ - 21）。这架灰色双尾飞机被部署到阿富汗，应用效果有好有坏，后来海军在 2019 年再次装备了 60 架。该无人机最高升限可达 2 万英尺，航程 100 英里，有效载荷 17 千克，波音公司仍在为它寻找更好的发动机。但所有这些仍然不能使美国和其他国家免受敌方无人机的攻击。

如何才能阻止无人机袭击？起初，无人机也会被击落，就像击落其他敌机一样。伊拉克和南联盟军队曾击落美国无人机或导致其坠毁；以色列也曾用 F - 16 和“阿帕奇”直升机使用空空导弹击落过伊朗制造的无人机[377]。

紧急出动战斗机并不是阻止无人机的优选方案。第一，雷达可能不会在第一时间发现无人机，导致没有足够的时间战斗起飞；第二，根据无人机的威胁种类，使用一架昂贵的战斗机来防御一个威胁小、造价低的无人机无疑是一种资源浪费；第三，对于未来可能出现的更多的无人机威胁，将没有足够的战斗机用来拦截它们。有一个办法是派出无人机与敌方无人机作战，但这项技术还处于起步阶段，直到 2018 年 9 月，美国才首次使用“死神”无人机击落了另外一架无人机[378]。使用F－16 只能作为应对突发事件或新的威胁的临时措施。

对以色列来说，最初来自无人机的威胁相对较小，因为真主党和哈马斯没有太多无人机。当伊朗将无人机带到位于沙漠地带的蒂亚斯基地时，以色列的监视系统发现了它们在数百千米之外活动。以色列认真对待这一威胁，2019 年 8 月，以色列锁定了位于戈兰高地附近的一所房屋内的真主党武装无人机小队，当时该小队正在试图操控无人机进入以色列；以色列还深入叙利亚袭击了蒂亚斯基地。

在无法有效阻止威胁的情况下，急需其他技术。21 世纪初，以色列就已经面临着来自加沙的广泛且日益增长的导弹威胁，以色列同时面对着真主党从黎巴嫩发射的数千枚火箭弹，和哈马斯从加沙发射的数千枚火箭弹。为了应对这一问题，国防研究与发展部（Defense Research and Development）负责人丹尼尔·戈尔德（Daniel Gold）准将推动了导弹防御系统项目——“铁穹”。该系统于2010年首次使用，并得到时任国防部长阿米尔·佩雷茨（Amir Peretz）的支持，该想法旨在建立一个能够应对当前和未来威胁的系统。戈尔德表示，以色列不应局限于传统的方法论，而应考虑未来，并利用技术来主宰未来[379]。

“铁穹”已经被证明是成功的，美国在2016年4月就开始将其用于多导弹发射武器，该武器属于美国“间接火力防护能力增量2”（IFPC－2）项目。“铁穹”被带到白沙导弹基地（White Sands Missile Range），进行了一系列测试，它的“塔米尔”（Tamir）拦截导弹成功击中一架无人机[380]。以色列拉斐尔公司和雷声公司在美国销售的“铁穹”被称为“天空猎人”（Skyhunter）[381]。以色列还在美国的支持下制造了其他防空系统，如“大卫投石索”（David's Sling）和“箭”－3（Arrow－3），这两套系统在2017年和2018年对抗叙利亚威胁时首次使用，“大卫投石索”的设计初衷并不是对抗无人机，但它防御无人机威胁的效果极佳。在2020年的最后几个月，以色列进行了一次前所未有的多高度综合防空测试，同时使用“铁穹”和“大卫投石索”，测试它们对抗巡航导弹和无人机的能力，测试结果表明这种多高度防空系统工作达到了预期。与此同时，美国正在从以色列购买第一批“铁穹”系统，用于满足美军作战需求。

黄昏时分，一枚“大卫投石索”拦截导弹在以色列发射，这是以色列多高度防空系统之一（图片提供者：拉斐尔先进防御系统有限公司）

除以上系统外，可以对抗无人机的防空系统还有很多，要将这些系统整合并解决整合带来的网络安全问题，需要花费约10亿美元，美国对此犹豫不决[382]。美国早在1990年就发展使用的“爱国者”导弹系统已经部署到了以色列。2014年，以色列用“爱国者”导弹打击哈马斯无人机，有人指出，每枚“爱国者”导弹价值100万美元[383]。2018年6月和7月，“爱国者”向一架从叙利亚起飞的无人机开火，第一枚导弹飞向无人机，使其撤回到叙利亚境内；第二起事件是一架无人机从叙利亚飞越约旦，飞向加利利海，随后被击落[384]。2017年11月，以色列击落了一架从叙利亚进入以色列领空的无人机[385]。然而也并非都是成功的，2016年7月，两枚“爱国者”导弹就未能击中一架真主党无人机[386]。

在2016年的这次事件中，不仅“爱国者”失败了，而且升空的一架战斗机也没能发现那架无人机，这再次引发了如何阻止无人机威胁这一难题。费舍尔战略航空航天研究所（Fisher Institute for Air and Space Strategic Studies）的无人机研究中心（UAV Research Center）的塔勒·因巴尔（Tal Inbar）告诉《国土报》（*Haaretz*），由于无人机的尺寸、速度和材料的原因，要实现完全的防御是很困难的[387]。

然而，使用“爱国者”击落小型无人机带来了过度打击的问题。美国将军戴维·帕金斯（David Perkins）在2017年3月说：“我们热爱‘爱国者’导弹。”他讲述了一个“爱国者”导弹击落四旋翼无人机的故事，那是一架价值200美元的无人机[388]。他把这个故事告诉了亚拉巴马州的美国陆军协会。使用射程为13英里的“爱国者”PAC-2或PAC-3导弹打击小型无人机并不是该系统的设计初衷[389]。美国军队在2018年开始购买新的PAC-3分段增强导弹（Missile Segment Enhancement missiles，MSE），当年购买了240枚，次年又购买了240枚，一个发射器可容纳16枚该新型导弹，射程40千米，射高2万米[390]。

尽管雷达的监视范围可达到100英里以上，但要防卫整个国家，则需要部署极大数目的雷达，这也导致并没有足够多的“爱国者”来抵御所有的无人机威胁。战略与国际研究中心（Center for Strategic and International Studies）导弹防御项目主任托马斯·卡拉科（Thomas Karako）表示，“爱国者”在2019年和2020年初的需求量很大。“它们不可能同时出现在所有地方。”[391]

美国拥有约18个防空炮兵营，每个营有3到5套防空武器，装备有8发车载式导弹发射器和AN/MPQ-65多功能相控阵雷达，它们分别部署在日本、韩国、德国和美国本土进行日常训练[392]。雷达系统从模拟技术升级为数字技术，增加了低空防空反导传感器（Lower Tier Air and Missile Defense Sensor，LTAMDS），这使得雷达的低空防空能力增强[393]。但与以色列的“铁穹”相比，“铁穹”已经集成了多高度防空系统，而“爱国者”还没有与美国的高空防空（the High Altitude Air Defense，THAAD）、短程防空（Short Range Air Defense, SHORAD）或是一体化防空反导作战指挥系统（Integrated Air and Missile Defense Battle Command System, IBCS）相集成。上述这些系统将在2031年实现与“爱国者”的集成，但这一切都需要时间。

2017年，美国陆军开始意识到来自无人机的威胁，当时美国试图对雷声公司的“密集阵”（Phalanx）系统和诺斯罗普·格鲁曼公司的C－RAM系统（Counter－Rocket Artillery Mortar,“反火箭、飞机、迫击炮弹”系统）进行改装，用于对付无人机[394]。陆军快速装备部队（Army Rapid Equipment Force）负责人约翰·L. 沃德上校（John L. Ward）在2017年12月表示：“我们正在研究可以应用的临时解决方案。”[395]这些解决方案包括电子战、新式传感器以及增强型瞄准技术，使得0.5英寸口径的机枪具备更精确的类似“制导”武器的能力，美国陆军与诺斯罗普·格鲁曼公司共同研究了这些问题[396]。C－RAM被派往伊拉克和阿富汗，并成功抵御了2500次火箭弹和迫击炮的攻击。C－RAM配备了20毫米的加特林炮，依托一辆35吨重的拖车部署，每分钟可发射4500发子弹，声势浩大，但在对抗无人机方面却显得捉襟见肘，需要更多的功能[397]。美国军方还获得了一种名为“智能射手”（Smart Shooter）的武器，这是一种以色列的瞄准器附加装置，可以辅助锁定移动目标并扣动扳机，只有当无人机出现在枪口前时才会发射子弹。2020 年 6 月 29 日，以色列航空工业公司还表示将与 Iron Drone 合作，使用其无人机拦截技术，实现用无人机攻击无人机。

追踪无人机与追踪迫击炮是完全不同的，因为无人机的飞行轨迹难以预测。问题的发展速度超出了美国的应对能力，研制新式传感器和导弹、升级现有系统等方法并不能及时解决问题[398]，这让美国在 2021 年仍然暴露在伊拉克无人机的攻击之下，也让作为美国盟友的沙特阿拉伯在 2019 年秋季的伊朗紧张局势中暴露在无人机的攻击之下。

在无人机战争中，反无人机技术一直存在，只是没有系统地整合起来，无人机威胁迅速出现，反无人机却没有得到西方国家的重视，这有点像 1940 年的法国，他们拥有和德国人一样的技术和坦克，但却没有创新性地运用。以色列在 1967 年击败阿拉伯国家的方式就是出其不意，更好地协调空中力量和装甲力量。谁敢于第一个使用无人机威胁一个世界强国，谁就会赢得先机，伊朗就是其中之一。

在德黑兰的某个地方，在伊斯兰革命卫队总部内，正在酝酿着一个足以羞辱美国的终极任务计划，德黑兰的将士们将要攻击美国联盟体系的软肋——沙特油田，他们即将使用的是一种叫作“蜂群”的新战术。

第七章

蜂群：让防御应接不暇

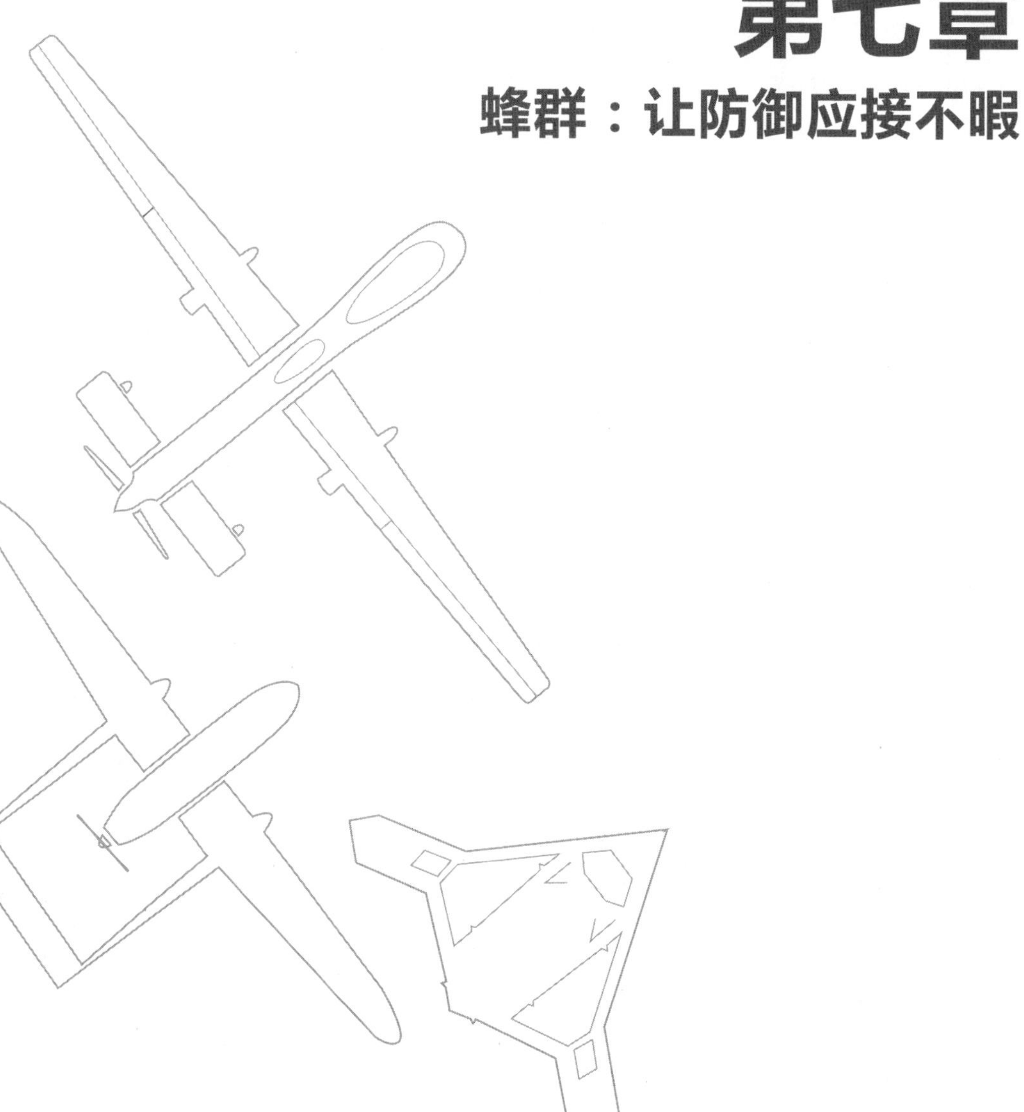

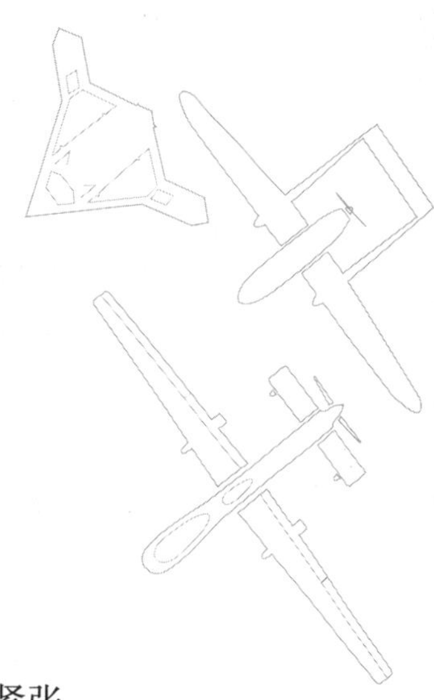

2019 年5 月，伊朗高层齐聚德黑兰，与美国的紧张关系正在加剧，几乎到了剑拔弩张的地步，侯赛因·萨拉米（Hossein Salami）少将早就想要证明自己和他指挥的伊斯兰革命卫队了，以哈吉扎德和萨拉米为首的伊朗人等待这个机会已经很多年了。他们计划使用无人机对美国或其盟友实施攻击，5 月和 6 月，伊斯兰革命卫队用水雷袭击舰船，随后又击落了“全球鹰”，并进一步敦促在也门和伊拉克的盟友攻击沙特的基础设施。

9 月 14 日，伊朗的动作更进了一步。伊朗最高领袖哈梅内伊通过了打击美国的计划，但同时他们也很担心会招致美国的报复，他们通过阅读美国新闻报道得知，特朗普放弃了对“全球鹰”被击落事件的反击，原因是没有人员在事件中伤亡[399]。伊朗计划使用25 架无人机和巡航导弹进行一次复杂的袭击，无人机在伊拉克上空盘旋，然后向南飞向阿布盖格石油设施，这是沙特阿拉伯最重要的地点之一。早在8 月，美国战略与国际研究中心就曾发出警告，这个拥有无数街道、金属管道和巨大储油罐的大型石油设施很可能会成为被攻击的目标，为此在首都利雅得周边部署了防空系统，包括一套“爱国者”、一套配备“天空卫士”（Skyguard）雷达系统的厄利孔（Oerlikon）GDF 35 毫米炮，以及一套法国 Crotale Shahine 系统。但是，雷达指向了错误的方向，无人机以低角度进入，庞大的地面设施遮挡了雷达波束。

9 月 14 日凌晨，18 架无人机开始了疯狂撞击，共持续了 17 分钟，两个波次的无人机袭击了阿布盖格；伊朗还发射了巡航导弹，袭击了附近的另一处胡赖斯油田（Khurais）。在 GPS 的引导下，无人机精确打击了储油罐及现场的其他区域，未造成人员伤亡。起初，伊朗人制造假象是胡塞武装发动的袭击，但胡塞基地距离也门太远，发动这样的袭击实在让人难以置信，不可能是真的。此外，胡塞无人机被发现的可能性非常大，因为它们经过沙特领空共约 500 英里，期间必定会经过利雅得，或者接近达兰、卡塔尔和巴林，这些都是敏感地区，有美国在乌代德的空军基地和巴林的第五舰队，也有美国在阿联酋的扎夫拉无人机基地。

无人机是从阿瓦士（Ahwaz）附近发射的，飞行约 650 千米，它们穿越了伊拉克和科威特的部分地区。全世界 5% 的石油供应中断，沙特阿拉伯花了数周时间才恢复生产[400]。阿布盖格袭击事件后，未发生强烈的回应。其他海湾国家开始担心，美国的其他盟友也担心会发生类似的事件。

曾任以色列空军防空指挥官的皮尼·永曼（Pini Yungman）准将认为，像阿布盖格事件中的无人机蜂群，并不会构成重大战略威胁，因为它们没有装备大型弹头。以色列的导弹防御组织前负责人乌兹·鲁宾（Uzi Rubin）更是快人快语："它们携带的炸弹或弹药重量很低。"[401]他接着说，以色列比沙特阿拉伯小得多，完全能够实现其领空的雷达覆盖，这是以色列的优势。

对阿布盖格的袭击是一个大胆的"珍珠港"事件。永曼认为，即使再大的无人机蜂群，甚至达到数百上千架无人机，也能被击败。鲁宾认为，难点在于如何发现它们。"在导弹方面，导弹防御传感器会瞄准地平线以上的目标，因为导弹本身就在地平线以上，地面杂乱的设施会影响雷达探测。"

美国同意以色列的相关分析。2020 年 6 月 11 日，受 Covid－19 影响，中央司令部司令肯尼斯·麦肯齐将军（Gen. Kenneth McKenzie）通过 Zoom 视频会议对外表示，他担心敌人使用廉价无人机可能会造成严重破坏，他的声音柔和，略带南方口音，麦肯齐讲了一个小时关于中东的各种挑战，最后谈到了无人机。大量的小型无人机构成一种威胁，他说美国需要采取行动来阻止它们[402]。

无人机可以通过干扰其 GPS 或干扰其无线电控制链路的方式进行拦截。但是，如果无人机是由光学系统或人工智能引导的，那么阻止它们的唯一方法就是“硬杀伤”，这意味着它们必须被击落。永曼在一次采访中建议，一种方法是使用 5 ~ 10 千瓦的激光武器，目前的射程约为 2.5 千米。卡拉科表示同意，在阿布盖格事件之后，将会出现很多新的解决方案来解决无人机问题。“我认为，全球性的应用无人机制造威胁的需求将全面爆发。”

伊朗在 2019 年 9 月制造的阿布盖格事件在各个方面都成为一个分水岭，这很复杂，完全出乎美国及其盟友的意料。如果沙特和其他国家此前关注得更加严密的话，他们应该会发现，在 2019 年 8 月，胡塞无人机进行过一次对天然气液化基地的袭击，这很可能是阿布盖格行动的一次演练。这两起事件都揭示了防空系统的关键缺陷，以及未来的发展趋势。因此，防御方需要 360° 的雷达覆盖，他们需要的是能够看到地平线以上各个方向的雷达；其次，防空系统需要具备光学技术来发现威胁；再次，需要使用激光或各类导弹和枪炮进行拦截，如以色列“大卫投石索”系统所用的“致昏”（Stunner）导弹，或者“铁穹”系统所用的“塔米尔”导弹；最后，干扰装备也是可行的，如激光或 C－RAM 系统。其中被认为是对付无人机蜂群最好的武器是激光，因为激光武器不需要弹药保障。

从星际迷航到机器人作战

本·古里安大学（Ben－Gurion University）位于以色列南部的贝尔谢巴（Beersheba）。这座城市的起源来自圣经：很久很久以前，亚伯拉罕来到这里，不久后的 1900 年，这座城市在奥斯曼帝国的手中复兴，并在 1917 年第一次世界大战期间成为了澳大利亚轻骑兵史诗般的冲锋之地。2020 年，人们设想了一种新型战争：使用低频激光击落无人机，该项目被命名为“光之刃”（Light Blade），是一家名为 OptiDefense 的小公司提出的，“光之刃”与以色列国防电子公司埃尔比特公司（Elbit）的 SupervisIR 系统配合，能够阻止加沙地带边境上的爆炸气球。“光之刃”的开发者是埃米尔·伊沙亚（Amiel Ishaaya）教授，他和他的两位同事试图开发一种激光防御系统，利用低频激光防御城市地区的无人机[403]。离他们不远处，另一个小组正在帮助拉斐尔公司制造新一代小型无人侦察机[404]。以色列所有最尖端的无人机技术和反无人机技术都集中于此，集中于军队和大学的科研人员手中。

拉斐尔公司位于以色列北部海法附近，这里也在进

拉斐尔先进防御系统有限公司的“无人机穹”（Drone Dome）是一项用于检测和对抗日益增加的无人机威胁的技术（图片提供者：拉斐尔先进防御系统有限公司）

行着用于阻止无人机的激光武器的研究工作。拉斐尔最初是以色列军事科研机构国家研发实验室（National Research and Development laboratory）的一部分，负责制造先进武器，2002 年成为一家公司，到 2019 年拥有了约 8000 名员工。拉斐尔曾制造了反坦克导弹、“铁穹”系统和 Trophy 主动防御系统等，有了这些防御系统的制造经验作为基础，拉斐尔全面进入无人机领域。

2020 年 2 月，拉斐尔的测试人员带着几架四旋翼无人机（极端分子可在市场上公开购买的那种无人机）前往沙漠，测试他们的激光系统，该激光系统是拉斐尔公司“无人机穹”项目的组成部分。无人机在上空盘旋，安装在吉普车上的激光武器将它们烧毁并击落，他们共对三架无人机进行了激光攻击。拉斐尔称，“无人机穹”的设计是为了应对军事和民用领域可能遭遇的非合作无人机构成的威胁[405]。“无人机穹”可以与其他系统配合使用，如 SPYDER 防空系统，该系统使用车载发射式导弹，能够击落包括无人机在内的空中威胁目标[406]。2018 年，英国盖特威克机场曾使用“无人机穹”阻止了一起商业无人机侵扰事件，该事件曾导致机场关闭数天，14 万旅客滞留，1000 架次航班取消。其他的以色列公司也在生产反无人机系统，包括以色列航空工业公司的子公司 Elta 制造的“无人机警卫”（Drone Guard）系统和埃尔比特公司制造的 ReDrone 系统。

2019 年 1 月，我在以色列中部的一个田园牧区观看了“无人机警卫”系统的演示。该系统部署在一个可折叠的帐篷内，配有一套塑料折叠桌椅和电脑显示器，雷达系统部署在帐篷前的一根金属杆支架上，另一个小型舱体内安装着光学设备，用于观察和发现目标。当小型四旋翼无人机在一个小树墩附近发射时，系统立即发现了它们。如何区分探测到的目标是无人机还是鸟类等其他物体？这是多年来一直困扰设计师的难题，但如今计算机算法和视觉光学技术的发展已经可以帮助操控员确认探测到的目标是否是一架无人机了，随后就是使用干扰器来干扰无人机的控制链路[407]。该系统的缺点是，像阿布盖格油田那样大的地区，需要部署大量的干扰器，且如果无人机是按照预先设定的轨迹飞行，而没有使用控制链路的话，则干扰器将不起作用。这种情况则需要使用激光武器进行打击。

激光武器只在试验中使用过，在实际中并未应用。美国深知反无人机的难度，因此也在考虑使用激光武器[408]。以色列也遇到了麻烦，就在伊朗发动阿布盖格油田袭击的同一个月，一架加沙无人机向以色列国防军的一辆“悍马”车投掷了一枚爆炸装置[409]。以色列方面透露，这是 2019 年发生的第二次此类袭击，为此，以色列国防研究和发展理事会（Defense Directorate for Defense Research and Development）向其三大国防公司的几个项目注入了资金。“铁梁”（Iron Beam）就是其中之一，它是一种攻击无人机的激光武器，以色列在 2020 年 1 月表示，该武器已经取得了重大突破。

亚尼夫·洛特姆（Yaniv Rotem）准将指出：“我们正在进入一个在空中、陆地和海洋进行能量战争的新时代。”以色列投入的项目得到了回报，如今以色列在反无人机技术方面处于领先地位，就像它曾经在制造无人机方面领先一样。以色列军方提出需求，想要一个能够遂行多样化任务的系统，该系统应具备易操作性，以便身处战场的部队和士兵能够快速使用，同时应具备在云层以上的空中工作能力[410]。这套系统的三个版本将由埃尔比特公司和拉斐尔公司研制生产。其中，拉斐尔的“铁梁”系统，其周边覆盖范围达到4.5英里，激光打击精确，能够击中一枚硬币大小的目标。“铁梁”于2009年开始研发，2014年在新加坡推出[411]，然而截至2020年这套系统仍然无法投入使用。2020年5月，美国海军尝试使用诺斯鲁普·格鲁曼公司开发的固态激光器进行训练，可怕的光束从珍珠港附近的“波特兰”号（Portland）两栖运输舰发射，击落了一架无人机，显示了其有效性[412]。

激光武器在未来战争的世界里是一个热门话题，但在实际战场中却未被使用过。多年来，特别是自2016年以来，美国军方一直在研究使用激光武器的问题[413]。陆军还启动了一项名为“中等实验高能激光”（Medium Experimental High Energy Laser）的项目，该项目曾在2017年成功击落了无人机。

在洛克希德·马丁公司，最优秀工程师们制造了一种名为“雅典娜”（Athena）的激光系统，该系统在希尔堡（Fort Sill）试验时成功击落了许多无人机。美国政府没有对这些防御系统列出整体规划，但该公司却绘制出了路线图[414]。他们想把激光的功率提高到100至200千瓦，这将使得其射程可从几千米增加到十几千米，这意味着一套激光武器就可以有效防御整个基地或基础设施，而不必在同一个地方部署几十套系统。

洛克希德·马丁公司高级项目副总裁道格·格雷厄姆（Doug Graham）在一次采访中说："从近期发生的几次攻击事件来分析，比如对沙特油田的攻击，定向能（Directed Energy）武器系统可以做出独特且重要的贡献，其一部分原因是激光武器系统具备环境与态势感知能力；其次，除了消除目标以外，激光武器系统还能够提供远程精确定位，可作为雷达系统的有效补充。"[415]定向能技术的转折点是固态激光器的发展，紧凑而致命的光纤激光器提高了激光武器系统在作战中应用的可行性，其成本不高，能够以可承受的价格来解决当前存在的无人机威胁。格雷厄姆接着说："如今几十千瓦的激光武器系统已经准备就绪，并将在未来一两年投入战场，我们可以制定发展路线图，促进激光武器的规模化应用，以应对更大的威胁，比如巡航导弹以及弹道导弹。"

这种技术受到的限制较少，可以搭载在飞机上执行进攻任务，而且不会耗尽弹药。毫无疑问，它们很快就会投入使用，而且首先部署使用的场景是在海上。

无人机战争常常被比喻成未来战争，这在一定程度上是因为，从《终结者》到《机械战警》，无人机多年来一直出现在科幻电影中，它们会让人想起《星球大战》《星际迷航》等讲述未来世界的电影，再如2019

年的《天使陷落》（*Angel Has Fallen*）中就有大量的无人机蜂群。虽然电影中出现的这些无人机系统有些功能目前已经实现，但仍有更多未来感十足的技术没有实现。无人机战争的核心问题仍然是如何像控制飞机或巡航导弹一样控制无人机，反无人机的核心问题是如何探测和阻止它们，而推动所有这些进步的动力则是需求。2011 年，当伊朗声称成功攻入“哨兵”无人机系统时，美国开始进一步加强无人机的加密技术[416]。现在世界正朝着无人机蜂群的方向发展，这意味着无人机将有更多的自主权，能够以预先编程模式飞行，也可以依托一个类似航母的飞机进行任务控制。

蜂群的想法已经存在了几十年，但在伊朗袭击沙特阿拉伯之前，从来没有人真正在战场上使用过。美国使用过大量的无人机参与作战，但只是作为战斗空中巡逻（CAP），在目标上进行标记，而后由其他作战力量实施打击[417]。DARPA 在研究 X－45 时，其负责人迈克尔·弗朗西斯（Michael Francis）已经预见到，未来的无人机蜂群作战将在被反制之前成功摧毁防空系统。关于蜂群的试验是在爱德华兹空军基地进行的，首次展示出多架无人机可以同时控制[418]。这些无人机由西雅图的操控员驾驶，可以与其他假想的无人机一起进行空中打击或引导对模拟防空系统的攻击。可惜的是，波音公司在 2005 年至 2015 年间取消了 MQ－X 系列无人机研究工作，致使这项蜂群技术就此搁置。

无人机技术在民用领域的应用要远远早于军用领域，例如使用无人机举行大型灯光秀和无人机编队飞行表演等[419]。民用领域在创新，军用领域却在僵化，原因之一是许多指挥无人机部队的军官都是过去战争的老兵，也就是说那些参加反恐战争的士兵掌握的是海湾战争时期的技术，而那些参加海湾战争的士兵则掌握的是越南战争时期的技术。

2017 年，美国空军 ISR 副局长肯尼斯·布雷（Kenneth Bray）在展望未来时表示，未来主要的目标是研究清楚如何处理无人机收集的所有数据。“我们的思考和决策都来源于数据，那么，需要收集多大的数据量？是否需要在无人机平台上安装各种各样的传感器？”布雷说，战争的未来绝不是针对那些在车里或院子里手持 AK－47 的低技术恐怖分子，而是更为复杂的敌人，这意味着需要依靠拥有人工智能、自主控制和计算机算法的无人机[420]。美国正在考虑开发此类未来派的无人机，命名为 MQ－X，它能够在战场环境中生存，能够承受恶劣天气，甚至能够承受敌人武器的攻击，通用原子公司和它的“捕食者”－C——“复仇者”就是代表之一[421]。

“复仇者”是通用原子公司制造的一种远程无人机，航时 20 小时，时速 400 英里，代号为 YQ－11。空

一张美国陆军海报描绘了未来战争中的士兵是通过网络进行作战的。在无人机战争中，计算机和技术的使用日益主导了军事任务（赛斯·弗兰茨曼）

军至少装备了一架，而且还希望获得更多。“复仇者”在莫哈维沙漠进行了测试，飞越了叙利亚领空。不过，至少在可预见的未来，这种武器系统并不会以蜂群的方式进行军事行动。

蜂群技术

P. W 辛格在《联网作战》中展示出，无人机蜂群可以覆盖大片区域，当年美国在“飞毛腿大追捕行动”（Great Scud Hunt）中寻找萨达姆·侯赛因的“飞毛腿”发射车时就需要这样的应用模式，通过一些人工智能技术可以定位目标，并向操控员显示哪些目标尚未被摧毁。“自主的蜂群系统具备完全依靠自身解决问题的能力。”[422]

美国空军在2009年发布了一项关于蜂群的无人机计划[423]。一组半自主控制的无人机组成无线自组织网络，在战场上支撑有人和无人作战单元，它们可以避免相互碰撞，并能够根据不同目标自动选择最佳通信节点。7年后，美国终于在中国湖基地进行了名为“山鹑集群演示”（Perdix Swarm Demonstration）的集群技术试验，三架F－18战斗机在一个目标上空投放了103架无人机，这些无人机由麻省理工学院（MIT）的学生设计，翼展为12英寸，具有群体智能[424]。在电脑屏幕上，它们像是许多绿色的小圆点，沿着一条长线移动到目标周围，很像是20世纪80年代的电子游戏。

此次演示表现出的群体智能技术与以往任何一次都不同。2018 年叙利亚反政府武装在对抗俄罗斯的作战行动中也使用了大量无人机，但并不是具有群体智能的蜂群，一旦发射升空，它们就失去了中央控制。不出所料，美国依靠其大量资源和大批电脑高手，成功破解了蜂群作战的密码。

DARPA 非常喜欢无人机集群的想法，推出了一个称为“小精灵”（Gremlin，代号 X－61A）的概念，实际上更像是巡飞弹[425]。X－61A 在杜格威试验场进行了一次试飞，搭载于一架 C－130“大力神”运输机从空中发射，其中一架坠毁。X－61A 可以用于电子对抗、干扰、监视和战斗毁伤评估[426]。海军也启动了一项名为“低成本无人机集群技术”（Low－Cost UAV Swarming Technology，LOCUST）的计划，向空中发射大量无人机。美国海军研究办公室（Office of Naval Research）的李·马斯楚安尼（Lee Mastroianni）说，无人机是可消耗的、可重新配置的，它们可以解放有人机和其他武器系统，“在降低作战人员风险的情况下，从本质上增加战斗力。”[427]

雷声公司还提出了“郊狼”（Coyote）无人机的概念，这是一种小型无人机，通过陆上或船上安装的发射箱进行发射，可以在 60 分钟内飞行 80 千米进行攻击。雷声公司表示，它们可以压制对手或飞至危险地区，指挥员可以通过平板电脑甚至手势来指挥它们[428]。

在21世纪10年代，新美国安全中心（Center for a New American Security，CNAS）的保罗·沙雷（Paul Scharre）被称为“蜂群无人机战争的未来预言家”。2018年，他出版了关于智能机器和战争未来的书——《无人军团》（*Army of None*）。“试想一下，在一场足球比赛中，教练不会一直在场边不停地告诉球员该往哪儿跑，该做什么。”无人机就好像是在场上踢球的球员，具有自主性、智能性，无须时刻接受外部控制。2016—2020年年间，对无人机蜂群的关注呈指数级增长，从哈佛大学（Harvard）到麻省理工学院，都有关于无人机蜂群的文章和研究[429]。在通信方面，无人机蜂群技术存在一些限制因素，比如一个节点是否需要且能够与其他所有节点进行通信[430]。

这一问题到底会呈现出怎样的结果？DARPA于3月在尤马（Yuma）试验场，使用6架Navmar公司的“虎鲨”无人机（Tigershark，代号RQ-23）和“拒止环境协同作战系统”（Collaborative Operations in Denied Environment，CODE），来寻找答案。“虎鲨”是一种小型双尾灰色无人机，曾在伊拉克和阿富汗使用，于2019年获准进行试验[431]。它更像是“猎人”无人机的低成本版本，可以搜寻爆炸物或进行近距空中支援巡逻[432]。试验者们想将这套无人机蜂群系统交付海军航空系统司令部，包括 6 架实体无人机和 14 架使用雷声公司软件和约翰斯·霍普金斯大学应用物理实验室算法控制的虚拟无人机，这些无人机均能进行协同使用[433]。

如果敌人掌握了无人机蜂群技术并用它来对付我们呢？海军陆战队指挥官罗伯特·内勒（Robert Neller）在 2019 年 4 月发出警告，无人机蜂群也在威胁着我们，内勒相信未来的空中防御将不再是敌人的轰炸机，“未来真正的空袭一定是来自无人机蜂群。”海军陆战队在吉普车上放置了一个小巧的雷达和电子战装置，看起来像一个巨大的蛋糕，它被称为轻型海上防空综合系统（Light Marine Air Defense Integrated System，LMADIS），可以探测和打击无人机，该系统由第 13 海军远征部队第 166 海军中型倾转旋翼无人机中队的低空防空队进行了试验[434]。2019 年 7 月，在波斯湾的“拳击手”号多用途两栖攻击舰上，海军陆战队使用该系统成功打击了一架伊朗无人机[435]。

美国空军还在阿尔伯克基（Albuquerque）附近的柯特兰（Kirtland）基地制造了一套卫星天线系统，称为战术高能微波作战应答器（Tactical High Power Microwave Operational Responder，THOR），于 2019 年进行了测试[436]。该系统能够发射高能量微波脉冲，实现对无人机的打击。

美国空军还想要一种中程反无人机武器，并试验了一种名为空军基地电子高功率微波反制增程防空系统（Counter - Electronic High - Power Microwave Extended Range Air Base Air Defense，CHIMERA）。此外，另一种洛克希德·马丁公司的反无人机微波系统也受到空军和陆军的关注，叫作“自卫高能激光演示”（Self - protect High Energy Laser Demonstrator，SHiElD）。显然，人们已经迅速意识到应对无人机威胁的重要性。除了伊朗和ISIS不断制造无人机威胁以外，在委内瑞拉的一次袭击事件中也使用了无人机，而且仅仅是一架简单的大疆“经纬”（Matrice）商用无人机，不同的是它搭载了C4炸药[437]。

无人机蜂群技术以及反无人机蜂群技术都已取得了一定成果，但要将反无人机蜂群技术部署到每个基地或军事地点是不现实的。即使反无人机技术经过严苛的测试后得以部署，那些会使用无人机蜂群作战的国家或极端组织也不太可能轻易闯入由这些具有最先进反无人机技术保护的基地之中。

无人机蜂群技术虽然是目前热门的研究方向，但大多数情况下，像极端分子这样的敌人基本不会使用无人机蜂群进行攻击。如果美国的对手是科技水平发达的强国，那么无人机蜂群技术将会面对怎样的更加先进技术的对抗？这将是比拼技术水平的一次赌博。这就是为什么虽然无人机蜂群改变战争模式的预言听上去让人激动不已，但却至今没有变为现实的原因[438]。伊朗对沙特阿拉伯的袭击被形容成无人机蜂群偷袭“珍珠港”，但与1941年真正的珍珠港事件相比则完全不同，换句话说，下一个“阿布盖格事件”也不会以同样的方式再次发生，一旦它真的发生，那将会更迅速、更致命、更具破坏性。

第八章

更好、更强、更快：世界新格局

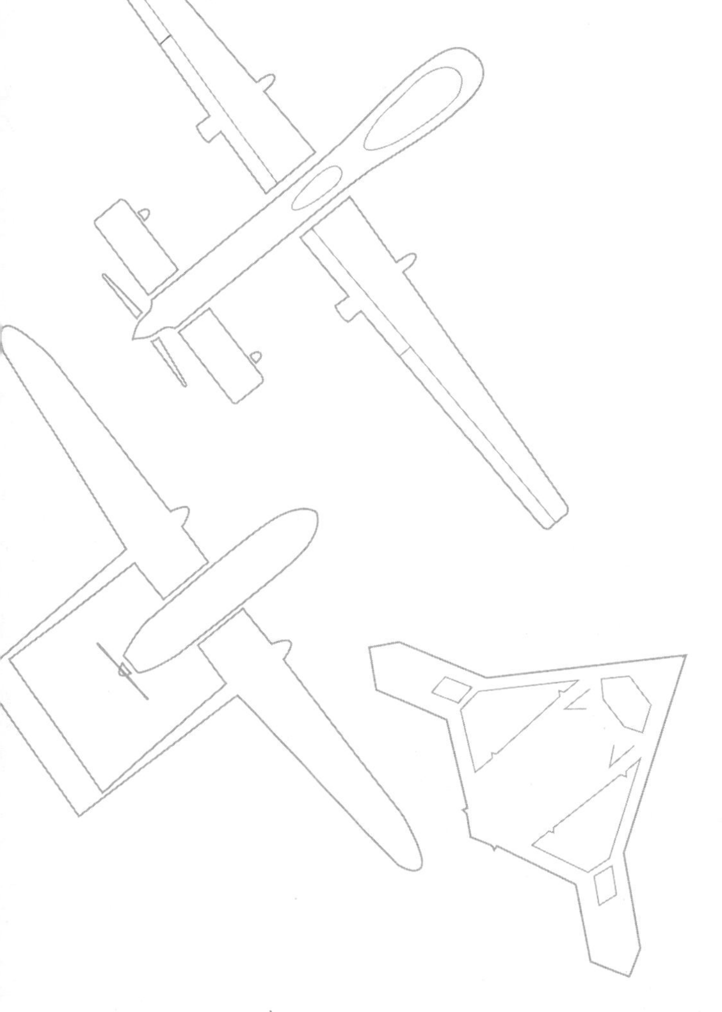

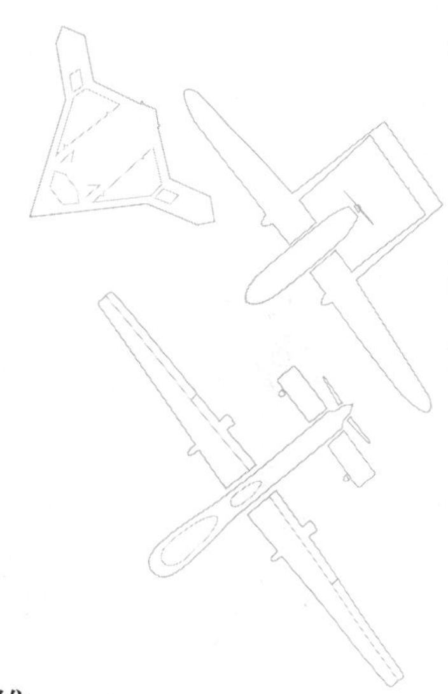

2020年年初，美军退役将领、前CIA局长戴维·彼得雷乌斯表示：“无人机正在改变当前的反恐战争，使我们能够以一种完全不同的方式进行作战行动，我们可以帮助东道国军队以一种过去无法实现的方式击败像ISIS这样的敌人，或是追捕作为叛乱分子和极端分子的ISIS残余势力。”[439]他接着说，“无人飞机、无人舰船、无人坦克、无人潜艇、机器人、计算机，以及其他任何一种可以想象得到的系统，都将改变我们的作战方式。随着时间的推移，‘人在回路中’的方式可能会得到发展，而不是完全让无人系统自主运行。”

在反恐战争早期，彼得雷乌斯就已经看到了无人机的优势。2003年3月，在第五军攻占巴格达的行动中，他是美军101空中突击师的指挥官，整个部队只有一架未武装的“捕食者”无人机，而且提供的视频分辨率很低。到2008年，无人机开始在萨德尔城（Sadr）的战斗中应用，当时的一个旅获得了非常优质的ISR服务，质量比以往任何一次都高，他说：“情报来源很丰

Tello 无人机，这种小型四轴飞行器可以在世界各地的商店里买到。2013 年之后，随着大疆等公司推出大量小型无人机，这种类型的无人机变得越来越普遍（赛斯·弗兰茨曼）

富，有能够覆盖约 200 万人社区的装有光学侦察设备的高塔，有飘浮在空中的搭载光学侦察设备的飞艇，有低空飞行的无人机，有搭载了光学侦察设备的武装直升机，有‘捕食者’无人机和有人机，所有这些情报通过 U－2 侦察机进行传输。”[440] 彼得雷乌斯在伊拉克指挥着美国和联军的部队，多源监视取得了成效，75 支以绿区为打击目标的火箭弹和迫击炮部队被消灭。2008 年，美国参议员巴拉克·奥巴马作为无人机的拥护者，来到伊拉克与彼得雷乌斯进行会面，并前往了萨德尔城。

人们不断探索更好的无人机，很大程度上是因为无人机在伊拉克和阿富汗取得了成功，然而这也导致了世界上第一无人机超级大国的懈怠和自满。他们认为没有必要迅速开发新的系统，而是开展各类试验活动，消耗了数十亿美元，对此，那些支持传统有人机（如 F－35）的指挥官们表示了强烈反对。

无人机技术的飞速发展，使得无人机在全民得到了普及，但是在军用领域却相对落后，民航领域走在发展前沿。大疆公司总部位于深圳，2006 年开始运营，2013 年推出了 Phantom－1 无人机；Phantom－2 的续航时间为 20 分钟，飞行距离为 300 米；2016 年推出 Mavic 系列的一款小型便携式无人机。至此，大疆已经占据了全球商用无人机市场 72% 的份额，到 2017 年，大疆已经成为一个价值 10 亿美元的企业[441]。2017 年，该公司销售额达到 28 亿美元，比 2016 年增长了 80%[442]。

大疆无人机是部队使用最广泛的无人机，美国军方采购这些商用无人机，并开始使用它们执行任务。除大疆无人机外，还有一些其他的小型无人机，如美国航空环境公司制造的“美洲狮”（Puma，代号 RQ－20B）和“弹簧刀”（Switchblade）。军用领域在网络安全和信息安全方面越来越严控[443]。2017 年，负责计划和筹备的副参谋长约瑟夫·安德森（Joseph Anderson）中将下令，要求指挥官和士兵停止无人机行动，“卸载所有的大疆应用程序，拆除设备中所有电池和存储介质，确保设备使用安全。”

美国对网络安全的担忧是正确的。2018 年1 月，有网友指出，Strava 户外运动软件应用程序暴露了特种部队在叙利亚秘密基地的训练科目，这是由于软件程序中的慢跑模式对所有用户开放。黑客还获取了“捕食者”和“死神”的相关信息，并公开在网上出售[444]。

便宜、绝密、奇特

2017 年后，世界各国掀起了填补无人机战争空白的竞争浪潮。如今，美国和其他国家已拥有大量的新产品要测试，同时也在试图用新技术手段解决出现的一系列问题，关键在于如何以最优方式完成所有的工作。例如，位于圣迭戈的通用原子公司想在其“复仇者”无人机上安装一个 150 千瓦的激光武器，该激光武器已在白沙导弹基地完成了测试。但在当时，该激光武器重量太大，无法安装在绝大多数无人机上。美国导弹防御局（Missile Defense Agency，MDA）也支持将新技术应用于无人机，使其具备监视其他无人机的能力[445]。

很多在研的无人机都在紧锣密鼓的推进。波音公司正在制造一种以液态氢为燃料、类似于飞艇的无人机，它的前部有两个支撑结构，航时可达10天，最大载重量2000磅，它就是“魅眼”（Phantom Eye）无人机[446]，美国导弹防御局对其远程探测与跟踪能力表示肯定。与此同时，2019年12月，在犹他州的达格韦试验场，美国空军测试了一款可以飞行两天的无人机，被称为“超长航时飞机平台”（Ultra Long Endurance Aircraft Platform，LEAP）[447]。另一种正在试验的机型名为“西风”（Zephyr），它可以在75000英尺的高空飞行一个月，由空中客车防务及航天公司（Airbus Defence and Space）于2018年制造，被称为“高空伪卫星”（High Altitude Pseudo Satellite，HAPS）。

2019年3月，在尤马试验场，又一架很有未来感的无人机XQ－58A“女武神”飞过沙漠上空，它能够穿透敌人的防空系统。该无人机由位于俄亥俄州赖特－帕特森基地（Wright－Patterson Base）的空军研究实验室推出，看起来像是一架去掉了驾驶舱的F－117隐身战机，由Kratos公司制造，这家小公司还制造了无人机蜂群的“小精灵”[448]。XQ－58每台售价为200万美元。现在，空军正在寻找更加便宜的无人机，或许是专门作为僚机使用的无人机，抑或是自主性更强、可独立完成任务的无人机。这种新式的小预算概念被称为“低成本可消耗飞行器技术”(Low Cost Attritable Aircraft Technology)[449]。

另一个充满超前想法的是“Skyborg”(“天空博格人”),预计在2023年实现,它可以随其他飞机一同飞行,价格便宜,易于更换。采购主管威尔·罗珀(Will Roper)表示,“Skyborg”可以自动起降,可以在任何天气条件下飞行。2019年4月,该想法得到了支持,当时美国制定的新的国家安全战略设想中,考虑到了与俄罗斯、伊朗等军事强国可能展开的实力竞争,寻求“捕食者”和“全球鹰”之外的更多选项已迫在眉睫。

沙雷认为这是一个积极的转变。他暗示,美国自2009年以来就没有研制过新的无人机平台,并指出依然依赖于三架战斗机,即F-35、F-22和未来的B-21。“在与对手的较量中,多样性有助于给对手造成更为复杂化的局面。”[450]然而事实却并不乐观,当无人机操控员希望更多资源时,美国空军却不愿为此投资。米切尔航空航天研究所(Mitchell Institute for Aerospace)的戴夫·德普图拉(Dave Deptula)说,“Skyborg”有可能极大地改变空中行动的规则[451]。

国会对空军的计划并不感兴趣。2020年只投入采购12架“死神”,其中2架交付海军;国会仅投入极少的资金用于购买“全球鹰”的备件,突然之间这架贵得离谱的侦察机在伊朗导弹面前不堪一击；国会仅拨款1200万美元用于小型无人机“美洲狮”（代号RQ-20B）；拨款1亿美元用于“低成本项目”[452]。

而在小微型无人机方面则是另外一番景象。DARPA的“班组X”（Squad X）致力于将具有人工智能的微型无人机部署到士兵手中，一家名为FLIR的公司实施了这一想法[453]，第82空降师就曾在阿富汗见过它们[454]，2020年美国从阿富汗撤军，这里曾是美国最成功的无人机实地试验基地。这款最小的无人机叫作“黑黄蜂”（Black Hornet），续航时间25分钟，军方希望这款昆虫大小的无人机有一天能成为标配[455]。

虽然目前空军已经部署了150多架Batcam小微型无人机，但还希望得到更多，Batcam无人机陈列在空军博物馆中[456]。然而，美国的飞行员们并没有准备好像过去广泛使用“捕食者”一样地使用其他的新型无人机，2019年，美国制订计划，要在2030年之前再购买1000架军用无人机，以及大约4.3万架小微型或其他侦察无人机[457]。

美国陆军还利用其“其他交易授权”机制，得以开展1亿美元的新产品研制项目，研究单兵便携式无人机，希望能在战场上为士兵提供更多支持。未来仍具有很多不确定性，在阿富汗和伊拉克战争结束后，在下一次战争中，美国仍需要一系列新型无人机。

与此同时，海军陆战队正在为无法得到他们想要的无人机而大为苦恼。直到2020年3月，他们才试飞了第一架“死神”无人机[458]，在此之前，海军无人机中队一直在使用“黑杰克”无人机。自2018年以来，位于亚利桑那州尤马的海军陆战队从通用原子公司租用“死神”无人机，学习其操控方法，并将其应用于演习活动[459]。从海军陆战队使用“黑杰克”和“美洲狮”的照片可以看出，他们需要更强大的打击能力[460]。

海军陆战队推动了一项“海军陆战队空地特遣部队远征无人机系统计划”（Marine Air－Ground Task Force Unmanned Aerial System Expeditionary），简称MUX，这个名字看起来就像《星球大战》中的X翼战机。MUX无人机采用V形机身的旋转旋翼机设计，预计在2026年完成[461]。海军陆战队预测该飞机真正投入使用还将需要10年的时间，这也体现了美国的规划实施效率低下，他们从2015年开始就提出了需求，当时海军陆战队在幻灯片中称之为“MQ－X”[462]，但一直没有交付。

提交给国会的一项研究表明，战术无人机可以向前线部队运送物资，如血浆或通信设备等[463]。对于陆军来说，他们需要更多的单兵便携式战术无人机，至少应部署到排一级。2018年，陆军决定替换“影子”战术无人机，并提出了“未来战术无人机系统”（Future Tactical Unmanned Aircraft System，FTUAS）概念。为此，洛克希德·马丁公司和诺斯罗普·格鲁曼公司推出了一款叫作 V－Bat 的无人机，德事隆－AAI 公司推出了 Aerosonde 无人机，这是一款采用酷似以色列双尾撑结构的监视无人机，事实上自 20 世纪 80 年代以来无人机的外形并没有发生太大的变化。在整个 2020 年，从肯塔基州到华盛顿、得克萨斯和北卡罗来纳州，各个地区的美国陆军都在测试和使用无人机，他们需要的是非跑道起飞的、拥有更好的光学设备的、更低噪声的、更少操控人员保障的无人机[464]。从积极的方面看，各种情况表明，各军兵种终于可以开始接触到新式无人机了。

但从消极的方面看，其实美国军方对于自己未来到底需要什么样的无人机仍说不清楚。在 2019 年 10 月的一次会议上，战略与国际研究中心的托德·哈里森（Todd Harrison）表示，美国应该好好评估一下，将无人机作为低成本、高可用性的替代品来替代有人机，其可能性有多大。“我认为，我们需要制定一个 RPA（Remote Piloted Aircraft，远程驾驶飞机）的路线图，我们可以开始向 RPA 过渡，研究新任务和新的运行概念。”[465]像“死神”这样的老式无人机，会不喜欢这种新的概念，而对于操控老式无人机的操控员来说，就急需学习新的技巧来跟上形势，比如在 2018 年 10 月，“死神”首次实现了自主起降[466]。

美国面临的问题还不止这些。美国停止X-47这样的未来派无人机的想法（也可能是将其列为了涉密项目）的同时，美国海军则开始了另一项实验——MQ-25无人空中加油机[467]，并于2019年9月首次试飞[468]。许多国家的空军一直在推动“忠诚僚机”项目，让无人机作为僚机与有人机协同作战。2020年5月初，波音公司获得了澳大利亚空军的许可，向其推荐了该公司2019年的产品——空中力量编组系统（Airpower Teaming System）。波音为此制造了三架38英尺长的飞机，它能够与有人驾驶的战斗机配合执行一些任务。然而问题来了，这是飞行员想要的吗？是否需要一架无人机与一架有人机组成编队一起飞行？这种新型的僚机是否会分散飞行员的注意力？

还有一个需要回答的问题，当无人机在拥挤的空域中飞行时，如何向它们上传准确的数据用于应对可能发生的战场态势突变。未来战争将不再是空中只有几架F-15战斗机，而是在一个像高速公路一样拥挤的空域中，有像贝尔V-247那样的旋翼无人机，有微型无人机蜂群，有从舰船上发射的自杀式无人机，有海军陆战队登陆时用战术发射装置发射的战术无人机，有特种部队在附近山头上发射的小型无人机等，所有这一切都需要由一个在战场中执行空中巡逻任务的无人机进行监视，这个无人机应该装备着“海尔法”导弹，并在暗处默默的工作，它要能够与所有的用空平台实现连接。这就是另一个专业术语——“空域全面感知及快速战术执行”（Air Space Total Awareness for Rapid Tactical Execution，ASTARTE）。为此，2020 年 DARPA 开始寻找一个可以协调一切的网络[469]。以色列已经拥有了这样的网络，是德国建造的“透明战场”（Glass Battlefield），它可以将战场上的所有单元互联。这是拉斐尔公司 BNET 通信系统和 Fire Weaver 系统的一部分，Fire Weaver 系统的功能是将一线部队产生的信息数字化，使得部队不必再依赖累赘的无线电通信设备，也不必再使用不同的系统来与不同的部队进行通信[470]。

秘密无人机

在美国西部沙漠的某个地方，进行着秘密的无人机试验，这些被定为最高机密的原型机目前可能只有少数可以运行。一直以来，美国都在发展新型无人机的研发计划，这些无人机可能会被秘密的使用。现在市面上多数的飞翼设计，都沿用了 20 世纪 90 年代“哨兵”无人机的设计方式[471]。一名摄影师声称曾于 2011 年在托诺帕试验场（Tonopah）看到过这种秘密无人机[472]。

这些秘密的无人机系统是由某机构的网站进行操控的，空军的第 645 航空系统大队，被称为“Big Safari”，是支撑机密项目的机构；同样，陆军的任务部队ODIN也首先获得了MQ-1B；根据约瑟夫·特里维西克(Joseph Trevithick)和泰勒·罗格威(Tyler Rogoway)为美国科技媒体The Verge所做的研究，美国空军第44侦察中队和另一个名为第732行动大队的部队都在使用秘密无人机[473]。有猜测称，2017—2019年期间，曾有一些神秘的新型无人机在叙利亚和阿富汗上空活动。此外，五角大楼还部署了秘密的"忍者"(Ninja)武器，它装备着巨大的刀片，2017年在伊德利卜刀斩"基地"组织头目阿布·卡尔·马斯里(Abu Khayr al-Masri)用的正是"忍者"。

美国B-1和A-10之类的飞机正在面临退役，因此需要一些新的东西。《国家利益》(*National Interest*)杂志的大卫·阿克斯(David Axe)推测，美国空军将于2020年2月购买一架新型神秘的RQ-180无人机[474]，空军参谋长大卫·戈德费恩(David Goldfein)已经表示，美国购买的飞机属于"机密领域"，让国会拨款数十亿美元并将其列为机密级。2013年有关RQ-180的信息炒作得很多，后来渐渐消失[475]，据悉，这架飞机的翼展为130英尺，外形酷似B-2或B-21，这款巨大的飞翼设计无人机据说由诺斯鲁普·格鲁曼公司制造；洛克希德·马丁公司制造了另一架被称为SR-72的无人机也采用这种飞翼设计[476]。据报道，这个神秘的飞翼是在位于格鲁姆湖（Groom Lake）的51区测试的，这更增加了其神秘性。

这些新产品的研发和试验大多数在美国进行，因为美国拥有资金和技术，可以开展大型的试验项目。此外，以色列已经在无人机领域站稳了脚跟，并在努力发展其平台技术；伊朗等其他国家主要采取的策略是尽可能多地复制美国无人机。

为了解美国最高指挥官对未来的看法，我联系了位于克里奇（Creech）基地的空军第432联队的指挥官斯蒂芬·R·琼斯，他说MQ－9机组人员在2020年以后面临的最大挑战是“危险空域运行”，即无人机在会受到敌方威胁的地方运行。“我们必须让MQ－9具备与对手近距战斗的能力，满足近距战斗的要求。”真正的无人机战争是，双方都拥有无人机，同时也都拥有反无人机的防空系统。他接着说：“我们正在探索各种技术和战术，确保无人机能够在战场中生存。”[477]

无人机操控员的角色也在发生变化。他说，无人机的机组人员正在努力地整合一些有人机任务，如近距空中支援，同时让机组人员获得现场指挥官认证，能够执行搜救任务。“死神”还集成了新的弹药，具备GPS制导精度的GBU－38联合制导攻击弹药。这位指挥官用数据说话，在与ISIS作战期间的“坚决行动”（Inherent Resolve）中，2015年间，由“死神”和“捕食者”发射的弹药数量占全部弹药的 7%，而 2016 年间则占到了 18%[478]。

世界在前进

一般情况下国家之间不愿出口武装无人机，因此其他国家往往无法获得美国的无人机，就连美国的盟友们也不得不自己制造或者从其他国家购买。以色列拥有自己的无人机，阿联酋也推出了首批国产无人机，其中之一称为“Garmousha”，是一款无人直升机，2020 年 2 月在当地的博览会上亮相。该无人机由阿联酋国有企业 Edge 公司制造，其首席执行官表示，无人机技术“正在给世界带来革命性的改变”[479]。此外，阿联酋的 Adcom 公司还制造了一架中型无人机，名为“Yabhon”，看起来像一只会飞的海豚，卖给了阿尔及利亚。

伊朗也在快速前进。在推出了夜视无人机和更多自杀式无人机之后，伊朗又开发了远程无人机[480]。德黑兰声称，2019 年 9 月伊朗推出了一种名为“智者”（Kian）的新型无人机，可在 1.5 万英尺的高空飞行 600 英里；2013 年又推出另一款名为“弗特罗斯”（Fotros）的无人机，声称可以飞行 2000 千米，飞行时间长达 30 小时[481]。

到 2020 年夏天，伊朗表示正在为无人机配备导弹，事实上，伊朗的一些无人机可能并不能达到政府宣传的性能指标[482]。Shahed－129 无人机是美国“捕食者”的复制品，2015 年在巴基斯坦边境附近坠毁。这架无人直升机由伊朗飞机制造工业公司生产，该公司在伊朗革命后接管了一家贝尔直升机工厂，该无人机是为伊斯兰革命卫队生产的，并配备了 Sadid 导弹。2017 年，美国 F－15 战斗机在叙利亚击落了至少两架 Shahed－129 无人机[483]。在当年 6 月初的一次事件中，Shahed－129 在叙利亚坦夫的美军训练设施附近投下了一枚导弹[484]。

与此同时，在以色列，无人机的先驱们也在推动新想法，尤其是自杀式无人机和垂直起降无人机。到 21 世纪初，以色列航空工业公司的无人机销售额达到了 2.5 亿美元，约占全球市场的 1/4[485]。2019 年秋天，我和以色列的“云雀”（Skylark）无人机操控员执行了一次夜间任务，无人机被收纳于一个大背包中由士兵携带，看起来就像一座行走的摩天大楼。晚上我们抵达了离贝特西蒙斯镇（Beit Shemesh）不远的一块空地附近，前一天下了雨，地面泥泞不堪，两辆“悍马”困在泥潭中呜呜作响，我和士兵们站在寒冷中等待军官们的命令。

在等待了 30 多分钟后，命令来了，要求携带无人机背包徒步进入山区，我们沿着一条蜿蜒曲折的土路走在两座小山之间。这次演习是为了检验士兵的夜间行动能力，主要目的是练习把这些无人机拖到像黎巴嫩这样的地方，然后使用它们协助地面特种部队或战车作战。一路在岩石和被侵蚀的路面上磕磕绊绊地走着，经过一个小时的缓慢步行，我们来到了一个丘陵与高原的交汇处，凭借月光可以看到高原上的黑影。在这里，我们遇到了几名女兵，她们使用类似于巨大弹弓的发射装置弹射无人机，随即无人机飞向天空，就像蝙蝠一样，安静地消失在夜幕中。

天气渐渐变冷，一辆载着指挥官的吉普车将我和其他几个人接了回去，士兵们则在此继续训练到黎明。这些士兵并不轻松，他们背着沉重的无人机背包艰难前行，我认为应该寻找更好地部署无人机的手段和方法，可以减轻士兵的负担，哪怕是让无人机的尺寸再小一些。事实上，以色列已经开始着手解决这个问题了。

位于以色列中部的以色列航空工业公司是率先制造无人机的公司之一，该公司正在改进其无人机产品，这些产品到2019 年已经拥有了约 170 万个战斗小时。例如，该公司正在为“苍鹭”系列无人机做能力增强，这是一款标志性的双尾长航时侦察机，它们在 20 世纪 90 年代曾彻底改变了无人机战争，并被销往世界各地。以色列航空工业公司与以色列政府关系密切，员工中很

以色列航空工业公司的无人机操控员。随着无人机能力的提高，无人机操控员的驾驶任务减少，更多地专注于任务（图片提供者：以色列航空工业公司）

多都是前空军军官，该公司于2019年推出了“战术苍鹭”（Tactical Heron），2020年推出了“苍鹭”MK Ⅱ。2014年推出的“超级苍鹭”（Super Heron）和“鸟眼”（Bird Eye）小型战术无人机[486]，通过卡车或机械装置发射，类似于美国的“扫描鹰”无人机。

与大多数公司一样，以色列航空工业公司对未来的愿景是将无人机作为一套系统进行销售，包括几架无人机和一个控制站[487]。目前在全球范围内，拥有“苍鹭”无人机的大约有20个国家和30个其他用户。与美国使用“飞行员”来操控无人机的方式不同，以色列训练的是“操控员”，这是一个重要的区别，因为现代技术使无人机具备了自动起飞和自主返回基地的能力。在飞行方面，无人机可以自己完成，飞行员必须做的仅仅是执行任务。这比以前的“侦察兵”无人机有了很大的进步，“侦察兵”的飞行时间为2.5小时，飞行距离为150千米，飞行时需要有把手和操纵杆。与大多数无人机制造商一样，未来的愿景不是重新设计整个飞机，而是增加更多的“功能”，如传感器、光学装置及其他设备。大型无人机制造商都意识到一个问题，未来将不会再出现另一型与F-35相似的战斗机，无人机的发展趋势应该是能够实现F-35的大部分功能。

2020年春夏，我对以色列主要无人机制造商进行了一轮采访，从采访中可以清楚地看出，以色列的无人机概念更注重任务，而不是驾驶员和平台。在埃尔比特系统公司，正在发展“赫尔墨斯”系列无人机，用于服务不同的客户。埃尔比特公司的“星际线”（Star Liner）无人机，将获得欧洲民用空域的适航认证，“星际线”的外形与“捕食者”相似，球鼻状的机头内装有雷达设备，长长的机翼[488]。这是下一次无人机革命，无人机将无处不在，包括民用机场、国内安保、海上救援等。例如，埃尔比特公司正在与泰雷兹（THALES）英国分公司合作研发“守望者”（Watchkeeper）无人机，该无人机是基于曾用在阿富汗战场的“赫尔墨斯”-450无人机设计制造的。

一位以色列前飞行员对我说：“我们不会用无人机取代有人机进行空中缠斗（Dogfight）。”事实上，更多的考虑是在这些无人机上集成更多的传感器。由于以色列战斗机飞行员长期参与无人机的相关工作，因此他们知道需要加装什么。

以色列Aeronautics公司曾向56个国家的约75个客户销售无人机，目前该公司也在研制生产国产的系列无人机。2020年6月3日，我曾到过该公司工厂参观。该公司位于以色列城市的一个工业区，靠近沙丘和海洋，与大多数以色列无人机制造商一样，这里的大厅干净、简单、无菌，有一个显示器播放无人机四处飞行和起飞的视频。

Aeronautics公司的无人机种类繁多，主要为步兵和警察部队提供服务，型号从类似美国“扫描鹰”无人机的小型战术侦察无人机，到更大的“统治者”（Dominator）无人机（用民用螺旋桨飞机改装而成）。该公司的无人机使用和发射都很容易，操控仅需一台大屏平板电脑，几周内即可完成用户培训，由于其操控使用简单，因此操控员在飞行过程中，95%的时间都可集中在

埃尔比特系统公司的无人机有多种尺寸，结合了最新技术，其中一些型号准备服务于民用领域，执行各种监视任务（赛斯·弗兰茨曼）

任务执行，而非飞行操控上。新的“轨道飞行器”-4（Orbiter-4）无人机可以飞行24小时，使用降落伞和安全气囊着陆。当被问及下一款无人机时，该公司预测，在民用领域会看到更多[489]。有一点是可以肯定的：无人机技术已经准备好了，接下来只是运用规则的问题，换句话说，在哪些领域应用，取决于决策者的眼光和远见。

其中有一款无人机仍存在争议，21 世纪初美国曾试图限制以色列出口其“哈比”（Harpy）无人机的升级版本。以色列航空工业公司生产的“哈比”无人机看起来就像一个巨大的三角形，前端装有一枚弹头。2016 年 2 月以色列航空工业公司推出了一种叫作“绿龙”（Green Dragon）的巡飞弹，供小规模步兵或特种部队使用，用于自我防卫，它可以通过安装在汽车上的圆筒状发射器发射，在飞行和搜索目标时翅膀能够展开[490]。

亚伊尔·杜贝斯特说：“如今就像在开奥运会一样，每个人都想在同一个平台上携带大量燃料和尽可能多的有效载荷，如通信情报、电子情报、雷达等。”可另一方面，空军还想要隐身和精确打击的武器，而且要求更低的成本。

所有无人机开发人员的目标都是找到一个在未来最有效的新概念。洛克希德·马丁公司制造了“潜行者”-XE（Stalker XE）无人机，并在后续版本中增加了垂直起降（Vertical Take-off and Landing，VTOL）功能[491]。对于像卡里姆这样的无人机先驱来说，显然需要更多的垂直起降无人机或无人直升机。他成立了一家名为 Frontier 的新公司，参与了波音公司的 A-160“蜂鸟”（Hummingbird）项目[492]，这是第一架既能改变速度又能确保低噪声的无人直升机。起初美国军方对此很感兴趣，但随着想法越来越多，兴趣也在逐渐减弱，DARPA 的托尼·泰瑟（Tony Tether）也肯定了这款无人直升机，认为它最终会广泛应用。亚伊尔·杜贝斯特也对垂直起降无人机很感兴趣[493]，他指出，许多公司正在围绕旋翼和飞翼的结合做各项试验，目的是使无人机既能够通过旋翼在任何地方起飞，又能够通过飞翼在飞行中降低油耗[494]。

在第一架“捕食者”无人机试飞成功的 20 多年后，总体来看，无人机制造商的努力集中在为无人机加装更多的功能上，用于填充各种领域。例如，制造隐身无人机，制造小微型无人机，制造超大型无人机，导致无人机世界就像是品种繁多的动物园。虽然有些无人机的外观样式，如“捕食者”和“侦察兵”，成为了很多无人机制造商效仿的对象，但新的样式也层出不穷的出现，如各类轻小微型无人机。美国最初按飞行高度分类无人机，分为高空、中空和战术无人机，现已做了进一步细化。

军队的需求并不是一个五花八门的“动物园”，而是一个可以做很多事情且性能可靠的平台，他们想要一架装备精良、续航时间长的无人机，他们想要一架能渗透敌人领空的隐身无人机，他们想要一些供排级部队或特种部队使用的便于随身携带到战场现地部署的战术无人机，他们还想要批量装备。

在满足这些需求的过程中，也遇到了太多的难题：各部门之间不断变换优先次序、与国会之间的预算之争、对无人机可能带来的威胁过于自信等，这些导致了很多前期投入了艰苦工作和大量资金的项目被突然取消，有些甚至是源于有人机飞行员的抵制。尽管新闻媒体上随处可见大量关于未来战争和各种炫酷高科技无人机试验等令人眼花缭乱的消息，但真正落到实处的却寥寥无几。

真正的关于无人机作战的竞争很可能不在于“最大”“最快”“蜂群”或“最大载弹量”，而很可能是一种实用的、便宜的T形结构无人机。洛克希德·马丁公司于2019年5月在特种作战部队产业大会（2019 Special Operations Forces Industry Conference）上发布了一款固定翼无人机——“秃鹰”，该无人机由美国空军研究实验室制造，用于执行战术ISR任务，平台空间足够加装少量机载设备，续航时间为4.5小时[495]，防水，重18磅，翼展12英尺，配有720p高清摄像头。

美国目前可供采购的无人机产品很多，但至今也不愿就其中任何一种达成协议，因此美国是否会在未来几十年中继续占据无人机战争的主导地位，恐怕要画个大大的问号，俄罗斯、土耳其、伊朗等国家都在虎视眈眈。土耳其已经在2020年2月底和3月初展示出自己的实力，使用国产无人机摧毁了叙利亚政府的数十辆汽车以及部署在叙利亚的多达 8 套“铠甲”（Pantsir）防空武器，这是首例无人机“闪电战”[496]。未来无人机战争样式还在继续悄然演变着：交战双方都是使用无人机的高手。

第九章

即将到来的无人机战争：新的战场

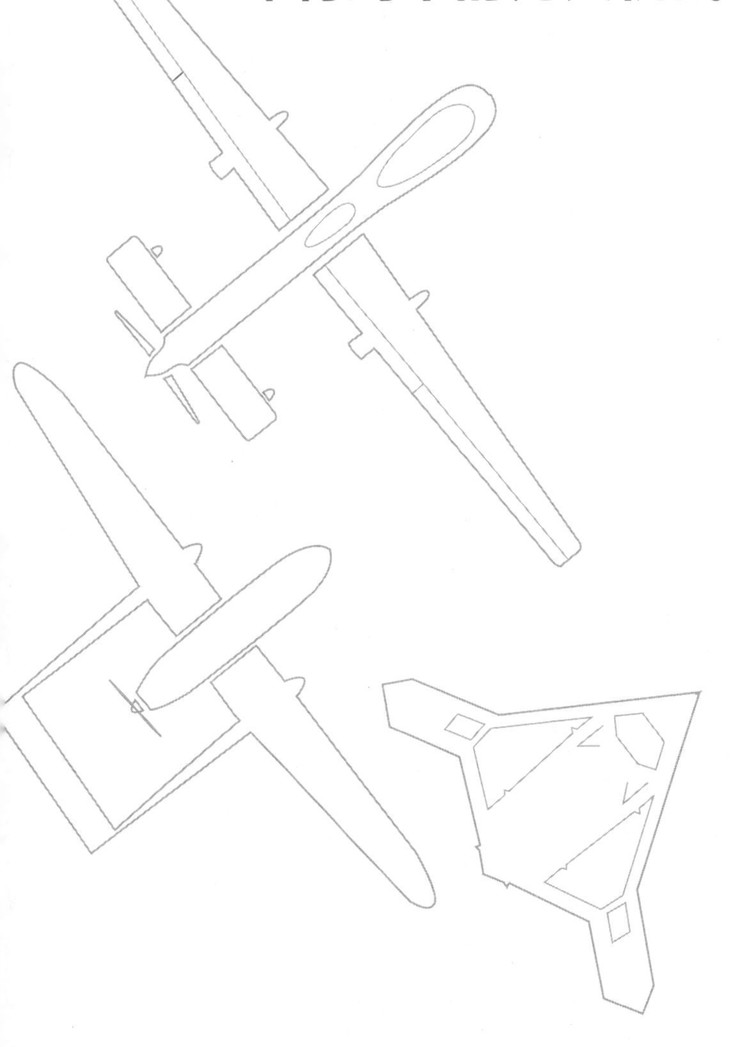

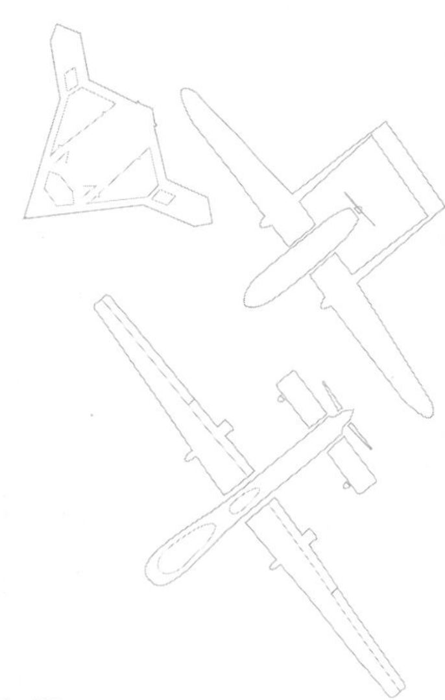

在2020年2月的最后96个小时里，土耳其无人机在叙利亚西北部追踪叙利亚政府军部队。这里有起伏的山丘和古老的废弃城市，亚历山大大帝、十字军战士、罗马人、拜占庭人和其他伟大的帝国都曾在这里作战，历次作战都给这里带来了新的武器和作战策略。如今，土耳其与俄罗斯支持的叙利亚政府军之间的战争中，无人机将显示出未来战争的样子。

土耳其无人机早在数年前就已推出，但在与叙利亚作战时，多数尚未经过测试。尽管如此，土耳其无人机仍然轻而易举地重创了叙利亚，叙利亚政府军已经疲于奔命，士兵们食不果腹，躲在破旧的车辆内，对无人机的攻击毫无办法。安卡拉（Ankara）方面宣称，在2020年的“和平之春”（Operation Peace Spring）行动中，有151辆坦克、8架直升机、3架无人机、86门榴弹炮和100辆其他装甲车被摧毁。叙利亚政府媒体称有10架土耳其无人机被击落[497]。这是第一次使用无人机的战争，当时土耳其并没有获得制空权，由于没有俄罗

2016年，土耳其武装部队在叙利亚边境附近巡逻。土耳其研制生产了Bayraktar无人机，并出售给阿塞拜疆，该无人机于2020年在叙利亚和利比亚得到了有效应用（赛斯·弗兰茨曼）

斯的许可，土耳其的F-16战斗机不能进入叙利亚领空，因此只能使用无人机暗中潜入叙利亚进行攻击[498]。

在叙利亚伊德利卜作战的无人机，以及后来阿塞拜疆对亚美尼亚军队所使用的无人机，是 2020 年的一场革命。虽然叙利亚和土耳其的战争不算是大国之争，但这场小规模冲突也展现出无人机大国之间战争的缩影，战争中土耳其使用了其 Bayraktar TB2 和“安卡” – S（ANKA – S）无人机飞越伊德利卜。Bayraktar 长 12 米，重 650 千克，旨在攻击和摧毁敌人。这是一个复杂的战场，俄罗斯在附近的拉塔基亚对叙利亚进行支援，但并不直接与土耳其军队作战，同样，叙利亚政府军也没有全力投入战斗，土耳其也没有向伊德利卜派遣大量坦克去威胁叙利亚政权。

无人机也曾帮助土耳其为这场战争开脱，从土耳其对外展示的无人机作战视频中可以看到，虽然无人机在叙利亚上空的活动已持续多年，但从未发生过武装冲突。但我们关心的并不是复杂的政治，而是无人机在数天的战斗中确实发挥了关键作用，显示了它们确实可以改变一场由装甲车辆相互对抗的传统战场[499]。

当土耳其和叙利亚政权在伊德利卜激战正酣，安卡拉同时也向利比亚派遣了无人机，用于协助的黎波里（Tripoli）政府对抗利比亚东部哈利法 · 哈夫塔尔（Khalifa Haftar）将军的战争。正如埃尔温 · 隆美尔（Erwin Rommel）推动坦克大战彻底改变战争形态一样，这些无人机“战士”也正在推动无人机战争的伟大变革。2012年，无人机未能阻止武装分子杀害美国大使史蒂文斯，但在2015年美国打击利比亚的ISIS时，武装无人机再次登场[500]。

2020年，在利比亚，战争双方都得到了周边国家的支持，沙特、俄罗斯、阿联酋和法国支持哈夫塔尔，而卡塔尔和土耳其支持的黎波里，双方都派出了自己的无人机参战。据报道，2019年7月，至少两架土耳其从阿塞拜疆走私的以色列“轨道飞行器”-3无人机被击落；同时一架土耳其派往利比亚的以色列“哈洛普”（Harop）无人机也在迪尔杰镇（Dirj）坠毁[501]。

土耳其的无人机革命在悄无声息中迅速发展，这表明了一个国家只要下定决心，采用模仿其他国家做法的策略，就可以相对容易地建立起一支无人机部队。就像亚伯拉罕·卡里姆之于美国一样，一位名叫塞尔丘克·拜拉克塔尔（Selcuk Bayraktar）的年轻土耳其人成为了土耳其的“无人机之父”。2005年，他利用自己在麻省理工学院的工程背景，成功吸引了土耳其政界对他自制无人机的强烈兴趣[502]。

土耳其拥有的无人机中，有从通用原子公司采购的“蚊蚋”无人机，也有后来采购的以色列“苍鹭”无人机。自土耳其航空航天工业公司（Turkish Aerospace Industries，TAI）成功研制了国产无人机后，土耳其逐渐改变依靠以色列的现状，开始发展自己的无人机计划。虽然土耳其能够通过无人机获取有关库尔德工人党（PKK）的情报，但他们更加需要武装无人机，2010 年推出的“安卡”无人机拥有 56 英尺长的机翼，但仍然没有武器。

Bayraktar TB1 和 TB2 无人机于 2014 年后相继下线，终于为土耳其提供了打击能力。2015 年土耳其和库尔德工人党之间的停火协议破裂后，他们很快就开始追捕库尔德工人党，2016 年，土耳其首次公开了当年 9 月在伊拉克成功实施的无人机打击行动。到 2018 年，Bayraktar TB2 无人机已经飞行了大约 60000 小时，平均每月飞行 4500 小时，该无人机飞行高度 2.5 万英尺，飞行距离 150 千米，搭载多种武器，主要是土耳其洛克特萨公司（Roketsan）导弹，它可以打击 8 千米以外的目标。

更大的武装无人机“安卡”－S 也在2018 年推出，可通过卫星链路控制实施空袭任务，该无人机的续航时间高达 24 小时，外形酷似“捕食者”，不过仅有的 16 架中，有至少 2 架在伊德利卜被击落，相比之下土耳其 Bayraktar TB2 无人机大约有 90 架。土耳其的“无人机之父”已经有了更高的目标，2016 年，他与土耳其总统埃尔多安（Erdoğan）的女儿叙梅耶·埃尔多安（Sümeyye Erdoğan）结婚。他的无人机现在销往乌克兰、卡塔尔、突尼斯和其他土耳其盟友。如今他的设想是一架更大的无人机，能够搭载1300千克的导弹，命名为“Bayraktar Akinci”，该无人机配有两台涡桨发动机，翼展66英尺[503]，被誉为土耳其下一代重型武装无人机，土耳其现在可以自豪地说，它是继美国、以色列、伊朗、巴基斯坦之后又一个使用武装无人机的国家。事实上，土耳其在伊德利卜进行的无人机战争，是真正以无人机作为战略中心的全新作战样式，从这点来讲，土耳其比以色列和美国更加先进。

的黎波里和附近城市上空作战的无人机重塑了战场。哈利法·哈夫塔尔将军曾逃离穆阿迈尔·卡扎菲政权，后于2011年返回利比亚，控制了利比亚一半以上的地区。

哈夫塔尔部队的一名消息人士称：“无人机帮助我们在对抗民族团结政府（GNA）的行动中打击了敌人。”他们使用无人机搜寻民族团结政府的补给物资，还通过打击其地面站来重创土耳其无人机，这是第一场真正的无人机对阵无人机的战斗。双方都在利用从国外获取的廉价无人机进行作战，试图扭转局势。哈夫塔尔消息人士在2020年4月说：“我们摧毁了他们的基地。”

在与土耳其无人机的战斗中，利比亚国民军（LNA）表示土耳其的Bayraktar无人机航程很短，而战场是巨大的，堪比德国将军埃尔温·隆美尔在20世纪40年代与英国人作战时所处的数百英里沙漠，为此土耳其不得不重复架设多个发射塔实现无人机通信。利比亚国民军在2020年1月占领苏尔特后，挫败了土耳其的行动。哈夫塔尔手下的军官夸口说，到4月，他们使用俄制防空系统和肩扛式导弹，已经击落了50架土耳其TB2无人机，“仅在2月28日一个晚上，我们就击落了6架土耳其无人机。”[504]

然而，在由莫斯科、开罗和利雅得支持的哈夫塔尔的猛烈攻势下，土耳其的无人机帮助政府军在的黎波里成功抵住了进攻。到2020年4月，尽管新冠病毒大流行，Bayraktar无人机仍源源不断地送抵战场。但是，哈夫塔尔使用俄制“铠甲”防空武器，成功抵御了来自无人机的威胁[505]，这对于土耳其来说是一个影响声望的问题，尤其是在这位无人机闪电战的设计者现在已经成为总统家族一员之后。4月17日，Bayraktar TB2无人机在Nasmah附近被击落，当时它仍然挂载着MAM－C导弹；几天后，另一架土耳其无人机在试图轰炸一辆卡车时被击落[506]。阿联酋也遭遇了同样的厄运，其中一架无人机于2020年4月19日被击落[507]。安卡拉方面仍在表明，其无人机可以在两场重要冲突中扭转局势[508]。

5月26日，一段在的黎波里附近的“铠甲”防空系统操作舱内秘密拍摄视频中[509]，三个人坐在两个屏幕前，左边显示黑白视频，右边是雷达监视画面，一个人负责扣动扳机，决定何时向飞来的无人机射击。当无人机慢慢靠近只剩几千米远时，他开火并命中目标。这些人似乎很茫然，在车载方舱内，感觉不到外面炙烤的沙漠，也感觉不到安装在舱顶的“铠甲”防空武器。该武器系统像一个巨大的“盒子”，上面安装着导弹和枪炮，以及一部雷达。但在其内部，操作人员就像在月球上一样，他们感受不到即将到来的无人机威胁，当他们最终击落来袭的无人机时，无不高声欢呼。

5 月 18 日，民族团结政府部队使用土耳其无人机袭击了瓦提亚（Al - Watiya）空军基地，这是一个历史悠久的地方，位于首都的西南部，布满了卡扎菲曾经留下的苏联时代的旧装备。到 2020 年，这个满目疮痍的基地更像是利比亚失败历史的博物馆，而不是一个现代化的空军基地，但对于利比亚国民军及其在的黎波里附近实施的行动来说，这可是一个战略要地。土耳其无人机扫荡而来，发现了一套俄制“铠甲”防空系统[510]。无人机轰炸了几个机库，打击了“铠甲”系统，随后地面部队攻入基地，把“铠甲”系统用卡车运回了的黎波里，作为战利品进行炫耀。第二天，利比亚国民军声称击落了 7 架土耳其无人机[511]。利比亚透露，无人机可以与防空系统对抗，在激烈的战斗中，无人机力量相互竞争。土耳其已经表明，在未来的无人机战争中，无人机将必须面对拥有强大反无人机技术的对手。

无人机与地面部队的协同使用，表明了即使是一个松散的民兵组织也可以用这种新技术改变一场战争，使之具备一个即时的空中力量，而不需要配备经过多年训练的飞行员。这些操控使用简单友好的土耳其无人机进一步表明，有时并不需要像 F－35 或其他数十亿美元的战斗机或无人机来执行空中掩护任务。虽然无人机在利比亚战争中看起来就像一场混乱的内战，但其应用方式很可能代表着无人机战争的未来。

里克·弗兰科纳认为，这正是无人机的意义所在。这位老兵现在是一名媒体分析师，他认为无人机可能不会从根本上改变作战能力，但是它们可以通过不断完善，来提供确保飞行员不减员前提下的致命打击能力。阿联酋和土耳其都不希望向利比亚派遣飞行员，而无人机便成了唯一派往前线的作战单元[512]。

与美国数十亿美元的无人机项目相比，利比亚和伊德利卜的无人机战争虽然看似规模较小，但却具有重要意义，因为这场无人机战争既说明了无人机技术在快速扩散，也展示了当今无人机的使用方式。首先，对于那些缺乏资金或政局不稳的国家来说，要想快速建立空军，无人机无疑是最行之有效的空中力量；其次，无人机很容易运输，也很容易躲过武器禁运规定；再次，在没有经过多年训练的成熟飞行员的情况下，无人机是最容易骚扰敌人的武器，大多数士兵可以像玩电子游戏一样学习驾驶一架复杂的无人机，因为无人机有很多功能都是自动完成的。

最后，这些小规模战争是新技术的试验场，也为土耳其和其他国家检验他们的无人机系统提供了一个有效途径，验证它们是否能像美国、以色列在20世纪80年代以来一直占据主导地位的无人机一样先进。20世纪80年代，以色列首次使用无人机对叙利亚进行了强有力的打击，今天，土耳其如法炮制地在伊德利卜再次使用了无人机，那么，土耳其将会是无人机领域的下一个以色列吗？也许不会，各项数据表明以色列和美国仍然领先。在非洲进行的无人机战争规模虽小，但影响深远，在利比亚附近发生的"新月沙丘"行动（Operation Barkhane）中，法国使用无人机飞越了尼日尔（Niger）和乍得（Chad），同时亚美尼亚和阿塞拜疆也在为使用无人机做着准备。

大型无人机

根据蒂尔集团（Teal Group）的《世界军用无人机系统市场调查》（*World Military Unmanned Aerial Systems Market Profile*），2019—2027年年间，无人机市场预计将扩大到830亿美元[513]。其中，2018年为83亿美元，2027年预计增长到130亿美元。2017年，美国生产了1179架大中型无人机，到2026年将多达2500架。资金分配方面，大部分资金被用于研制新的武装无人机以及中高空无人机，而用于小型战术无人机的资金将逐渐减少[514]。在2020年所作的预测中，无人机市场还将继续扩大，未来10年内将可能达到980亿美元[515]。

据2019年的《无人机数据手册》(*Drone Databook*)估计，全球共有约30000架军用无人机，其中大多数为小型无人机，即“I类”无人机，重量在150千克以下，全球85个国家正在使用此类无人机；44个国家在使用150~600千克的无人机，即“Ⅱ类”无人机；31个国家使用重量超过600千克的大型“Ⅲ类”无人机，许多国家都在寻求购买此类无人机[516]。使用军用无人机的国家正在迅速增多，从2010年的60个左右增加到2020年的近100个。

这些国家会采购哪种军用无人机？随着军用无人机越来越受到重视，出现了大量的新型产品，无人机的排名和分类也变得五花八门。其中最受欢迎的有“黑杰克”“火力侦察兵”“特里同”“黄蜂”“影子”“扫描鹰”“死神”“苍鹭”“赫尔墨斯”“安卡”和Yabhon United 40。

哪个国家采购的无人机最多？简氏（Jane’s）市场预测称，到2029年，美国将再购买1000架大型无人机，而俄罗斯只购买48架，印度34架，澳大利亚、埃及、土耳其、马来西亚、印度尼西亚和以色列的购买量会更少[517]。除此之外，美国还将购买超过43000万架轻型无人侦察机，相应地，俄罗斯将购买6000架，印度5000架，法国2000架，以色列2000架。在执行无人机任务的数量方面，由于俄罗斯、土耳其等国家的很多相关信息都是保密的，西方国家在大多数细节上也都保密，所以关于无人机实际执行的任务数量，只能通过一些公开的文献获得少许信息：英国《卫报》（*The Guardian*）指出，2014—2018年，英国在伊拉克和叙利亚上空使用“死神”无人机进行了398次空袭，执行了2423次任务，无人机空袭数量约占英国空袭总量的23%，约占在伊拉克和叙利亚的所有反ISIS行动总量的42%。数据进一步显示，虽然无人机目前执行了接近一半的任务，但是却很少参与到武装打击的作战任务中[518]。

尽管购买和拥有无人机的国家数量大幅增加，但拥有武装无人机和精密、昂贵的无人侦察机的用户仍以美国为主，只是在2020年这种优势在迅速缩小。《新美国》是一个无党派智库，跟踪美国在技术和社会快速变革方面的相关政策。该智库保留着一份实施过无人机袭击的国家名单，其中包括2001年以来的美国，2004年以来的以色列，2008年以来的英国，2015年的巴基斯坦，2016年的伊朗、尼日利亚、阿塞拜疆、伊拉克和土耳其，2018年的阿联酋，以及2019年的俄罗斯和法

以色列航空工业公司巴拉克防空系统（Barak Air Defense System）在夜间开火。该系统是以色列众多防空系统之一，并向印度出口（图片提供者：以色列航空工业公司）

国。大多数国家甚至没有武装无人机，即使有，也是从少数擅长无人机战争的国家购买的，《新美国》称，这些擅长无人机战争的国家包括美国、南非和以色列[519]，土耳其也应列入其中。

大多数国家没有武装无人机的主要原因之一是他们没有国产化制造无人机能力，或者没有投资开发无人机项目，其实这与其他领域的军事技术也相类似，例如，大多数国家也都不能自产坦克、潜艇或战斗机。虽然对无人机的使用呈增长趋势，但其增长率却在下降，这是因为美国不愿出口武装无人机，他们更希望垄断这些作战平台，这种情况在特朗普时期有所改变，但总体来看在很大程度上，无人机仍然被世界上几个无人机超级大国所独占。当然也有一些例外，意大利给“死神”无人机加装了“海尔法”导弹，一些国家也正在试图加入这场竞争，法国、瑞士、瑞典、西班牙、希腊和意大利投资了欧洲的无人战斗机（Unmanned Combat Air Vehicles，UCAV）项目。

该项目就是未来派的法国达索公司的“神经元”无人机（Dassault nEUROn），与美国的 X－45 类似。2012—2016 年，该无人机与 BAE 系统公司的“雷神”（Taranis）无人机同时进行了测试，后者于 2013 年完成首飞。这些技术都是“未来战斗空中系统”（Future Combat Air System，FCAS）的一部分，“未来战斗空中系统”的目标是到 2035 年推出一种采用集群技术的舰载无人机，可作为第六代战斗机的“忠诚僚机”。欧洲无人机项目还计划在 2025 年推出一种中空无人机。

有关该项目的成本一直存在争议。2019 年 6 月，法国国防部长弗洛朗丝·帕利（Florence Parly）曾抨击该项目过于昂贵。欧洲在推进无人机计划方面显得并不着急，例如“螳螂”（Mantis）无人机，该无人机原型由

BAE 系统公司在 2009 年研制完成，后被搁置了 10 年，几乎没有进展，期间不得不继续依赖美国的无人机。在某种程度上，21 世纪 10 年代是欧洲和美国在无人机领域停滞的 10 年。尽管如此，英国仍在测试自己的武装无人机，阿联酋和土耳其也在制造新的无人机。对于那些没有国产无人机的欧洲国家来说，从以色列租用无人机是一个不错的选择，以色列航空工业公司在 2020 年初与希腊签订了一份租用协议，无人机操控员由第三方公司提供，无人机监视信息供希腊使用[520]。用于监视的无人机在未来也许可以继续通过租用的方式提供，但武装无人机却不能。

2020 年，无人机用户的整体蓝图仍然是一个强大的美国加上一群试图紧紧跟随的其他国家。例如，在 2013 年，牛津研究小组社会变革网络（Network for Social Change of the Oxford Research Group）为远程控制项目做了一份专注于无人战斗机的报告，通过研究，他们确认共有 6 个主要国家正在研制尖端武装无人机，当时军方有 200 架不同类型的无人机正在服役，其中仅有 29 架属于无人战斗机，绝大多数都是非武装的从事监视工作的无人机。但在不久的将来，武装无人机将承载更多，参与更多的任务。报告还指出，以色列在技术和出口方面处于领先地位[521]。

这项研究描绘了无人机的现状：以色列有 52 种无

人机，其中 4 种是无人战斗机；俄罗斯有 54 种无人机，其中 5 种是无人战斗机；伊朗有 17 种无人机，其中 6 种是无人战斗机；印度有 21 种无人机，其中 6 种是无人战斗机。截至 2019 年，巴德无人机研究中心发现有 10 个国家（阿塞拜疆、伊拉克、以色列、伊朗、巴基斯坦、尼日利亚、土耳其、阿联酋、英国和美国）曾使用无人机进行过空袭，另外还有 30 个国家正在购买或已经拥有可以进行空袭的无人机。

国际战略研究所（International Institute for Strategic Studies，IISS）在 2019 年得出的结论表明，美国拥有 495 架“重型无人机”，法国有 5 架，印度有 13 架，俄罗斯有“若干”，英国有 9 架[522]。无人机研究中心（The Center for the Study of the Drone）2019 年的《无人机手册》显示，英国有 10 架“死神”无人机。总体而言，国际战略研究所的研究结果与《无人机手册》的统计数据不相符，这种现象也表明，在多数情况下大型无人机或武装无人机的确切数量由于保密原因一般是未知的。

更广为人知的是，一些国家正在大量购买小型无人机，例如印度寻求购买 1800 架小型战术无人机，菲律宾也在购买微型无人机，马尼拉想要大约 1000 架以色列“雷神”（THOR）小型四旋翼无人机、弹射器发射的“云雀”无人机和中型“赫尔墨斯”－450 无人机[523]。这表明各国正试图迅速获得“多类型、多层次”的无人机武器，来打造一支即时空军，通过数十年的积累和发展，用来满足日益清晰的需求，即让无人机具备随时应对敌人的能力。

俄罗斯与无人机

2008 年 4 月 20 日，一名俄罗斯米格 –29 战斗机飞行员接到了一个出乎意料的命令，要求他飞越阿布哈兹（Abkhazia）上空，击落格鲁吉亚的一架无人侦察机，阿布哈兹是一个敏感地区，由俄罗斯支持的地方武装控制。这架无人机在上午 9 时 31 分越过了 20 世纪 90 年代划定的停火线，9 时 48 分这名俄罗斯飞行员已经飞向目标，格鲁吉亚的无人机操控员试图采取规避行动，他猛然把无人机转向南方。执行任务的米格 –29 是从古达乌塔空军基地（Gudauta Airfield）起飞的，在 2800 米高空发现了这架无人机，它发射了一枚 AA –11“射手”（Archer）导弹，在离目标仅 50 英尺的地方爆炸，摧毁了目标[524]。

在飞行员击落这架格鲁吉亚无人机后，俄罗斯外交部发表声明，阿布哈兹防空系统击落了一架以色列制造的“赫尔墨斯” –450 无人机，装备编号为 553。今年 3 月，另一架编号为 551 的“赫尔墨斯” –450 无人机被击落，5 月更多的“赫尔墨斯”被击落[525]。阿布哈兹之战最终导致了2008年8月格鲁吉亚和俄罗斯之间的全面战争，格鲁吉亚这个小得多的国家，在五天内被击败。

尽管格鲁吉亚战败了，但事实证明其无人机发挥了不可替代的作用，相比之下俄罗斯的无人机反而显得过时和脆弱。俄罗斯意识到了这一缺陷，并迅速以5300万美元的价格从以色列航空工业公司购买了12架无人机，其中包括“搜索者”-Ⅱ、“鸟眼”以及其他型号的无人机。“搜索者”是一款外观敦实的无人机，其设计源于“侦察兵”，拥有双尾翼和四方形机身；“鸟眼”是一种形似回旋镖的隐身无人机，它由弹射器发射，可以飞行数小时并进行战术侦察。

俄罗斯从以色列购买无人机是历史原因造成的。曾经，苏联人制造了许多未来派的无人机，包括快速火箭助推无人机，如图-123（TU-123）和图-141无人侦察机，它们都配有巨大的喷气发动机，机身像长矛一般。目前尚不清楚它们是如何工作的，可能与美国在越南战争中使用的无人机相类似，然而，其命运也与美国类似，这个创新的项目并没有发展成规模化武器，其原型系统最终被遗弃。

普京领导俄罗斯又重新回到了无人机领域，俄罗斯很快就购买了价值数亿美元的无人机[526]。此举得到了回报，以色列减少了与格鲁吉亚的防务关系，俄罗斯在无人机领域投资130亿美元，目标是在2020年前扩充其无人机武装力量。相比之下格鲁吉亚由于财力不足只能用更便宜的国产型号来取代以色列的无人机。

俄罗斯的无人机部队也在逐渐发展壮大。2011年，索科尔（Sokol）和坦萨斯（Tanszas）两家公司获得了价值3300万美元的合同，研制重型远程高空无人机和名为Altius和Inokhodyts（Wanderer）的小型攻击无人机，至2013年，俄罗斯国防部长谢尔盖·绍伊古（Sergei Shoigu）就已经在鞑靼斯坦（Tatarstan）看到了Altius无人机的原型[527]。2019年Altius-U无人机公开试飞，这架带有双螺旋桨的大型无人机可以在空中停留24小时。此外，俄罗斯还设计了一款酷似X-47的隐身无人机，命名为“鳐鱼”（Skat）。

2014年，俄罗斯的无人机战争发展战略在乌克兰经受了考验。在反对势力推翻亲俄的乌克兰总统后，乌克兰内战爆发导致分裂。东乌势力是亲俄派，俄罗斯部署了无人机来对付乌克兰军队，其中包括“海鹰”-10无人机[528]。这是一款灰色的小型无人侦察机，与以色列的“云雀”无人机很相似，由弹射器发射，可以飞行140千米，续航16个小时。俄罗斯人还使用了“前哨”（Forpost）无人机，模仿以色列的“搜索者”Mark Ⅱ设计，它属于大型无人机，性能更强，航程约为250千米，载荷100千克，飞行高度为20000英尺。2014年8

月，俄罗斯瞄准了乌克兰的第 92 机械化旅，用无人机引导火炮，乌克兰遭受重创。

乌克兰军队开始对无人机提高了警惕，同时也希望使用无人机进行反击，一些私人组织开始向乌克兰军队资助小型无人机来对抗俄罗斯[529]，这些无人机安装有常见的视频链接和红外摄像头。2018 年 10 月，乌克兰安东诺夫（Antonov）公司推出了一款无人机，翼展长达 70 英尺，飞行高度可达 40000 英尺。与其他战争类似，这场战争也迅速成为新技术的试验场，推动了创新和发展[530]。俄罗斯的目标是减缓乌克兰的进攻，并将乌克兰东部地区分割成一个新的国家，就像在格鲁吉亚一样。

2018 年 8 月，我去了乌克兰的顿巴斯前线，飞往基辅，这是一座年轻、繁华、美丽的城市。夏天的天气很宜人，晚上大街上挤满了年轻人，尽情欢愉。但一场残酷的战争正在东部地区上演，这些地区曾因第二次世界大战时期纳粹德军和苏联红军之间的坦克大战而伤痕累累。现在，新技术正在改变这里，拥有 T－34 坦克就能够战无不胜的战例将成为历史。列车继续向东行驶，经过了许多乌克兰军队在 2014 年和 2015 年从亲俄派手中夺回的地区。在抵达前线之前的最后一站，我下了车，结识了一位司机，他曾在战争期间为乌克兰进行战俘交换谈判。

2018 年，乌克兰顿巴斯营的一名志愿者在前线清理他的步枪。尽管前线的大多数士兵没有抵御无人机的保护措施，也无法使用无人机，但正如许许多多的冲突一样，无人机在乌克兰变得越来越普遍（赛斯·弗兰茨曼）

乌克兰的这一地区地势平坦，到处都是小农舍和城镇，与苏联时代相比几乎没有什么变化，只是随处可见乌克兰国旗。在一家商店里，我们储备了些本地的加工肉类和啤酒。在马林卡镇（Marinka），房屋用沙袋作为防护措施，保护窗户免受炮击；街道上的小房子排成网格状，当中巨大的砖建筑是学校和政府中心；前线沿着一条平民住宅线展开，乌克兰人在房屋之间挖好壕沟和混凝土掩体以躲避炮击，时刻观察着位于一千米以外的东乌武装人员。停火协议即便达成，也不涉及小型武器、迫击炮和无人机。黄昏时，我们能听到了无人机的嗡嗡声，乌克兰人对无人机没有防御能力，这些无人机完全可以用来引导东乌武装人员的火炮向我们开火，我们唯一的保护措施是用木板和沙袋来保护土堡。

在这里的感觉与在摩苏尔时很相像，我们暴露在外，不堪一击，我们能听到无人机的声音，但却看不到，也无法应对，它们的嗡嗡声不断，在前线来回穿梭。我和两位乌克兰军人在一起，他们一个高个子，头发浓密，另一个矮矮胖胖，秃顶，我们躲进了前线的掩体中，一边是泥土，一边是沙袋，我们站在一起，等着嗡嗡声过去。

沿着数百英里的前线，乌克兰人每天都要应对来自俄罗斯方面的无人机飞行，2018 年，俄罗斯方面至少进行了 741 次无人机飞行[531]。乌克兰官员抱怨道，对俄罗斯的制裁并没有影响到他们的无人机部队。俄罗斯在无人机上安装了大量来自日本和瑞典的两用摄像头，还安装了来自德国的引擎，以及来自以色列的一些零部件。俄罗斯使用无人机除了用于侦察任务外，还利用它们向敌方传播虚假的指令信息，甚至包括让敌方士兵杀死自己指挥官的指令，这种应用方式依托一辆搭载RB－341V“里尔”－3电子战系统（RB－341V Leer－3）的战车与“海鹰”无人机来实现，战车能够辅助无人机破坏敌方蜂窝网络，并发送自编的虚假信息，这种战法在2017年应用于乌克兰之前，就曾在叙利亚战场中使用过[532]。企业控制系统（Enterprise Control Systems，ECS）公司的保罗·泰勒（Paul Taylor）说，可以用电子手段对付无人机，乌克兰创新性地使用直升机和小型武器击落了无人机[533]。

俄罗斯在乌克兰使用的小型无人机多数情况下仅用于袭扰，随着停火协议的实施，它们也将不再用于战争用途。在莫斯科，俄罗斯的高科技无人机项目进展得也不顺利，2018年，Altius高空武装无人机的制造者被当局拘留，后来该项目被转移到乌拉尔民用航空厂（Ural Civil Aviation Plant，UZGA）。国防部希望得到新型无人机，并正在开发Outpost无人机，同样是基于以色列“搜索者”－Ⅱ无人机，国防部长绍伊古还希望得到更多，到2020年底达到4000架。

赢家与输家

随着无人机在战争中的快速部署和军用无人机市场的扩大，形成了无人机联盟体系，这与美国和苏联在冷战期间向盟友出口军事技术的方式相似。不同的是，在很大程度上，无人机超级大国的发展是建立在美国冷战胜利的背景下的，这意味着，美国从 20 世纪 90 年代开始就成为了全球霸主，倡导建立新的世界秩序，而这个所谓的世界秩序正是由美国的无人机战争塑造的，海湾战争、巴尔干半岛战争、反恐战争，无不充斥着美国的无人机。这种武器的使用改变了美国的战争方式，美国大幅削减地面部队，目的是减少伤亡，这正是无人机战争的优势。与此同时，无人机“定点清除”或暗杀行动引发了巨大争论，这导致美国对无人机打击技术的出口持谨慎态度，美国自己已经精通于此，但不希望其他国家也拥有这样的技术实力。

冷战结束 30 年后，一些国家迅速崛起，开始使用大量无人机，对美国的霸主地位发起了挑战。就在以色列成为美国盟友的时候，土耳其与北约渐行渐远，并与俄罗斯签署防空协议来挑战美国在叙利亚的控制力。土耳其利用无人机在叙利亚、伊拉克、卡塔尔和利比亚扩大了自己的势力范围，其无人机是威胁“沙特—阿联酋”联盟的主要武器，“沙特—阿联酋”联盟曾孤立卡塔尔，并在利比亚支持哈夫塔尔。2015 年，土耳其和库尔德工人党之间的停火协议破裂后，土耳其使用无人机对库尔德工人党实施了沉重打击，不仅打击了土耳其境内的库尔德工人党，而且还袭击了库尔德工人党在伊拉克北部山区的基地。2019 年 10 月，安卡拉方面再次使用无人机入侵叙利亚东部，袭击了美国支持的叙利亚反对派，此次行动也成了土耳其 2020 年 2 月反对阿萨德政权行动的一次实战演习。

美国的无人机销往澳大利亚、日本、韩国和欧洲北约国家等传统盟友；以色列销往南美、非洲、欧洲和亚洲；土耳其和伊朗主要利用无人机来扩大影响力。

无人机的出口构建了新的无人机联盟，勾勒出各个国家的影响力。随着国家和地区之间不断发生冲突，各种无人机系统在至少 11 场真正的“无人机战争”中纷纷亮相，它们塑造了无人机的发展路线，也塑造了无人机的未来。

从 20 世纪 80 年代到 21 世纪 20 年代，以色列成功使用无人机打击了敌对势力，无人机已经成为以色列空中侦察与精确打击的能力支柱。以色列边境到处部署着无人机，士兵的手指头就能够控制这些武器，以色列还率先建立了防空系统以应对无人机威胁。以色列拉斐尔公司还在研究建立专用网络，使无人机能够与地面的无人化装备实现自主协同，士兵们可以使用平板电脑来操控这些机器。想象一下，一架无人机和一只机器狗进入敌对势力占领的建筑，在特种部队发动攻击前向其提供标绘的地图。新算法、人工智能技术将帮助无人机识别威胁，为指挥官提供消灭敌人的最佳选择。

同样，美国针对极端分子的无人机战争也很有效，五角大楼率先使用无人机在各大州追踪逃逸的极端分子，而且将地面部队的数量控制在了最低水平。这些成就使美国有些自满，也导致了美国在无人机创新方面从2010 以来就一直停滞不前。

就在美国仍陷入停滞时，伊朗和土耳其成为了无人机的变革者，两个国家迅速使用无人机建立了自己的空军力量，并部署到边境争议地区给敌人造成威胁。一些小国从中吸取了成功经验，阿塞拜疆曾使用自杀式无人机打败了亚美尼亚军队。阿塞拜疆无人机部队的迅速壮大对无人机战争产生了重大影响，其购买了大量的以色列军用无人机，并在 2020 年秋天用来对付亚美尼亚的防空系统。此外，土耳其还向巴库提供了 Bayraktar 无人机，成功打击了亚美尼亚地面部队。11 月初，亚美尼亚请求停战，俄罗斯派驻维和部队，至此，乌克兰、英国等许多国家都认为，阿塞拜疆模式取得了成功。其他国家也取得了成功，比如法国在非洲的反恐战略、俄罗斯历时多年的无人机研制计划。

教训

无人机战争已经表明无人机可以改变战争的游戏规则，但同时也表明它并不是万能的。虽然无人机给战争提供了更多的选择，但由于它们的部署往往是零散的，所以无法仅凭一己之力赢得战争。战争一方很少能够做到仅依靠无人机完成整个战役，多数情况下可以做到在战争期间使用无人机获取更多情报，或者对敌人进行袭扰，最多就是对指定目标实施针对性打击。受各种限制，无人机无法携带很多武器，因此它们不能完全消灭敌人。最初，敌人对于看不见的嗡嗡作响的“空中机器人”感觉恐惧和无措，但随着时间的推移，他们逐渐适应了在无人机的监视下作战，甚至找到了应对无人机的方法，ISIS 就采用挖掘地道的方式躲避无人机的监视。

对士兵们来说，最重要的问题是，无人机是否仅仅只能作为一种空中平台用于搭载其他设备，比如搭载摄像头变成“会飞的相机”，搭载弹药变成“巡航导弹”，还是能够作为主要的作战力量成为战场中不可或缺的组成部分，就像当年出现的第一辆坦克和第一架飞机一样。无人机一方面可以为弱小的国家或极端分子提供即时空军力量，另一方面使强大的国家不需派遣地面部队，从而避免伤亡。在这两种极端的应用模式之间，仍然存在着很多种将无人机集成到武装部队的方式，无人机可以在多个层次上得以应用。随着更多的战术级的、可载人的、可搭载弹药的、越来越贴近战斗机的大型无人机装备军队，无人机的全部威力逐渐显现出来。更加先进的概念涌现出来，如“蜂群”“忠诚僚机”“无人运输机”等，尽管有很多国家研究了很长时间，但目前来看仍然是未来的愿景，而隐身无人机的出现，将在强国之间的战争中起决定性作用。

这引发了关于无人机战争未来前景的畅想。

“战斗机时代已经过去了。”埃隆·马斯克（Elon Musk）在2020年的一次空战研讨会上说。埃隆·马斯克是特斯拉（Tesla）的创始人，也是SpaceX的创始人，他预测，无人机将是未来的趋势。他在空军协会（Air Force Association）与空军中将约翰·汤普森（John Thompson）交谈时断言，如果一架F-35与一架自主控制的无人机对抗，F-35将没有机会。这里的关键词是“自主控制”，如果F-35对抗的无人机是地面操控员控制的，那么这仍然是人与人的较量，目前还没有一架地面操控员控制的无人机能够对抗F-35的，也没有一架真正意义上实现了“自主控制”的无人机[534]。马斯克对未来的预言是正确的。

尽管许多人都预言了无人机将是有人机的终结者，但是无人机指挥官们更倾向于接受一个有人机和无人机共同飞行的世界，这也是世界主要大国正在研究的领域，而不是像第二次世界大战时那样一味地创建大量的无人机部队。所谓的“无人机闪电战”理论，即仅使用无人机即可对敌人实现压倒性优势，完全获取制空权，该理论目前还不成立，比较接近的例子只有伊朗对沙特阿拉伯和利比亚的无人机空袭。美国指挥官认为，无人机能够从根本上改变战场，提供精确的打击能力、持久的续航能力和精细的监视能力，它们可以自我牺牲，而有人机飞行员则万万不能[535]。

无人机像是一种“罗生门”（Rashomon），在每个人的眼中都是不同的。一些人看到的是冷血的杀人不眨眼的“杀戮机器”，另一些人看到的则是在战争中拯救生命、保护飞行员、精确制导的“独特平台”。空中的飞行员们会担心自己被取代，地面的士兵们却希望得到更多的来自无人机的视频直播，帮助他们看到无人机前出所看到的实时画面。

虽然马斯克曾表示无人机战争是未来的趋势，但是美国空军专家仍保持着更为谨慎的观点[536]。杰弗里·史密斯（Jeffrey Smith）是麦克斯韦尔空军基地高级航空航天研究院（School of Advanced Air and Space Studies at Maxwell Air Force Base）的指挥官和院长，他在他的著作《未来空军》（《*Tomorrow' s Air Force*》）中指出，在过去，飞机按照类型划分为战斗机、轰炸机等，但是现在，新的任务出现后，无法将其对应到现有类型上，

“这种转变存在一定难度，因为一直以来，空军注重的是‘有人机飞行’。然而历史表明，随着技术的进步，美国空军对于‘有人机飞行’的注重程度、需求和适宜性都已减弱，而这种转变一定会经历长期而艰苦的过程，美国空军必须让自己从一贯的‘白围巾综合征’中走出来，‘白围巾’代表的是‘有人机飞行’，仅是一种空中力量手段，只有走出‘白围巾综合征’才能把眼光放到更多的空中力量选择中。不幸的是，如果美国空军继续坚持原有思维，继续合理化其存在价值，继续努力证明其独立性，继续以‘有人机飞行’作为执行主要任务的手段，那么美国空军未来的有效性和适应性将面临巨大质疑。”[537]

伊德利卜、波斯湾、叙利亚和利比亚的战争已经表明，这种转变即将到来。现在各国的竞争焦点在于提高无人机的自主控制能力，并将人工智能技术应用于平台本身和武器瞄准系统中。要了解这一切是如何发生的，我们需要回到以色列，因为就在几十年前，最优秀、最聪明的以色列年轻人们正在将自己的全部投身于空军的职业生涯。

第十章

无人机与人工智能：世界末日场景

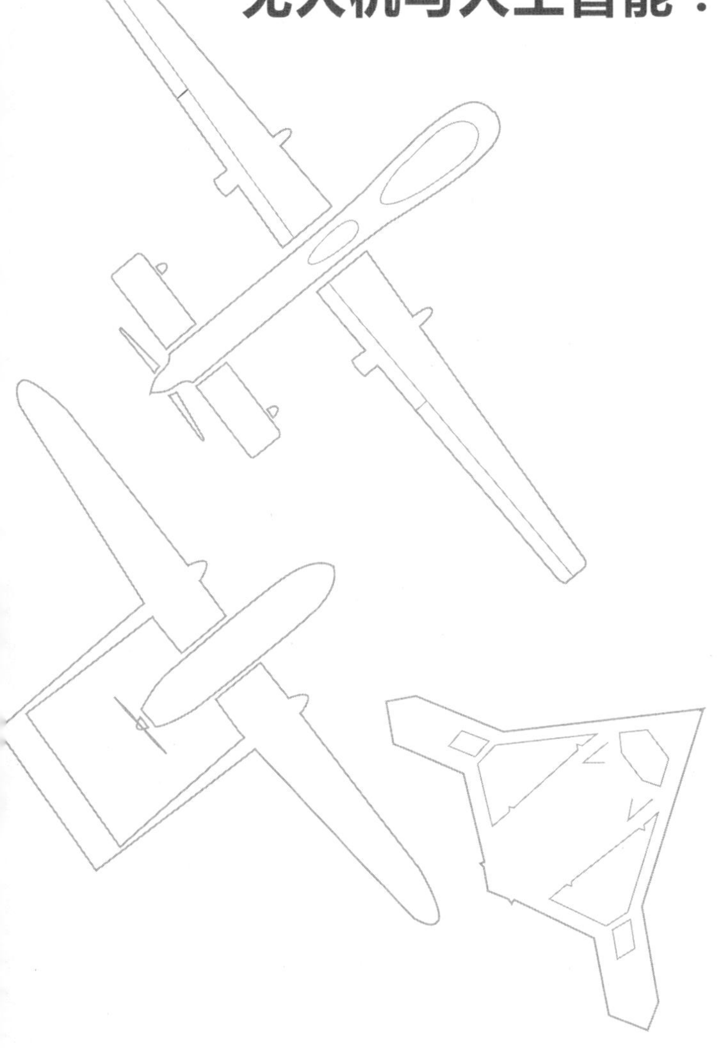

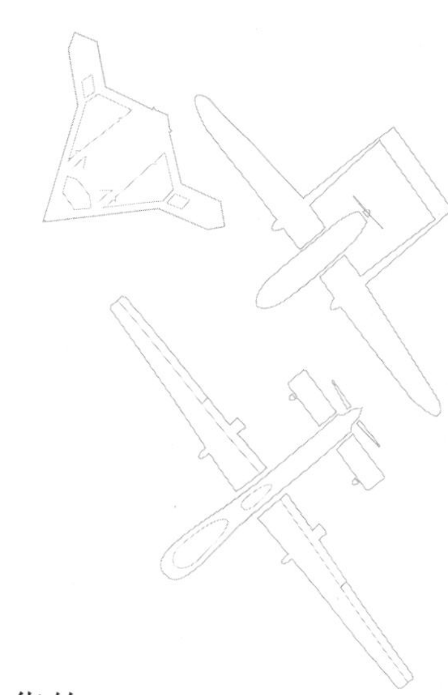

在以色列有一个政府机构，会挑选一批最有才华的年轻人，在征召入伍前让他们参加培训课程，期间，他们将攻读学位，专攻物理学和其他先进军事项目所需的专业。杜贝斯特是20世纪80年代无人机的先驱，数十年来一直致力于新型无人机的研发，他回忆说，曾与这群年轻的以色列天才交谈，他们正接受复杂项目的培训。“我曾经与那里的项目经理在一起，他们正试图说服这些年轻人加入他们的项目。”这个项目正是当年以色列试图制造的国产化项目——“狮”式战斗机（Lavi）。

那年8月，以色列中部天气炎热，离本古里安国际机场不远，等待这群18岁年轻人的是各种各样的项目。杜贝斯特很早就到了，看着“狮”式战斗机的工程师们正在做着推介，这里的酷热已经使这群年轻人有些昏昏欲睡了，在听完“狮”式战斗机的推介后，如果在无人机的项目推介中仍采用这种方式将更加令人感觉乏味无趣，让人提不起兴致。杜贝斯特决定让他们清醒清醒，他说：“让我们一起想象一下，如果我们把飞行员从‘狮’式战斗机中弄出去，会怎么样?”这个提问很有效，这群年轻人立刻瞪大双眼，“当你设计一架战斗机时，公式会告诉你，每增加一千克重量，机翼和引擎就会相应地减少重量[538]，如果你把飞行员弄出来，你将能够设计出‘下一代无人驾驶的战斗机’。”

杜贝斯特在2020年的一次采访中说：“我不确定这个‘下一代无人驾驶的战斗机’是否看起来像F－35，它并不需要像F－35，但它也可以是隐身的，它不仅能实现超声速飞行，而且在很多性能方面将超越有人机。”他预测F－35将能够服役25年。“这期间会开发出很多未来战斗机的技术，我相信这些技术都将是围绕无人机的。当你分析有人驾驶战斗机，如F－35时，你会意识到它们在未来会慢慢消失，因此飞行员是唯一限制F－35能力发挥的因素，F－35原本可以做出很多动作，但这些动作人体无法承受。”F－35还配备了飞行员所需的设备，比如座椅弹射器，这些都可以被拆除，替换成更多的电子设备、传感器或武器。“现在近距格斗越来越少了，如果你有一枚从两百千米外发射的带有雷达的导弹，那么为什么还要派去飞行员呢?”[539]无人机似乎可以做到这些，但是，在没有飞行员的情况，它需要做到越来越智能。

2020年，以色列巴伊兰大学（Bar－Ilan University）的研究人员揭示了神经科学和机器学习的关系。伊多坎特教授（Prof. Ido Kanter）在最近的一次采访中说，他的团队所做的研究就是让人工智能能够模仿大脑功能。大量的关于教计算机像人类一样进行深度学习的研究都面临一个问题，即不知道人类到底是如何学习的，比如人在开车时是如何学会做出正确决定的？人类的学习机制能否与计算机的速度相结合？伊多坎特教授说："如果我们能够把发生在大脑中的缓慢的生物学习机制，移植到计算力飞快的计算机上实现，那么将带来无限可能。"[540]

人工智能几乎可以解决所有发挥无人机战争优势的技术问题。首当其冲的是"自主性"，无人机可以制订和优化任务计划，辅助解决资源分配、图像分析等问题，为操控员提供最佳解决方案[541]。据一个研究小组称，美国国防部将"自主性"视为一系列无人系统的能力指标，具备这些能力的无人系统可以进入遥远环境作业并达成任务目标，同时减少为此付出的代价。然而，尽管人工智能具有非凡潜力，但还没有实现真正应用于无人系统，目前没有哪款无人机具备这样的能力，真正的人工智能机器也还没有进入战场。这些概念仍处于起步阶段，美国决定在该方向上大力发展，美国总是担心自己被其他国家迅速赶超[542]。

在无人机行业的不同领域，对"自主性"的应用也不尽相同。其中最重要的，也是最能够彰显人工智能在未来无人机战争中发挥作用的，就是“忠诚僚机”，它能够与有人机编队飞行，就像罗宾与蝙蝠侠一样。要设计这样一个无人飞行器是非常复杂的，它不仅要能够保持与另一架飞机并排飞行而不与之相撞，而且还要能够收集各类数据，辅助完成定位和监视工作，从而减轻长机的工作负荷。在战斗中，它甚至可以被牺牲或被派去执行最危险的任务。2020 年 5 月，波音公司在澳大利亚推出了“忠诚僚机”，该公司自主航空高级主管贾里德·海耶斯（Jared Hayes）表示，该型无人机成功植入了人工智能[543]。与 2013 年将一批批 F－16 战斗机改造成无人靶机的项目相比，这个项目至少是创新性的[544]。

同时，数千英里之外的以色列正在开展另外一套基于最新计算机算法的项目，用于辅助应对无人机威胁。逐渐地，无人机战争不再只是两架无人机在空中的对峙，较量谁的战力更高，而是看谁的计算机系统更好，未来无人机战争的胜利将取决于最好的算法以及预测威胁和快速反应的能力。

算法：人在回路上

5 月 5 日，我打电话给拉斐尔先进防御系统公司的空中防御专家，出于安全考虑，他的名字不能透露，暂且叫他 Meir B. 。他曾是以色列空军上校，据他回忆，2004 年真主党部署了第一架 Ababil 无人机。“这是一个改变战争的举措。”他说，“我们意识到需要调整我们的系统。”威胁不再仅仅来自叙利亚或其他邻国的苏制米格战斗机，当时的雷达系统还不能有效探测无人机，会认为这些都是虚假信号。

拉斐尔制造了一个叫作“无人机穹”的系统来应对小型无人机的威胁。Meir 说，这些威胁迅速增加，包括哈马斯使用无人机向坦克投掷手榴弹。威胁规模也从小型无人机威胁不断扩大，如今已经达到极端程度。他说，无人机不仅是一种战术元素，而且还能够带来一种新的战略威胁，因为它们可以攻击战略目标。为了应对这一威胁，以色列建立了多层次的防御体系，并建议其他国家也如法炮制，这也意味着使用不同类型的雷达系统实现多层次覆盖。

这种雷达的多重组合能够探测和干扰无人机信号，并能通过光学设备看到无人机，接下来还需要传感器和效应器对无人机进行检测、分类，并进行快速打击，所有这些都必须通过算法来实现。Meir 说：“我确信无人机能够在战场上改变战争规则，尤其实施敏感地区的针对性任务。没有任何一种武器能够在所有的敏感地区周围建立防御，敌人可以从外部甚至内部来随意选择攻击的敏感目标。”

“你不可能实时地处理所有无人机的图像，也无法实时地做出所有正确的决策。你必须使用智能算法来识

装备展上展示的一套反无人机系统。随着无人机威胁日益增多，涌现出许多不同的对抗设备（赛斯·弗兰茨曼）

别威胁和主动探测无人机目标，快速地从一个目标移动到下一个目标，同时合理地分配防空武器资源打击空中的多个目标。”Meir说，这意味着需要用到更加先进的系统来摧毁无人机，比如激光武器。以色列开发了几种类型的激光武器，但是当来自空中的无人机威胁达到几十架时，又会发生什么呢？

Meir接着说：“有一种情况，就是干扰它们。针对同时有20～30架无人机的情况（现实也许会多达100

架），如果你使用干扰武器，那么在这一区域的无人机将会被全部干扰，然后你可以使用激光武器逐一将其击落，或者使用高功率微波武器同时击落所有被干扰的无人机。”他认为，各国都需要尽快了解这种威胁。

与此同时，一位前美国军官，也曾是一位无人机飞控手，他更习惯于把无人机称为“远程驾驶飞机”，他告诉我，无人机应该迅速做出改进，以应对反无人机武器。对无人机的干扰越来越多，伊朗等地的反无人机防空系统也越来越多，可美国的应对计划仍然很不清晰，只是增加更多的“死神”“扫描鹰”和小型无人机。“在新的预算中，我没有看到任何关于新型无人机的内容，我们在世界范围内仍然感觉自我良好，有太多的灰色地带战争，那里非常适合无人机作战。”这位前军官的意思是，美国仍在关注“宽松”环境，对美国无人机采购计划的审查证实了这一点，2019 年空军采购 29 架新的“死神”无人机[545]，到 2020 年美国拥有了 291 架“死神”和“全球鹰”，而海军采购的无人机则很少，他们投资 6.84 亿美元用于舰载作战无人机（UCALASS）项目，研制 MQ－25“黄貂鱼”无人机，这是一款无人加油机[546]。

这位前军官说，我们需要做出更加充分的准备，而人工智能是唯一真正的革命。“无人机要飞向哪里已经不仅仅由飞控手说了算，还能够由强大的计算机处理能力决定。”[547]

这意味着，虽然也许确实需要一个飞控手来操纵无人机，但是其余的工作都能够由计算机来完成，比如“识别摄像头发现的门把手和车辆”。算法是基于数据的，将数据整理分析，然后告诉我们什么是威胁，什么发生了变化。这位前军官说：“我们想让人工智能为无人机提供机器视觉，具备高精确度和高保真度，但是为人类提供的应该是算法。”例如，因为传感器变得更好，MQ－9 全动态视频的改进将节约数百个工时，这名前军官称之为“人在回路上”，而不是“人在回路中”。这是一个可能的解决方案，让机器开始学习寻找目标。在以色列，人工智能已经被用来帮助识别不同类型的敌人行动和作战车辆。

这位前美国军官坚信埃隆·马斯克的言论是正确的，未来无人机会越来越多，而 F－35 会越来越少。“我们正在向着这一目标前进。‘Skyborg’项目以及基于该项目的‘女武神’无人机已经确定了资金来源，在 2020 年 4 月进行了测试，‘女武神’无人战斗机能够接入开放式架构的战斗云中，成为整个回路中的一个节点。‘Skyborg’项目所赋予的人工智能技术必须相当成熟，才能保证在整个回路中不需要人工干预。这个目标离我们的距离其实也不远了。”这个项目立项的原因之一是西方公众不希望在未来战争中有人员伤亡，“我能使用无人机，为什么要拿飞行员的生命去冒险?”马斯克描述的未来并没有我们想象得那么遥远，但这需要一个大的文化变革。

相反地，有些人对人工智能的出现感到担忧，他们担心未来的无人战争会变成真实版的《终结者》中的天网（Skynet)，这是一个有着自己的想法，可以自己去杀人的人工智能系统，但是“自主性”不可避免地向着“回路”中人工干预越来越少的方向发展[548]。人类会在很短的时间内，让无人机系统自主完成从起飞到识别目标的大部分工作吗？目前无人机系统已经实现了利用自身传感器规避电话线和树木的能力[549]。此外，2020 年，越来越多的无人机作业采用了转包方式实施，这意味着有些国家制造无人机，如以色列，然后出售给第二个国家，如希腊或德国，甚至再由第三个国家的操控员来操纵无人机[550]，这就构成了一个复杂的责任网。

拥有无人机的未来战争开始变得更像电脑游戏，谁能先到达战场，获取尽可能多的信息，并通过传感器将信息回传，再通过控制器执行下一步行动，谁就能取得战争胜利。情报有助于赢得战争，现代战场上充斥着各种信息，来自最新的雷达、光学设备和信号截获装置等。

彼得雷乌斯认为，下一阶段是实现用更加复杂的决策来应对更加复杂的对手，“记住，一些对手使用的无人机已经能够在不需要操控员干预，且不需要 GPS 导航的情况下执行任务。”因此，反无人机的方式也应相应地改进。起初，无人机主要用于打击难以压制的高价值目标，但现在已经发展到具备越来越精确的打击能力[551]。美国曾表示，2019 年在也门的无人机袭击中没有造成任何平民死亡[552]。

哈德逊研究所（Hudson Institute）美国海上力量研究中心（Center for American Seapower）高级研究员赛斯·克罗普西（Seth Cropsey）认为：“在未来，无人系统将成为战争的有机组成部分。”随着无人机价格的下降，它们在战场上可用于帮助 P－8 等有人机远离危险，采用无人机与无人潜艇相互通信并执行任务。小型的无人平台数量增加，这些平台在战争冲突中优先被消耗，这样有助于保持大型作战平台的安全[553]。《联网作战》的作者彼得·辛格也认为，“自主性”的浪潮即将到来。“最初，一个人使用操纵杆来做所有的事，完成所有的功能，比如起飞、着陆和执行任务……当我在写《联网作战》时，到了 2001 年的阿富汗战争，当时没有无人地面系统，只有少数的无人航空系统，如‘捕食者’及其系列型号。现在，我没有获得最新的数据，但几年前就已经达到了 22000 台。”

他把当今时代与 20 世纪 20 至 30 年代相比，那时军队试图将坦克和飞机结合起来。“直到 1939 年，骑兵军官仍然表示不会为了坦克而放弃战马。无人系统有它的优势，但是国防部门表示：‘我必须要满足很多人的需求，在有人机不足的情况下，我通过增加无人机的数量来满足他们。’”

这就是人工智能的用武之地，它可以辅助进行指挥和控制。例如，辛格说：“我们掌握着在阿富汗部署的所有火力武器的清单，人工智能可以在此数据基础上进行学习，并找到提高其能力的方法。这是管用的、好用的，但其仅限于阿富汗，美国与其他国家的场景将与之完全不同。”[554]这是一个典型的军事问题，我们通过学习之前发生的战争来训练未来战争，然而未来战争很可能完全不同，正如辛格的比喻，这就像在训练医生时错误地使用了其他类型的病人库。他总结道，要想确保无人机“做正确的事”，必须回答好一个关键问题，即“使用它们的愿景和原则到底是什么?”

兰德公司在 2020 年的一项着眼于未来十年战争的研究中，提到了“做正确的事”[555]。该研究表明，人工智能将继续在美国与其他竞争对手的冲突中发挥作用。研究人员总结道，人工智能是一种“颠覆性”技术，发展人工智能的国家可能会将其视为一种颠覆现状的方式[556]。国际战略研究所未来战争评论员弗朗兹－斯蒂芬·加迪（Franz－Stephan Gady）也对该项研究的结论表示赞同[557]。

尽管人工智能得到大多数的认可，但是人工智能一样会带来潜在危险，2020 年 5 月，美国陆军上校斯科特·伍德沃德（Scott Woodward）在展示第 11 装甲骑兵团的电子信号特征时表明了这一观点。这是一次在加州的欧文堡（Fort Irwin）训练基地进行的演习，他在社交媒体发文，展示了使用电子战可以很容易地搜索到一个部队的电子信号，即使这个部队完全隐藏在黑暗中。想象一下，某部队部署在山坡上，车辆排成半圆形进行防御，士兵们用迷彩防水布进行伪装。但是，其电子设备却始终在嗡嗡作响，部队使用的所有传感器、数据链和网络将暴露他们的位置，使之易受攻击[558]。这位上校提出质疑："我们是否过于相信技术了，相反对战斗中的人的行动表现得不够信任。"[559]从他的展示中，我们还可以清楚地得到另外的结论，比如可以通过电子战武器系统轻易地发现敌人[560]；另外，也可以使用大量虚假的电子信号来欺骗敌人，使之错误地判断作战部队的规模。

美国已经为 MQ-1C"灰鹰"无人机配备了电子战吊舱，并创建了联合简易爆炸装置对抗组织（Joint Improvised Explosive Device Defeat Organization，JIEDDO），以探索对爆炸装置的干扰方法。洛克希德·马丁公司正在开发一种叫作"默鸦"的吊舱（Silent CROW），该吊舱将提高无人机的网络电子战能力。这源于美军的一项“多功能电子战”（Multi – Function Electronic Warfare）项目中的“空中大型组件”（Air Large Program），该组件于2020年4月进行测试[561]。军队的数字化程度较高，因此能够获取并输出大量数据，一方面带来了收益，另一方面也带来了成本的增大。FDD的布拉德·鲍曼说：“在人工智能环境中，谁先行动谁就有优势。设想相互博弈的其中一方将大量数据放入云中，建立全面的战场态势，最大化作战力量，甚至部署到排一级，这将形成巨大的优势。同时也必须看到另外一面，即可能带来了潜在问题，在战争中我们不能想当然地认为我们的数据会一直畅通无阻地从战术级数据库流向中央数据库，这就足以引起担忧。”[562]

美国在推动这些技术的计划时，一直被一个问题所困扰，就是关于如何升级现有的武器系统。虽然理论家们喜欢讨论像无人系统组成的“幽灵舰队”，或是“自主控制”的武器平台的新鲜事物，但是事实证明，如何最好地应对其他国家日益增长的威胁，尚不明确[563]。

克里斯蒂安·布罗斯（Christian Brose）在他的著作《杀伤链：在未来的高科技战争中保卫美国》（*Kill Chain*：*Defending America in the Future*）中提出了一个问题，即美国在人工智能和未来战争理念方面将走向何方[564]。他说，许多未来战争项目都已经在美国手中夭折，比如X－47项目。他写道，美国军队需要重新设计发展路线，美国将不得不从昂贵的有人机平台过渡到“大量较小的、低成本的、可消耗的、高自动化的机器”[565]。美国秘密地利用人工智能制造智能机器[566]，这些“致命的自主机器”可以用来对付其他大国，他提到，俄罗斯在乌克兰的表现已经展现出其在无人机作战方面取得的进展。

里克·弗兰科纳见证了几十年来美国无人机的能力和成功，他在2020年初表示，美国必须小心，不要让对手主导无人机的开发和部署。“只要俄罗斯等国家继续引进更新更好的武器，哪怕是任何级别的武器、舰船、坦克或飞机，我们都必须要保持前进步伐，研发和部署最先进的无人机应该是当务之急。”[567]

基于最新人工智能技术的无人机在对抗中如何发挥效能，目前还没有得到验证，不过未来的迹象是清晰的。7月11日，以色列埃尔比特公司宣布，已将较小的“云雀”无人机部署在一艘名为“海鸥”（Seagull）的海军无人巡逻艇上，依靠人工智能技术，这些系统可以到更远的地方巡逻并监视敌人。像这样将一台无人装备部署在另一台无人装备中，可以使士兵们彻底远离战场，无人装备全副武装，蜂拥而至，击溃对手。想象一下，敌人发射了数以百计的由超级计算机控制的无人机，像一个个致命的、自主控制的有机体，这将是一幅怎样的画面？美国还在理论层面研究到底要在系统中植入多少人工智能技术，美国国防部联合人工智能中心（Joint Artificial Intelligence Center at the Department of Defense）的战略与通信主管格雷格·艾伦（Greg Allen）等正在研究这个问题，他表示，在最终阶段，人工智能将能够使机器自己收集有用的数据，并在环境中进行试验和试错，从而不断地提升能力[568]。

洛克希德·马丁公司的工程师和计算机专家们正在利用数十年的经验，为军方提供更多的“自主性”，其“臭鼬工厂”是在冷战期间为美国开发隐身技术而建立的，目前已拥有数以千计的员工，多来自加利福尼亚州的帕姆代尔（Palmdale）、佐治亚州的玛丽埃塔（Marietta）、得克萨斯州的沃斯堡（Fort Worth）等地。总工程师迈克尔·斯旺森（Michael Swanson）通过一个公司的自媒体表示，无人机非常适合执行长时间的、带有危险性的任务，该公司正在设计使人类远离风险的系统[569]。洛克希德·马丁公司在其飞机上安装了最新的照相机、雷达、激光、地形测绘以及昼夜摄像头，但在“自主性”方面，仍然在等待相关的政策。20 世纪 90 年代末，该公司制造了 X－44A 无人机，然后依托“臭鼬工厂”的一个小团队制造了更大的“臭鼬”无人机。X－44 采用世界领先的设计：无尾、隐身、超机动性[570]。

他们还想要一个虚拟的飞行员视景显示器，这意味着操控员不再是通过摄像头观察周边情况，而是通过一个经过数字化处理和显示的实时影像，这也提高了在低能见度情况下的监视能力。

该公司还考虑了“灵活的自主性”，即在回路中加入人工干预，必要时操控员可以输入指令，如果操控员不同意系统自动做出的决策建议，可以重写系统，阻止程序运行，或是进行更复杂的人机交互。关键在于如何使计算机能够融入飞机的各项数据，并且能够根据输入的指令和传感器数据进行自主决策。洛克希德·马丁的专家们在2019年表示：“‘自主性’意味着更多的人工智能，能够训练在多种情况下做出各种各样的决定，能够做出既合乎逻辑又超越人类思维的反应。”“臭鼬工厂”的播客上有这样一段提问：“当人类不再是决策的最顶端时，我们还能控制接下来要发生的事情吗？”归结起来就是对机器的信任问题，虽然人工智能可以做很多事情，但人们也总是会不喜欢它，因为它会让人们想起电影中的噩梦和杀戮机器。

洛克希德·马丁公司“臭鼬工厂”的 ISR 和 UAS 副总裁约翰·克拉克（John Clark）说，他们在研究中发现，当用户不知道人工智能技术做出某个决定的内部原因时，就会停止信任系统。“我们创造了‘灵活的自主性’，可以使用户能够随着时间的推移在任务中逐渐获得对系统的信任，因此从长远来看，人工智能和机器学习是必需的。”[571]洛克希德·马丁公司始终热衷于人工智能，以及那些由无人机执行的枯燥、肮脏、危险的任务。

现实中，到目前为止，正在进行的无人机战争是平淡无奇的，无人机还不具备从经验中学习并吸取教训的能力。不过，侦察无人机在识别目标方面已经具备了向操控员提供更精确信息的能力，而且它们可以组成一个网络，地面的士兵们可以获取网络中的信息，并根据数据和传感器绘制路线，这就形成了一个军事化与工业化结合的有机体。随之而来的一个问题是，当敌人也拥有这样的有机体时，我们将如何生存下去？正如 1941 年德国和苏联之间的坦克大战一样。就目前而言，更重要的是结合防御措施来拦截或击落敌方无人机，并制造能够避开敌方雷达和导弹的无人机。

马镫和弩

2020 年 5 月 15 日，美国一架“死神”无人机袭击了伊拉克哈姆林（Hamrin）山区的 ISIS 据点，这仍是一场老式的无人机战争，但在中东和亚洲各地，专家们都在为下一场战争做着准备。

华盛顿方面还在围绕未来战争中使用不危及飞行员生命的无人机来攻击敌人展开讨论，似乎还有一些问题需要考虑。但 FDD 的布拉德·鲍曼表示，如果美国在这个问题上拖得太久，将可能会被其他国家反超[572]。派遣无人机进入敌方领空去送死，这是一种能力，是一种未来战争的能力。鲍曼在 2020 年春天说："大家正在形成一种共识，无人机被击落似乎是小事一桩。伊朗去年击落了美国'全球鹰'无人机，如果这是一架有人机，那么情况将完全不同，所以什么是战争行为？什么是引发战争的阈值？这些问题的答案将发生改变。因此，我们在发展中看到的一切将会影响美国军队及其盟友，也会影响美国的对手。"

在他看来，在伊拉克和阿富汗等地长达 20 年的反恐战争已经侵蚀了美国的霸权地位。由于预算的限制，指挥官们用最好的装备部署部队，但推迟了更高现代化的进程。如果其他国家在人工智能和高超声速武器方面超越美国占据领先地位，那么对于美国来说将是一个噩耗[573]。

美国与以色列的关系如何，是美国在无人作战领域发展的关键因素，因为以色列拥有先进的技术。鲍曼说："以色列发挥着独特的作用，它不是一个全球化大国，但我同意一些人的观点，即它是一个技术超级大国，我们应该向以色列学习，学习他们的机敏和紧迫感。他们面临着来自各方的威胁，美国可以从中学到很多东西。两国的关系是深远而广泛的。"[574] 双方的合作正在拓展，不论是“铁穹”防空系统，还是定向能武器，或是继续与F-35的合作等。此外，学习伊朗应对无人机威胁，也是研究反无人机蜂群技术的关键。

在战术层面，美国和以色列都在寻求将无人机做到最小。随着以色列的“动量”（Momentum）军事计划在2020年进入高速阶段，以色列一直在寻求军队现代化的解决方案，从而使其装备更精确、更致命、更小、更灵活，并且在结合了所有可用新技术的情况下，成功推出了“萤火虫”无人机，于2020年部署在小型部队。当然，向小型部队提供更多的技术支撑也会带来一个问题，即像俄罗斯这样的有能力进行电子战进攻的敌人，可能会切断这些部队与外界的联系。美国曾在海湾战争中使用“黑鹰”和“阿帕奇”直升机大大压制了萨达姆·侯赛因所使用的苏联时代技术，使战壕中的部队对即将到来的美国重击一无所知，现在，美国也可能会受到同样的威胁。技术帮助美国赢得了1991年战争的胜利，但这是一把双刃剑，不应该过度依赖技术，无人机技术正是最突出的例子。

对一些人来说，20世纪90年代见证了一场军事革命（Revolution in Military Affairs，RMA），技术帮助美国取得了诸多战争的胜利。但有人担心，美国在技术制胜方面吸取了错误的教训，还有人担心，在“9·11”事件后，美国再次吸取了错误的教训，更多地关注“反叛乱”（Counter-Insurgency，COIN），而不是关注邻近国家和其他大国的冲突，因此美国在2020年后再次将关注点转向对抗俄罗斯等大国。但这场未来战争仍然笼罩在迷雾之中，因为美国不能确定其所有的高科技武器系统是否会对这些大国起到作用。当俄罗斯、伊朗等国家竞相获得美国无人机或以色列导弹，并在其基础上进行“逆向工程”，窃取美国大量信息时，美国是否还在停滞不前？鲍曼说：“我们的口袋快被掏空了，我们需要保持清醒。”其他国家还能通过美国供应商窃取更多的信息。

巴德学院（Bard College）专家丹·盖丁格（Dan Gettinger）每年出版一本关于无人机的书，他在2020年表示，与一些人将这项技术视为破坏者不同，他把无人机比作直升机。他认为，无人机“代表了战术上的巨大转变，但不是战略上的。人们可以把它们想象成飞机，20年后它们会看起来不一样，就像飞机也会发生巨大变化一样。我们正是看到了这一点。”无人机将变得更小，更容易使用，并可能携带更多致命武器，因为工业化水平已经赶上了技术发展水平。但是大型无人机将何去何从？欧洲拥有未来作战空中系统，澳大利亚也在开发“忠诚僚机”项目，但目前还不清楚这些笨重的“僚机”是否能满足空军的需求。

相比于俄罗斯这样的大国，美国在对抗伊朗会显得容易一些。伊朗宣传新的“隐身”无人机，并使用无人机投掷反坦克导弹，这是伊朗通过仿制以色列的“长钉”导弹而制造的。伊朗所宣传的无人机在没有投入使用之前，只能视为空谈。伊朗无人机专家罗恩斯利表示，如果真主党和以色列发生冲突，将会看到更多无人机被使用。伊朗的无人机项目始终充满谜云，尽管受到制裁而被孤立，政府仍然投资了无人机项目。2011 年后，该项目发展到一个重大转折点，其秘密属性表明了这是一款隐身无人机[575]。伊朗在 2019 年 5 月使用无人机执行了袭击任务，当时并没有引起广泛关注，直到最后摧毁了阿布盖格的关键设施，这才引发了对无人机和对未来战争的广泛思考。

两派：未来战争会是什么样子

“岩石上的战争”（*War on the Rocks*）是一个研究战争和国家安全新话题的网站，上面发表了一系列文章，探讨人工智能在未来战争中扮演的角色，争论的中心是人工智能将在多大程度上具有革命性。文章作者彼得·希克曼（Peter Hickman）在 2020 年 5 月指出，一种共识似乎已经形成，即人工智能技术正在改变战争的性质，但不能改变战争的本质[576]。文章称，赢得下一场战争的将是人类的智慧，而不是技术，过去的创新，如坦克或机枪，原本都是为了改变战争，但那些不太懂技术的部队能够通过战术创新来弥补差距，降低对手的技术优势，甚至一样可以赢得胜利，机器是不会取代人类的。

希克曼和许多军事规划者一样，把目光投向了2035年的战场。他写道，他在21世纪初加入空军，经历的是一个缓慢的、非革命性的演变。“我第一次训练所使用的20世纪60年代的雷达系统，还是我们传统的地面机动式雷达。”的确，以飞行员为核心的空军作战体系向无人机提倡者们解释了为什么像F-35这样的有人机仍在大量占用预算。

希克曼的核心观点与斯蒂芬·比德尔（Stephen Biddle）2006年出版的一本书一样，书名为《军事力量：解释现代战争中的胜利和失败》（*Military Power: explain Victory and Defeat in Modern Battle*）。书中研究了1956—1992年之间的16场战争，得出的结论是技术优势只赢得了其中的8场。“那些在战术上寻求创新的一方与拥有最先进战场技术的一方具有相同的胜率。”如果技术对于胜负的决定性被弱化，那么技术超越就不是必要的，简言之，如果你能避开机枪，你就能战胜它们。

美国未来会面临哪些样式的战争？今天要如何训练才能应对这些样式的战争？这些问题在美国存在不同的思想流派。美国在数十年的时间里，一直以反叛乱作为军事战略，这使得在中东地区浪费了大量精力，美国对此深感不满，尤其是在军事战略已经转向与俄罗斯等大国对抗的今天[577]。特朗普执政时期，美国希望撤出中东，结束这场“没有尽头的战争”。在柯特兰空军基地等地点进行的训练，将转为基于虚拟训练空间的战斗管理平台进行训练，在这里，人工智能将被用来研究未来的盟友和敌人是什么样子的。

美国存在两种思想流派，一种是以马斯克为代表的无人机倡导者，另一种思想流派认为机器的行动必须以“人”为中心，这似乎形成了两种相互竞争的未来图景。但是，真正的问题是机器会给这个“人”提供多少信息？这些信息能否被消化？能否与所有可用的技术相结合？能否被这个“人”有效利用？

后记

我第一次看到军用无人机是在2014年的加沙边境，在一块空地上，人们拿着一个看起来像大飞机模型的东西，机翼搭在“肩膀”上。我明白，这些身穿绿色以色列军服的士兵准备向加沙发射无人机，果然，他们很快就将其抛到空中，飞向边境，在那里巡逻监视。我坐在满是以色列坦克的战场，这片战场原本是种植甜瓜的田地，如今已经被坦克搅得尘土飞扬。战争一触即发，士兵们随时准备前出。

无人机战争不是一蹴而就，而是一步一步发展而成的。我记得曾玩过一款很老的阿瓦隆山棋盘游戏(Avalon Hill Board Game)，里面用小纸板方块代表陆军和空军，当有人试图重演1973年的战争或其他以色列战争时，却发现缺少了代表无人机的小纸板方块。然而在现代战争中，一定会有无人机。战争策划者不需要浪费人力和飞机，可以派出无人机，只要有了使用无人机的想法，都会引起大家的兴趣。为了了解无人机的发展，我在2020年夏天访问了以色列的无人机制造商，我去了以色列 Aeronautics 公司，在那里看到了他们的小型无人机，后来又去了以色列航空工业公司，看到了以色列无人机的先驱。

在以色列 Aeronautics 公司，制造商们带我参观了工厂车间，位于帕勒马希姆空军基地，四周是连绵起伏的沙丘，以色列的无人机部队在这里飞行。车间中，货架上堆放着复合材料机翼，几架无人机按故障等级分别放置在不同的维修区域。其中一款叫作“统治者”的无人机，由一款民用双螺旋桨飞机改造而成，驾驶舱被拆除，安装了很多传感器。以色列国防公司代表了中小型战术无人机，他们还制造了一种巡飞弹，目前尚不清楚未来将如何使用。

在以色列航空工业公司，无人机操控员展示了悬挂在装有空调的大型机库后面的原始版的“侦察兵”无人机，当然还有其他的无人机，比如以色列首创的“苍鹭”。这里就像一个以色列飞行物种动物园，从小型到大型，从用于海上扫描的无人机，到曾经送往德国后又在马里（Mali）打击极端分子的“苍鹭”。2020 年夏天，欧洲国家仍在购买以色列的无人机，同时也热衷于发展自己的高空长航时无人机，启动了名为“EuroMALE”的项目计划，预计于 2024 年交付，于 2028 年在德国投入使用。

我很好奇接下来会是什么。几乎每天都会有关于新型无人机发明创新之类的新闻：法国正在研制一种新型的无人直升机；伊朗在2020年夏天宣布了新式无人机和雷达技术；阿联酋和以色列签署了一项建立外交关系的协议，为技术合作铺平了道路；2021年2月，以色列的国防巨头们参加了在阿布扎比举行的防务展览会IDEX，无人机和反无人机技术是展会的主要看点；2021年春天，无人机集群技术和“神风”无人机受到广泛关注，各国军方都表现出对如何将这些类型的武器成功添加到现有武器库的兴趣；平板电脑中的无人机操控界面，对普通士兵来说越来越方便、越来越容易；2020年12月下旬，以色列拉斐尔公司在以色列海岸的一栋乡间别墅展示了更多自动识别目标的自主系统。

以色列的Spear UAV公司，正在研制一种可以从坦克或榴弹发射器发射的箱式发射无人机；垂直起降和更多的战术无人机的发展可能会为许多现实问题寻得答案；涉密项目，如“忠诚僚机”或隐身无人机，也已经在空中秘密地飞行着。一位专家告诉我，F－35很可能是最后一型有人战斗机了，这意味着我们要尽快提出代替有人机的无人机解决方案。然而，针对无人机的很多工作却没那么让人兴奋。虽然无人机可以执行多种任务，比如曾经的以色列需要有人机来扫描海面上的敌舰或走私船只，而现在使用“苍鹭”无人机可以在空中停留50个小时，但是总体而言，飞行平台却变化缓慢甚至保持不变，只是将更多的光学设备、雷达和传感器加入其中。没有人想改变平台的外形，这种观点认为，平台的外形已经被证明是有效的了，为什么还要改变呢？比如 F-16 和 F-15 战斗机也在不断更新，但也一直保持着飞机的基本形状不变，再或者 U-2 已经服役了 65 年，也保持着原来的样子。虽然技术发展越来越快，无人机通过自动起降、自主控制完成大多数任务的智能化程度越来越高，但是机身的变化却没有那么快，部分原因正是缺少动力。

当你开始摆弄一些民用无人机时，就会很容易发现无人机能够带来的改变。我给我儿子买了一个小型的 Tello 无人机用于消遣娱乐，我们拍了许多葡萄园的照片，带着它去各地旅行。我从中获得启示，每一个步兵单位都应该配备这样的东西，一个专职操控员负责几十架，它们可以解决各种问题，用一个长镜头抓拍灌木丛和田野，就好像获取战场图像一样，它们也可以携带一些小的有效载荷，而且它们是可以战损的。无人机的问题从来都不是技术问题，而是人们还没有准备好接受它们，无论是军队还是极端分子，都没有完全搞明白如何高效地使用它们。无人机可以造成严重破坏，摧毁电力线路，重创敏感地区，它们的能力是无限的，唯一的限制是操控员，这就是研究人工智能的原因。不过人工智能和人类之间要做好分工，人工智能负责代替人类操控无人机的飞行动作，人类则负责完成任务，也就是说，无人机可以自主地探测周边其他无人机并实施避撞措施，确保飞行安全，甚至自主起降，而用户只要专注于它应该去哪里，应该做什么。

在以色列的无人机制造商看来，以“飞行员”驾驶飞机的方式来驾驶无人机，这样的想法是愚蠢的，不需要一个飞行员在一个存储空间里操纵一些踏板和手柄，而只需要一个操控员。如果遇到恶劣天气或信号丢失，无人机将会自动返回基地，甚至可以自毁，由于无人机上没有人，所以只要不是在市区坠毁，就不会构成生命危险。另外，有些大型无人机非常昂贵，价格高达数千万美元，因此许多国家只能通过购买或租赁其他国家的产品来获得少量大型无人机。

大量的资源被投入其中。例如，在 2020 年的夏天，英国仍在武装无人机 MQ－9“空中卫士”（SkyGuardian）上继续改进，称之为“守护者”（Protector），装备“宝石路”－Ⅳ和“硫磺石”（Brimstone）导弹。“守护者”计划包括 16 架无人机，耗资 5 亿美元[578]。受训人员将在内华达州用六周时间与“死神”中队的人员一起学习飞行[579]。一旦你拥有了一些无人机，那么就舍不得失去它们，其结果是，各国往往将资源不断投入到这些无人机上，目的是希望最终能够取代有人机。虽然在过去战争中，有人机的战损数量巨大，但无人机似乎更加易受伤害，就像大型飞行濒危物种一样，这使得在战略方面发挥不了太大的作用，正如所有的军事系统一样，当多个平台相互比较时，就会发现各种各样的问题。

美国武装无人机计划的局限性在“9·11”事件后20年才开始显现，“死神”无法在争议空域内对抗S-300防空导弹。一般在开始执行任务之前，飞行员和机组人员会得到一张地图，地图上画着一个圆圈，标注有敌人的防空区域，该区域是危险区域，警告不要接近，只有在极少数情况下，他们才会冒着失去无人机的风险进入敌人的视野。有些无人机太昂贵了，不可能冒这个险，而像“哨兵”这样的无人机，就可以飞越敌人的雷达和导弹设施执行任务，但其数量并不多，也没有加装武器。

然而，所有使用过无人机的人都认为它们是革命性的，无人机能够长时间甚至是一直停留在目标上空，随时准备攻击，这是发动战争的一种新方式。克里奇基地的指挥官琼斯上校自无人机首次装备以来就一直在使用它们，他认为没有任何一种平台能够提供无人机这样的续航能力和监视精度，也很少有平台能够提供无人机这种程度的预警能力。那么，无人机的未来会仅仅用于精确打击吗？答案是否定的，在大规模战争背景下，无人机将会集结成群来打击敌人。有两个研究方向，即质量和数量，西方国家更喜欢研究质量，而其他国家则更喜欢研究数量和消耗。而对于那些投资人工智能，并且相信未来无人机部队将实现自主作战的国家，可能会最终获胜。

人工智能领域的军备竞赛，比的就是有多少人在决策回路中。公众不希望由机器来决定何时发射导弹，但是军方试图使用人工智能来处理堆积如山的信息、识别目标，或是辅助选择正确的武器，操控员只需在机器处理了大量信息后提供的选项中做出决定即可。人工智能革命的预言家们认为，人工智能将在21世纪20年代投入使用，这里说的“投入使用”不仅是教机器如何自主降落、起飞或是避撞，而是要教它们如何处理数据，如何自主学习，如何完成过去飞行员不得不在有人机上做的大多数动作。机器开始逐渐演变一个有机体，人可以在战争中依赖它们，这也从根本上给人们带来了担忧，因为这让人联想到世界末日题材的恐怖电影，比如机器正在捕杀人类等。还有脑洞更大的设想，两个人工智能系统会不会相互对抗呢？如果出现了这样的情况，那么其中一个系统会不会因为计算得知自己肯定赢不了而选择投降呢？

预测未来战争，几乎从来都没有预测正确过。从列奥纳多·达·芬奇（Leonardo Da Vinci）时代起，人们就一直在描绘未来战争的概念，几乎总是错的，没有完美的战争，没有正确的战争方式，即使是最好的军事系统也可能被打败，这就是战争的本质。无人机就是一个很好的例子，它可以击败沙特的防空系统，甚至是击败俄罗斯在叙利亚部署的防空系统，但同时即使是美国的“哨兵”无人机也可能被击落。无人机并没有真正成为帮助ISIS、胡塞或真主党等组织赢得战争的工具，而仅仅是一种侵扰工具。即使是“死神”无人机也没有赢得战争，当时西方国家在远离本土的地方发动战争，因为经济富足，“死神”能力出众，因此发动战争的决议并没有受到太多议员的质疑，然而战争的结果却是大片地区都被拱手交给了无政府极端分子，唯一发挥作用的是无人机的嗡嗡声，时常让极端分子心惊胆战。对于武装无人机，也没有迹象表明它的出现成功控制了从萨赫勒到菲律宾的所有极端分子活动的地区，因为其数量远远不足，无人机主要搜索打击核心人物或高价值目标，而非那些手持AK－47的普通人员，因此“圣战”分子哪怕单独出没，也不会遭受无人机的威胁。

起初无人机主要是独立执行军事行动，它们不为步兵和坦克提供近距支援。未来的无人机作战将存在几种可能：一是无人机与有人机协同运行；二是建立独立的“无人机部队”；三是将无人机进行分类，将其编入部队作战单元中，参与作战行动；四是作为自杀式武器大规模地一次性使用。

记得1998年的夏天，我去玛莎葡萄园岛（Martha's Vineyard）度假，在当地一家名为Bunch of Grapes的书店中，看到了一本新书《战争的未来》（*the Future of War*），其中描述了已经获得成功的早期无人机。“无人机将在未来20年中带来巨大的改变。它们造价相对低廉，即使坠毁或被击毁也不会造成重大损失；它们体积很小，不易被察觉；它们能够迅速移动位置；在适当的时候，它们能够携带多个传感器，甚至武器。”[580]那时我才十几岁，但这些飞行器已经准备好改变我们的世界了，如今我们已经目睹了这个预言正在逐步实现，传感器和武器确实取得了长足的发展。但是迄今为止无人机变革仍然是一个摇篮中的巨人，正如萨尔瓦多·达利（Salvador Dali）在1943年的画作《地缘政治的孩子看着新人的诞生》（*Geopoliticus Child Watching the Birth of the New Man*），这幅画作寓意着一个将主导世界的美国正在“诞生”，今天我们也在“看着”无人机战争的“诞生”。

无人机始建于以色列，后由美国进行了革命性改造，目前已经遍布世界各地。随着反对使用武装无人机的声音日渐减弱，武装无人机已经拥有了不可撼动的地位，尽管联合国仍会喋喋不休地发布无人机用于杀戮的报告。接下来，真正的问题是，将有多少无人机军队？有多少人工智能技术将应用于无人机？无人机将向着高端昂贵、不可随意牺牲的方向发展，还是向着大规模无人机蜂群、具有智能性的自杀式炸弹或巡飞弹的方向发展？

而问题最终指向的是，美国与其他国家之间无人机战争的新的技术前沿和发展趋势。世界格局从 1990 年苏联解体后发生了巨变，迅速转变为相对混乱的状态，美国霸主地位减弱，其他国家纷纷强大。随着这种国际规则导致的世界格局变化，无人机出现了，担负起越来越多的枯燥、肮脏和危险的工作，它们能够对任何地方实施空袭，即使被击落也不会有人员伤亡。很快，更多隐身无人机的使用将进一步改变战场。但是，对于无人机是否能够取代有人机，这是一个需要谨慎看待的问题，更有可能的是，它们作为一些国家的即时空军被部署使用，而不是投资大量昂贵的无人机。

第一个将无人机完全垂直整合到每种行动、应用到每项服务的国家将占据绝对优势。伊朗对武装无人机的使用率先进行了尝试，这的确给了更为强大的敌人真正的威胁，位于任何地方的国家设施或敏感地区，只要防空系统不是很完善，都会成为无人机猎杀的潜在目标。铁甲战舰、坦克、用于击沉舰船的战机，将无人机与这些革命性的武器相提并论并不为过，现在的无人机正在将同样的破坏力赋予军队。然而，这就像描绘一幅长长的画卷，我们还在这场革命中艰难成长，我们仍在等待画卷完全展开、完美呈现的那一刻。人类对技术革新的探索就像对艺术品的痴迷追求，然而战争是残酷的，当无人机这件艺术品最终完成了蜂群、人工智能、完全垂直整合等所有工序后，那些没有能力或者还没有做好准备的国家，又将面临着什么呢？

致　谢

我要感谢大卫·哈佐尼（David Hazony）对这个项目的支持，还有后山出版社（Post Hill Press）的亚当·贝娄（Adam Bellow）、大卫·伯恩斯坦（David Bernstein）和希瑟·金（Heather King）。感谢美国空军和克里奇空军基地的约翰·里格斯比（John Rigsbe）、斯嘉丽·特鲁希略（Scarlett Trujillo）、利亚·加顿（Leah Garton）等人。感谢美国中央司令部，感谢洛克希德·马丁公司的埃里卡·蒂尔尼（Erica Tierney）等人。感谢彼得·辛格、迈克·吉利奥（Mike Giglio）、肖恩·杜恩斯（Sean Durns）、理查德·坎普、亚当·罗恩斯利、丹·盖丁格和无人机研究中心，感谢赛斯·克罗普西、布拉德·鲍曼、乔纳森·桑泽（Jonathan Schanzer）、贝纳姆·本·塔莱布卢（Behnam Ben Taleblu）和捍卫民主基金会的工作人员，感谢拉斐尔公司的大卫·伊沙伊（David Ishai）、雅尔·扎弗里尔·列维（Yael Zafrir - Levi），感谢国际战略研究所，以及戴维·彼得雷乌斯、凯文·麦克唐纳、道格拉斯·菲斯、亚伊尔·杜贝斯特、埃尔比特公司、以色列航空工业公司、拉斐尔先进防御系统公司、UVision 公司、亚当·蒂芬（Adam Tiffen）、里克·弗兰科纳，以及匿名消息来源和许多其他协助本书创作的人。同时，我要感谢我的家人，特别是我的妻子 Kasaey Damoza 对我的支持。

参考文献

[1] Bernard Gwertzman, "Weinberger to visit three Middle East Nations," New York Times, August 28, 1982, accessed June 23, 2020, https://www. nytimes. com/1982/08/28/world/weinberger – will – visit – threee – mideast – nations. html; Micah Zenko, "What else we don't know about drones," Council on Foreign Relations, February 27, 2012, accessed January 2, 2021, https://www. cfr. org/blog/what – else – we – dont – know – about – drones.

[2] Hedrick Smith, "Weinberger says pact with Israel could be restored," New York Times, June 15, 1983, accessed June 23, 2020, https://www. nytimes. com/1983/06/15/world/weinberger – says – pact – with – israel – can – be – restored. html.

[3] Israel Air Force Squadrons, IAF webpage, accessed June 23, 2020.

[4] "Israeli drones keep an electronic eye on the Arabs," New York Times, May 23, 1981, accessed June 23, 2020, https://www. nytimes. com/1981/05/23/world/israeli – drones – keep – an – electronic – eye – on – the – arabs. html; The Q – 2c Firebee cost \$ 100000 in 1962 and hundreds were built, see Military Procurement Authorizations; United States Senate, Washington, 1961, p. 456.

[5] Israel Air Force Squadrons, IAF, accessed June 23, 2020, https://www. iaf. org. il/4968 – 33518 – en/IAF. aspx.

[6] Carl A. Schuster, "Lightning Bug War Over Vietnam," History. Net, accessed March 20, 2020, Originally appeared in Feb. 2013 issue of Vietnam, https://www. historynet. com/lightning – bug – war – north – vietnam. htm.

[7] Rudolph Herzog, "Rise of the Drones," Lapham's Quarterly, Accessed June 11, 2020, https://www.laphamsquarterly.org/spies/rise-drones.
[8] Israel Drori, Shmuel Ellis, Zur Shapira, The Evolution of a New Industry, Stanford, Stanford Business Books, 2013. 56.
[9] "Israeli drones keep an electronic eye on the Arabs," New York Times, May 23, 1981, accessed June 23, 2020, https://www.nytimes.com/1981/05/23/world/israeli-drones-keep-an-electronic-eye-on-the-arabs.html; The Scout looked like a miniature version of existing planes used for spotting enemies, such as the Cessna 0-2 Skymaster, used by the US for operations in Vietnam.
[10] Yaakov Lappin, "1970s platform offers reminder of Israeli drones," The Jerusalem Post, Sept 7, 2015, Accessed June 23, 2020, https://www.jpost.com/Business-and-Innovation/1970s-platform-offers-reminder-on-origins-of-Israeli-drone-revolution-at-exhibition-415529.
[11] Carl Conetta, Charle Knight and Lutz Unterseher, "Toward Defensive Restructuring in the Middle East, research monograph," Feb. 1991, Accessed June 23, 2020, http://comw.org/pda/9703restruct.html.
[12] Emily Goldman, The Diffusion of Military Technology, p. 187, accessed June 23, 2020.
[13] Robert Frank Futrell, Ideas, Concepts, Doctrine, Basic thinking in the US air force 1964-84, vol. Ⅱ, Alabama, 1989, p. 556. "Air Power in the 1991 war" chapter online, accessed June 23, 2020, http://hdl.handle.net/10603/14933.
[14] See also The Sword of David, p. 125.
[15] Yair Dubester, The Combat in the Bakaa Valley, "Transforming joint air power," accessed June 23, 2020, http://www.japcc.org/wp-content/uploads/japcc_journal_Edition_3.pdf.
[16] Don McCarthy, The Sword of David, p. 125.
[17] PBS Frontline, "Drones," Weapons of the Gulf War, accessed May 23, 2020, https://www.pbs.org/wgbh/pages/frontline/gulf/weapons/drones.html.
[18] Yair Dubester, "30 Years of Israeli UAV Experience," JAPCC, 2006.

http://www. japcc. org/wp - content/uploads/japcc_journal_Edition_3. pdf.

[19] Yair Dubester,"30 Years of Israeli UAV Experience,"JAPCC,2006. http://www. japcc. org/wp - content/uploads/japcc_journal_Edition_3. pdf.

[20] The YF - 12,for instance,flew against drones. Steve Pace,"Projects of Skunk Works,"Voyager Press,p. 115.

[21] Steve Pace,"Projects of Skunk Works,"Voyager Press,p. 115 - 23.

[22] The French Nord Aviation made something called the CT - 20 and Saab made the RB - 08.

[23] Newcomb,Unmanned Aviation:A History,p. 83.

[24] Hearings on National Defense Authorization Act 1997,p. 832.

[25] Ibid.

[26] The Hunters used two engines, originally German - made, but later Italian - made and eight of them were bought by the US.

[27] Laurence Newcome,Unmanned Aviation:A Brief History;Emily Goldman,Lesle Eliason,The Diffusion of Military Technology and Ideas.

[28] Vector Site, Pioneer Entry, accessed June 24, 2020, https://web. archive. org/web/20110908060052/http:/www. vectorsite. net/twuav _07. html#m4.

[29] Dubester interview;Richard Haillon,Storm over Iraq:Air Power and the Gulf War.

[30] Grover Alexander,Aquila Remotely Pilot Vehicle,Lockheed,Sunnyvale California, Report April 1979, https://apps. dtic. mil/dtic/tr/fulltext/u2/a068345. pdf.

[31] Hearings on National Defense Authorization, 1996, p. 832; Unmanned Aerial Vehicles, Dod Acquisition Efforts, April 9, 1997, https://fas. org/irp/gao/nsi97138. htm; At Federation of American Scientists website,accessed June 24,2020.

[32] Hearings on Military Posture, H. R 3689, House of Representatives, Washington, 1976, https://babel. hathitrust. org/cgi/pt? id = umn. 31951d03556686k&view = 1up&seq = 255.

[33] Hearings Before the Special Reports Committee on Unmanned Aerial Vehicles, Washington, 1976, p. 3964.

[34] Vector Site, Aquila entry, accessed June 24, 2020, https://web. archive. org/web/20110908060052/http:/www. vectorsite. net/twuav _07. html#m4. It was tested in 1983 in Fort Huachuca, Arizona where Dubester had also showcased Israeli drones.

[35] Entry on PQM – 149 at Designation Systems, Accessed June 24, 2020, http://www. designation – systems. net/dusrm/m – 149. html. It lived on as a machine designated R4E – 40 used in Central America.

[36] "The Dronefather," The Economist, December 1, 2012, Accessed June 24, 2020, https://www. economist. com/technology – quarterly/2012/12/01/thedronefather.

[37] Ibid. The history of Aquila is similar to the history of the Bradley Fighting Vehicle.

[38] Emily Goldman, Leslie Eliason, Diffusion, p. 187.

[39] "New footage shows Niger attack," The Guardian, May 18, 2018, https://www. theguardian. com/world/2018/may/18/drone – footage – us – forces – desperately – trying – escape – niger – ambush.

[40] Gen. John P. Abizaid (US Army, Ret.) and Rosa Brooks, "Recommendations and Report of The Task Force on US Drone Policy," Stimson, April 2015, https://www. stimson. org/wp – content/files/file – attachments/recommendations_and_report_of_the_task_force_on_us_drone_policy_second_edition. pdf.

[41] They could scan an area up to 60 miles away. Mark Bowden, "How the Predator changed the character of war," Smithsonian Magazine, November 2013, https://www. smithsonianmag. com/history/how – the – predator – drone – changed – the – character – of – war – 3794671/.

[42] PBS Frontlines, Gulf War episode, weapons, PBS, https://www. pbs. org/wgbh/pages/frontline/gulf/weapons/drones. html.

[43] UAV procurement report to Congress, 1997, https://fas. org/irp/gao/nsi97138. htm.

[44] PBS Frontlines, Gulf War episode, weapons, PBS, https://www.

pbs. org/wgbh/pages/frontline/gulf/weapons/drones. html.

[45] Ibid.

[46] Colin Clark, Must Read Tale of Predator's Torturous Ride to Fame and Rick Whittle's Predator: The Secret Origins of the Drone Revolution.

[47] Frank Strickland, "The Early Evolution of the Predator Drone," CIA Center for the Study of Intelligence, March 2013, https://www.cia.gov/resources/csi/studies-in-intelligence/volume-57-no-1/the-early-evolution-of-the-predator-drone/.

[48] Steve Coll, Ghost Wars.

[49] Global Perspectives, YouTube video interview with Thomas Twetten, March 7, 2011, Accessed June 24, 2020, https://www.youtube.com/watch?v=egF2tuHWL5M&feature=youtu.be.

[50] A third crashed. Curtis Peebles, Dark Eagles: A History of Secret US Aircraft Programs. Random House, NY, 1997, p. 208. Karem sold Amber to General Atomics.

[51] Bill Sweetman, "Drones Developed and Forgotten," Popular Science, September 1994; see also Richard Whittle, "The Man Who Invented the Predator," Air and Space Magazine, April 2013, accessed July 11, 2020, https://www.airspacemag.com/flight-today/the-man-who-invented-the-predator-3970502/?page=3. For more on the Scarab see Tyler Rogoway and Joseph Trevithick, "The US sold this spy drone to Egypt," The Drive, Nov. 17, 2018, accessed July 11, 2020, https://www.thedrive.com/the-war-zone/24966/the-united-states-sold-egypt-this-unique-stealth-recon-drone-called-scarab-in-the-1980s. It seemed the UAV market would be dominated by Teledyne Ryan's Scarab and Development Sciences Sky Eye or other ideas that were percolating around at the time.

[52] Unit cost was estimated at $16 million a drone. Overall 286 were built with 100 still flying by 2018, see Deniz Cam and Christopher Helman, "The Quiet Billionaires Behind America's Predator Drone," Forbes, Jan. 7, 2020, accessed July 11, 2020, https://www.forbes.com/sites/denizcam/2020/01/07/the-quiet-billionaires-behind-americas-

predator – drone – that – killed – irans – soleimani/? sh = 4fb6c6895cb0.

[53] Frank Strickland, "The Early Evolution of the Predator Drone," CIA Center for the Study of Intelligence, March 2013, https://www.cia.gov/resources/csi/studies – in – intelligence/volume – 57 – no – 1/the – early – evolution – of – the – predator – drone/.

[54] "To be effective as a persistent surveillance platform, however, the UAV also had to be able to receive instructions and deliver its data from places far from its ground control site," Studies in Intelligence 57, March 2013, p. 3.

[55] Newcombe, Unmanned Aircraft.

[56] Taylor BaldwinKiland, Strategic Inventions of the War on Terror, New York: Cavendish, 2017 p. 25.

[57] Rick Francona to author, email interview, May 20, 2020.

[58] Frank Strickland, "The Early Evolution of the Predator Drone," CIA Center for the Study of Intelligence, March 2013, https://www.cia.gov/resources/csi/studies – in – intelligence/volume – 57 – no – 1/the – early – evolution – of – the – predator – drone/.

[59] Richard Whittle, "The Man Who Invented the Predator," Air and Space Magazine, 2013, https://www.airspacemag.com/flight – today/the – man – who – invented – the – predator – 3970502/? page = 4.

[60] See David Axe, Shadow Wars, p. 19.

[61] Coll, Ghost Wars.

[62] See Axe, Shadow Wars, p. 42.

[63] Testimony to Congress, 1996, Hearings on National Defense Authorization Act, p. 836.

[64] Hasik, Arms and Innovation.

[65] Coll, Ghost Wars.

[66] Coll, Ghost Wars, p. 300.

[67] Perry Memo, 1996, https://nsarchive2.gwu.edu/NSAEBB/NSAEBB484/docs/Predator – Whittle% 20Document% 202% 20 – % 20Air% 20Force% 20assigned% 20as% 20Predator% 20lead% 20service% 209%

20April% 201996. pdf.

[68] Interview with Brad Bowman, March 2, 2020.

[69] Clark Memo, https://nsarchive2. gwu. edu/NSAEBB/NSAEBB484/docs/Predator - Whittle% 20Document% 203% 20 -% 20Snake% 20Clark% 20Taszar% 20trip% 20report% 20% 2028% 20April% 201997. pdf.

[70] This particular UAV concept died out in October of the same year. Testimony on US UAV efforts to Congress, 1997, https://fas. org/irp/gao/nsi97138. htm.

[71] Deutsch Memo, July 12, 1993, https://nsarchive2. gwu. edu/NSAEBB/NSAEBB484/docs/Predator - Whittle% 20Document% 201% 20 -% 20Deutch% 20Endurance% 20UAV% 20Memo% 2012% 20July% 201993. pdf.

[72] Axe, Shadow Wars, p. 42.

[73] "Predator" Memo, Department of the Air Force, April 28, 1997, https://nsarchive2. gwu. edu/NSAEBB/NSAEBB484/docs/Predator - Whittle% 20Document% 203% 20 -% 20Snake% 20Clark% 20Taszar% 20trip% 20report% 20% 2028% 20April% 201997. pdf.

[74] Clark Memo, https://nsarchive2. gwu. edu/NSAEBB/NSAEBB484/docs/Predator - Whittle% 20Document% 203% 20 -% 20Snake% 20Clark% 20Taszar% 20trip% 20report% 20% 2028% 20April% 201997. pdf.

[75] Richard Whittle, Predator: The Secret Origins of the Drone Revolution; Document list at website on history of the Predator, accessed June 24, 2020, https://nsarchive2. gwu. edu/NSAEBB/NSAEBB484/.

[76] Ibid.

[77] US Air Force Bio, Joseph Ralston, https://www. af. mil/About - Us/Biographies/Display/Article/105866/general - joseph - w - ralston/.

[78] Air Force Magazine, December 1995, p. 27.

[79] "The Term 'CINC' is Sunk," Afterburner: News for Retired USAF Personnel, Vol. 45, no. 1, January 2003, page 4, https://www. retirees. af. mil/Portals/53/documents/AFTERBURNER - ARCHIVE/Afterburner - Januar-

y% 202003. pdf? ver = 2016 - 08 - 16 - 133713 - 257.
[80] Ralston, Air Force Magazine, December 1995.
[81] Ronald Wilson, "Eyes in the Sky," Military Intelligence Professional, Volume 22, 1996, p. 16.
[82] This is called C4i. Ibid.
[83] Charles Thomas, Vantage Point, Military Intelligence Professional Bulletin, Volume 22, p. 2.
[84] Ibid.
[85] Testimony on US UAV efforts to Congress, 1997, https://fas. org/irp/gao/nsi97138. htm.
[86] FAS details website backup. "Outrider Tactical UAV," FAS Intelligence Resource Program, https://fas. org/irp/program/collect/outrider. htm.
[87] Vector Site web archive, accessed June 24, 2020, https://web. archive. org/web/20110908060052/http:/www. vectorsite. net/twuav_07. html#m6.
[88] Testimony to Congress on UAV procurement, 1997, https://fas. org/irp/gao/nsi97138. htm.
[89] Tim Ripley, The Air War, London: Pen and Sword, 2004. p. 50.
[90] Bill Sweetman, "Drones: Invented and Forgotten," Popular Science, September 1994.
[91] US Air Force Magazine, Volumes 79 - 80, May 1997.
[92] Major Keith E. Gentile, "The Future of Airborne Reconnaissance," FAS, March 27, 1996, https://fas. org/irp/eprint/gentile. htm.
[93] US Air Force Magazine, Volumes 79 - 80, May 1997, p. 189.
[94] Hearings on National Defense Authorization, 1996, p. 833.
[95] Stephen Trimble, "Lockheed's Skunk Works Reveals Missing Link in Secret UAV History," Flight Global, March 26, 2018, https://www. flightglobal. com/civil - uavs/lockheeds - skunk - works - reveals - missing - link - in - secret - uav - history/127509. article.
[96] Vector Site Web Archive, accessed June 24, 2020, https://web. archive. org/web/20110907171245/http:/www. vectorsite. net/twuav_13. ht-

ml#m5.

[97] AndrewTarantola,"Why Did Lockheed Blow Up Its Own Prototype UAV Bomber?"Gizmodo,March 20,2014,https://gizmodo.com/why-did-lockheed-blow-up-its-own-prototype-uav-bomber-1532210554;Also"Lockheed Confirms P-175 Polecat UAV Crash," Flight Global, March 20, 2007, https://www.flightglobal.com/lockheed-confirms-p-175-pole-cat-uav-crash/72561.article.

[98] Hearings on National Defense Authorization,1996,p. 833.

[99] Ibid.

[100] Hearings on National Defense Authorization,1996,p. 840.

[101] Ibid.

[102] Dr. Daniel L. Haulman,"U. S. Unmanned Aerial Vehicles in Combat, 1991-2003," June 9, 2003, accessed May 23, 2020, https://apps.dtic.mil/dtic/tr/fulltext/u2/a434033.pdf.

[103] "Defying the years,Global Hawk Goes from Strength to Strength," Shepherd Media, November 27, 2019, https://www.shephardmedia.com/news/uv-online/defying-years-global-hawk-goes-strength-strength/.

[104] "Teledyne Ryan Rolls Out Global Hawk UAV," Aviation Week Network,February 21,1997,https://aviationweek.com/teledyne-ryan-rolls-out-global-hawk-uav;"Teledyne Ryan Plans First Engine Runs of Global Hawk," Flight Global, December 18, 1996, https://www.flightglobal.com/teledyne-ryan-plans-first-engine-runs-of-global-hawk-reconnaissance-uav/4878.article. The company used ideas from its Cope-R and Compass Arrow designs.

[105] Testimony to Congress on UAV procurement,1997,https://fas.org/irp/gao/nsi97138.htm.

[106] "Northrop Grumman Celebrates 20th Anniversary of Global Hawk's First Flight,"Northup Grumman,February 28,2018,accessed June 24, 2020, https://news.northropgrumman.com/news/releases/northrop-grumman-celebrates-20th-anniversary-of-global-hawks-first-flight.

[107] Ibid.
[108] Bill Kanzig, Global Hawk Systems Engineering Case Study, Air Force Center for Systems Engineering, 2010.
[109] "Defying the Years: Global Hawk Goes from Strength – to – Strength (Studio)," Shephard Media, November 27, 2019, https://www.shephardmedia.com/news/uv – online/defying – years – global – hawk – goes – strength – strength/.
[110] Bill Kanzig, MacAulay – Brown, Inc., "Global Hawk Systems Engineering Case Study, Air Force Center for Systems Engineering," Air Force Center for Systems Engineering, Wright – Patterson AFB, 2010, https://www.lboro.ac.uk/media/wwwlboroacuk/content/systems – net/downloads/pdfs/GLOBAL% 20HAWK% 20SYSTEMS% 20ENGINEERING% 20CASE% 20STUDY.pdf. AV – 3 also had an accident in December 1999, driving off the runway and crushing its nose gear. That air vehicle continued flying until 2008 when it was put on display at the Air Force Museum at Wright – Patterson.
[111] "RQ – 4A Global Hawk (Tier Ⅱ + HAE UAV)," FAS Intelligence Resource Program, https://fas.org/irp/program/collect/global _ hawk.htm.
[112] "Prototype Global Hawk Flies Home after 4000 Combat Hours," Tech. Sgt. Andrew Leonard, 380th Air Expeditionary Wing Public Affairs, Air Force Link, 14 February 2006.
[113] "Defying the Years: Global Hawk Goes from Strength – to – Strength (Studio)," Shephard Media, November 27, 2019, https://www.shephardmedia.com/news/uv – online/defying – years – global – hawk – goes – strength – strength/.
[114] Northup Grumman Aeorspace Systems, "Global Hawk Turns 20," Edwards Air Force Base, February 28, 2018, https://www.edwards.af.mil/News/Article/1453679/global – hawk – turns – 20/.
[115] Bill Kanzig, MacAulay – Brown, Inc., "Global Hawk Systems Engineering Case Study, Air Force Center for Systems Engineering," Air Force Center for Systems Engineering, Wright – Patterson AFB, 2010, https://

www. lboro. ac. uk/media/wwwlboroacuk/content/systems – net/downloads/pdfs/GLOBAL% 20HAWK% 20SYSTEMS% 20ENGINEERING% 20CASE% 20STUDY. pdf.

[116] "RQ – 4A 'Global Hawk'," Museum of Aviaton Foundation, accessed June 24, 2020, https://museumofaviation. org/portfolio/rq – 4a – global – hawk/.

[117] Bill Kanzig, MacAulay – Brown, Inc., "Global Hawk Systems Engineering Case Study, Air Force Center for Systems Engineering," Air Force Center for Systems Engineering, Wright – Patterson AFB, 2010, https://www. lboro. ac. uk/media/wwwlboroacuk/content/systems – net/downloads/pdfs/GLOBAL% 20HAWK% 20SYSTEMS% 20ENGINEERING% 20CASE% 20STUDY. pdf.

[118] Ibid.

[119] Ibid.

[120] "RQ – 4A 'Global Hawk'," Museum of Aviaton Foundation, accessed June 24, 2020, https://museumofaviation. org/portfolio/rq – 4a – global – hawk/.

[121] Bill Kanzig, MacAulay – Brown, Inc., "Global Hawk Systems Engineering Case Study, Air Force Center for Systems Engineering," Air Force Center for Systems Engineering, Wright – Patterson AFB, 2010, https://www. lboro. ac. uk/media/wwwlboroacuk/content/systems – net/downloads/pdfs/GLOBAL% 20HAWK% 20SYSTEMS% 20ENGINEERING% 20CASE% 20STUDY. pdf.

[122] Ibid, p. 76.

[123] Ibid.

[124] Jeffrey Richelson, The US Intelligence Community.

[125] Greg Goebel, "Modern US Endurance UAVs," TUAV, March 1, 2010, https://web. archive. org/web/20110907171245/http:/www. vectorsite. net/twuav_13. html#m5.

[126] Kara Platoni, "That's Professor Global Hawk," Air and Space Magazine, May 2011, https://www. airspacemag. com/flight – today/thats – professor – global – hawk – 433583/.

[127] Department of Defense procurement testimony 1997, https://fas.org/irp/gao/nsi97138.htm.

[128] Testimony to Congress on procurement, https://fas.org/irp/gao/nsi97138.htm.

[129] "The Northrop Grumman MQ-4 Triton is the Naval Equivalent of the Land-Based RQ-4 Global Hawk UAV with Notable Changes to Suit the Maritime Role," Military Factory, Last Edited November 3, 2020, https://www.militaryfactory.com/aircraft/detail.asp? aircraft_id=983.

[130] Greg Goebel, "Modern US Endurance UAVs," TUAV, March 1, 2010, https://web.archive.org/web/20110907171245/http:/www.vectorsite.net/twuav_13.html#m5.

[131] Jeffrey Richelson, The US Intelligence Community.

[132] David Axe, "The U.S. Drone Shot Down by Iran is $200 Million Prototype Spy Plane," The Daily Beast, June 20, 2019, https://www.thedailybeast.com/bams-d-drone-shot-down-by-iran-is-a-dollar200-million-prototype-spy-plane.

[133] "CENTCOM Releases Video of US Navy BAMS-D Shoot Down Over-Straight of Hormuz," Naval Today, June 21, 2019, https://www.navaltoday.com/2019/06/21/centcom-releases-video-of-us-navy-bams-d-shoot-down-over-strait-of-hormuz/.

[134] Patrick Tucker, "How the Pentagon Nickel-and-Dimed Its Way Into Losing a Drone," Defense One, June 20, 2019, https://www.defenseone.com/technology/2019/06/how-pentagon-nickel-and-dimed-its-way-losing-drone/157901/.

[135] "Tracked and Killed," Middle East Eye, Jan 4, 2020. Accessed June 25, 2020.

[136] TOI Staff, "Four Hellfire Missiles and a Severed Hand: The Killing of Qassem Soleimani," The Times of Israel, Jan. 3, 2020, Accessed June 25, 2020, https://www.timesofisrael.com/four-hellfire-missiles-and-a-severed-hand-the-killing-of-qassem-soleimani/.

[137] Reuters Staff, "Trump Gives Dramatic Account of Soleimani's Death: CNN," Reuters, January 18, 2020, Accessed August 30, 2020, https://

www. reuters. com/article/us – usa – trump – iran/trump – gives – dramatic – account – of – soleimanis – last – minutes – before – death – cnn – idUSKBN1ZH0G3.

[138] "As Iran Missiles Battered Iraq Base, US Lost Eyes in the Sky," Bangkok Post, January 15, 2020, https://www. bangkokpost. com/world/1836219/as – iran – missiles – battered – iraq – base – us – lost – eyes – in – sky.

[139] Interview with Douglas Feith, March 15, 2020.

[140] P. W. Singer, Wired for War.

[141] Headquarters Air Combat Command, Cable, "RQ – 1, Predator, Program Direction," May 1, 2000; Richard Whittle, Predator: The Secret Origins of the Drone Revolution; Document list at website on history of the Predator, accessed June 24, 2020, https://nsarchive2. gwu. edu/NSAEBB/NSAEBB484/.

[142] Department of the Air Force, Emails, "Predator Weaponization and INF Treaty," September 2000; Richard Whittle, Predator: The Secret Origins of the Drone Revolution; Document list at website on history of the Predator, accessed June 24, 2020, https://nsarchive2. gwu. edu/NSAEBB/NSAEBB484/.

[143] Richard Whittle, Predator: The Secret Origins of the Drone Revolution; Document list at website on history of the Predator, accessed June 24, 2020, https://nsarchive2. gwu. edu/NSAEBB/NSAEBB484/.

[144] Ibid; Clarke Memo, https://nsarchive2. gwu. edu/NSAEBB/NSAEBB147/clarke% 20attachment. pdf.

[145] Christopher J. Fuller, "The Origins of the Drone Program," Lawfare, February 18, 2018, https://www. lawfareblog. com/origins – drone – program.

[146] Richard Whittle, Predator: The Secret Origins of the Drone Revolution; Document list at website on history of the Predator, accessed June 24, 2020, https://nsarchive2. gwu. edu/NSAEBB/NSAEBB484/.

[147] Ibid.

[148] Christopher J. Fuller, "The Origins of the Drone Program," Lawfare,

February 18, 2018, https://www. lawfareblog. com/origins – drone – program.

[149] Christopher Westland, Global Innovation Management, p. 264. At the time there were only forty – two Predators in service and four had been lost in Kosovo operations. Overall, eleven had been lost due to other reasons. Each Predator system consisted of four vehicles, one ground control station, and satellite link. By 2001 there were eighty vehicles under contract and twelve ground control stations. While ten Predators were in use, the rest were with the 11th and 15th Reconnaissance Squadrons. See 2001 Congressional testimony, Department of Defense appropriations hearngs, p. 247, accessed July 11, 2020.

[150] P. W Singer, Wired for War.

[151] Laurence Newcome, Unmanned Aviation: A Brief History of Unmanned Aerial Vehicles, p. 83.

[152] Mark Bowden, "How the Predator Drone Changed the Character of War," Smithsonian Magazine, November 2013, https://www. smithsonianmag. com/history/how – the – predator – drone – changed – the – character – of – war – 3794671/.

[153] Ibid. Predators fired at 115 targets in their first year in Afghanistan.

[154] 150 were put to production in the following years. Singer, Wired for War.

[155] David Glade, UAVs: Implications for Military Operations. 2000.

[156] Daniel McGrory, Michael Evans, and Elaine Monaghan, "Robotic Warfare Leaves Terrorists No Hiding Place," The Times, November 6, 2002, https://www. thetimes. co. uk/article/robotic – warfare – leaves – terrorists – no – hiding – place – 0srcfhq7nq5.

[157] His full name was Qaed Salim Sinyan Al – Harethi; James Hasik, Arms and Innovation: Entrepreneurship and Innovation in the 21st Century.

[158] Avery Plaw, "The Legality of Targeted Killing as an Instrument of War: The Case of the US Targeting Qaed Salim Sinan al – Harethi," The Metamorphisis of War, p. 55 – 72.

[159] Philip Smucker, "The Intrigue Behind the Drone Strike," The Chris-

tian Science Monitor, November 12, 2002, https://www.csmonitor.com/2002/1112/p01s02-wome.html.

[160] Ibid.

[161] Christopher J. Fuller, "The Origins of the Drone Program," Lawfare, February 18, 2018, https://www.lawfareblog.com/origins-drone-program.

[162] Some proposed arming the drones with AIM-92 Stinger missiles. War is Boring, "Yes, America Has Another Secret Spy Drone—We Pretty Much Knew That Already," Medium, December 6, 2013, https://medium.com/war-is-boring/yes-america-has-another-secret-spy-drone-we-pretty-much-knew-that-already-41df448d1700.

[163] James Hasik, Arms and Innovation: Entrepreneurship and Innovation in the 21st Century.

[164] Ibid.

[165] Singer, Wired for War.

[166] Senior Airman James Thompson, "Sun Setting the MQ-1 Predator: A History of Innovation," Nellis Air Force Base, February 14, 2018, accessed June 25, 2020, https://www.nellis.af.mil/News/Article/1442622/sun-setting-the-mq-1-predator-a-history-of-innovation/.

[167] Singer, Wired for War.

[168] Singer, Wired for War.

[169] K. Valavanis and George J. Vachtsevanos (Eds.), Handbook of Unmanned Aerial Vehicles.

[170] "Transforming Joint Air Power," The Journal of the JAPCC, 2006, http://www.japcc.org/wp-content/uploads/japcc_journal_Edition_3.pdf.

[171] Steve Linde, "50 Years Later, Ammunition Hill Hero Recalls Key Battle for Jerusalem," The Jerusalem Post, February 6, 2017, https://www.jpost.com/israel-news/50-years-later-ammunition-hill-hero-recalls-key-battle-for-jerusalem-480727.

[172] Interview with Gal Papier at Rafael, May 4, 2020.

[173] Interview with Richard Kemp, March 2, 2020.

[174] Interview with Kevin McDonald, April 27, 2020.

[175] "Transforming Joint Air Power," The Journal of the JAPCC, Edition 3, p. 24, 2006, http://www.japcc.org/wp - content/uploads/japcc_journal_Edition_3.pdf.

[176] David Mets, Airpower and Technology.

[177] Rudolph Herzog, "Rise of the Drones," Lapham's Quarterly, accessed June 11, 2020, https://www.laphamsquarterly.org/spies/rise - drones.

[178] Dan Hawkins, "RPA Training Next Transforms Pipeline to Competency - Based Construct," U. S. Air Force, June 3, 2020, Accessed July 7, 2020, https://www.af.mil/News/Article - Display/Article/2207074/rpa - training - next - transforms - pipeline - to - competency - based - construct/.

[179] Interview with unidentified drone operator, July 4, 2020.

[180] See also Tony Guerra, "Rank & Job Description of Air Force Drone Pilots," Chron, Accessed July 7, 2020, https://work.chron.com/rank - job - description - air - force - drone - pilots - 20092.html; See also job description for "Remote Piloted Aircraft Pilot," U. S. Air Force, accessed July 7, 2020, https://www.airforce.com/careers/detail/remotely - piloted - aircraft - pilot.

[181] Brett Velicovich, Drone Warrior, page 10.

[182] Joseph Trevithick, "USAF Reveals Details," The Drive, July 13, 2018, https://www.thedrive.com/the - war - zone/22158/usaf - reveals - details - about - some - of - its - most - secretive - drone - units - with - new - awards; See also 432nd Wing/432nd Air Expeditionary Wing Public Affairs, "Air Force Awards First Remote Device: Dominant Persistent Attack Aircrew Recognized," Air Combat Command, July 11, 2018, accessed July 7, 2020, https://www.acc.af.mil/News/Article - Display/Article/1572831/air - force - awards - first - remote - device - dominant - persistent - attack - aircrew - recogni/.

[183] Greg Goebel, "Modern US Endurance UAVs," TUAV, March 1, 2010, https://web.archive.org/web/20110907171245/http:/www. vector-

site. net/twuav_13. html#m5.

[184] James Hasik, Arms and Innovation: Entrepreneurship and Innovation in the 21st Century.

[185] See Permanent War: Rise of the Drones, The Washington Post, August 13, 2013.

[186] Christopher Fuller, See it/shoot it, p. 127.

[187] "The Drone War in Pakistan," New America Foundation, https://www. newamerica. org/international – security/reports/americas – counterterrorism – wars/the – drone – war – in – pakistan/.

[188] Ibid.

[189] Interview with anonymous former drone pilot.

[190] Alice Ross, Chris Woods, and Sarah Leo, "The Reaper Presidency: Obama's 300th Drone Strike in Pakistan," The Bureau of Investigative Journalism, December 3, 2012, https://www. newamerica. org/international – security/reports/americas – counterterrorism – wars/the – drone – war – in – pakistan/.

[191] Ibid.

[192] Ibid.

[193] Christian Brose, Kill Chain: Defending America in the Future, p. 138.

[194] Christopher J. Fuller, "The Eagle Comes Home to Roost: The Historical Origins of the CIA's Lethal Drone Program," Intelligence and National Security, p. 769 – 792, May 1, 2014, https://www. tandfonline. com/doi/abs/10. 1080/02684527. 2014. 895569.

[195] Reapers, flown from Creech in Nevada, and run by the 9th Attack Squadron at Holloman in New Mexico. Jeffrey Richelson, The US Intelligence Community.

[196] Ibid.

[197] Ibid.

[198] WikiLeaks, "Scenesetter: Turkey's CHOD and Minister of Defense Travel to Washington," Public Library of US Diplomacy, May 28, 2009, https://wikileaks. org/plusd/cables/09ANKARA756_a. html.

[199] "US Terminates Secret Drone Programme with Turkey: US Officials,"

Middle East Eye, February 5, 2020, https://www. middleeasteye. net/news/us – terminates – secret – drone – program – turkey – us – officials.

[200] WikiLeaks, "Pakistan Media Reaction: February 03, 2010," Public Library of US Diplomacy, February 3, 2010, https://wikileaks. org/plusd/cables/10ISLAMABAD265_a. html.

[201] Fuller, See it, shoot it, p. 236.

[202] Christopher Fuller argues thatit likely reduced US casualties in Afghanistan. Fuller, p. 237.

[203] Gen. John P. Abizaid (US Army, Ret.) and Rosa Brooks, "Recommendations and Report of The Task Force on US Drone Policy," Stimson, April 2015, https://www. stimson. org/wp – content/files/file – attachments/recommendations_and_report_of_the_task_force_on_us_drone_policy_second_edition. pdf.

[204] James Clark, ISR innovation director at the Air Force said ninety percent of missions were in combat. Senior Airman James Thompson, "Sun Setting the MQ – 1 Predator: A History of Innovation," Nellis Air Force Base, February 14, 2018, accessed June 25, 2020, https://www. nellis. af. mil/News/Article/1442622/sun – setting – the – mq – 1 – predator – a – history – of – innovation/.

[205] Ibid. For details on the life of the pilots, see Senior Airman Christian Clausen, "Flying the RPA Mission," U. S. Air Force, March 22, 2016, accessed July 7, 2020, https://www. af. mil/News/Article – Display/Article/699974/flying – the – rpa – mission/.

[206] In 1965, for instance, the US had flown 55000 sorties in Vietnam during Operation Rolling Thunder. Michael Clodfetter, Warfare and Armed Conflict, New York: 2017, Accessed June 27, 2020.

[207] Joseph Trevithick and Tyler Rogoway, "Shedding Some Light on the Air Force's Most Shadowy Drone Squadron," The Drive, April 25, 2018. Accessed June 27, 2020, https://www. thedrive. com/the – war – zone/19318/uncovering – the – air – forces – most – mysterious – drone – squadron.

[208] For details see the US Air Force website,432nd list of articles,https://www.acc.af.mil/News/Tag/84014/432nd – wing432nd – air – expeditionary – wing/; 15th Attack Squadron, https://www.acc.af.mil/News/Tag/89078/15th – attack – squadron/;11th Attack Squadron, https://www.acc.af.mil/News/Tag/84124/11th – attack – squadron/;and Senior Airman James Thompson, "Sun Setting the MQ – 1 Predator:A History of Innovation," Nellis Air Force Base, February 14,2018, accessed June 25, 2020, https://www.nellis.af.mil/News/Article/1442622/sun – setting – the – mq – 1 – predator – a – history – of – innovation/.

[209] Stephen Jones to author,interview,June 28,2020.

[210] US Air Force biography sent to author by US Air Force.

[211] Ibid.

[212] Accidents Will Happen,Drone Wars UK,p. 14.

[213] Micah Zenko,"What Was That Drone Doing in Benghazi?"Council on Foreign Relations, November 2, 2012, https://www.cfr.org/blog/what – was – drone – doing – benghazi.

[214] Mark Thompson,"Why the U.S. Military Can't Kill the Benghazi Attackers With a Drone Strike," TIME, February 2, 2014, https://time.com/3316/why – the – u – s – military – cant – kill – the – benghazi – attackers – with – a – drone – strike/.

[215] See screenshot of testimony. Mark Thompson,"Why the U.S. Military Can't Kill the Benghazi Attackers With a Drone Strike,"TIME,February 2,2014,https://time.com/3316/why – the – u – s – military – cant – kill – the – benghazi – attackers – with – a – drone – strike/.

[216] Christopher J. Fuller,"The Origins of the Drone Program,"Lawfare, February 18,2018,https://www.lawfareblog.com/origins – drone – program.

[217] Inside the rescue operations. David Axe,"8000 Miles,96 Hours,3 Dead Pirates:Inside a Navy Seal Rescue,Wired,October 17,2012,https://www.wired.com/2012/10/navy – seals – pirates/.

[218] Tanya Somanader, "The President Addresses the Nation on a

U. S. Counterterrorism Operation in January," The White House: President Barack Obama, April 23, 2015, https://obamawhitehouse. archives. gov/blog/2015/04/23/president – addresses – nation – us – counterterrorism – operation – january.

[219] Alice Ross, Chris Woods, and Sarah Leo, "The Reaper Presidency: Obama's 300th Drone Strike in Pakistan," The Bureau of Investigative Journalism, December 3, 2012, https://www. newamerica. org/international – security/reports/americas – counterterrorism – wars/the – drone – war – in – pakistan/; For Pakistan, see "The Drone War in Pakistan," New America Foundation, https://www. newamerica. org/international – security/reports/americas – counterterrorism – wars/the – drone – war – in – pakistan/.

[220] Gen. John P. Abizaid (US Army, Ret.) and Rosa Brooks, "Recommendations and Report of The Task Force on US Drone Policy," Stimson, April 2015, https://www. stimson. org/wp – content/files/file – attachments/recommendations_and_report_of_the_task_force_on_us_drone_policy_second_edition. pdf.

[221] Christopher J. Fuller, "The Origins of the Drone Program," Lawfare, February 18, 2018, https://www. lawfareblog. com/origins – drone – program.

[222] Jeremy Scahill, "Find, Fix Finish: For the Pentagon, Creating an Architecture of Assasination Meant Navigating a Turf War with the CIA," The Intercept, October 15, 2015, https://theintercept. com/drone – papers/find – fix – finish/.

[223] Joseph Trevithick, "USAF reveals details about some of its most secretive units," The Drive, July 12, 2018, accessed June 27, 2020.

[224] See document by The Intercept on TF 84 – 4 operations, https://theintercept. com/document/2015/10/14/small – footprint – operations – 5 – 13/#page – 5.

[225] Nick Turse, "Target Africa: The U. S. Military's Expanding Footprint in East Africa and the Arabian Peninsula," The Intercept, October 15, 2015, https://theintercept. com/drone – papers/target – africa/; See

document by The Intercept on TF 84 – 4 operations, https://theintercept. com/document/2015/10/14/small – footprint – operations – 5 – 13/#page – 5.

[226] Amnesty International, "Will I Be Next?: US Drone Strikes in Pakistan," Amnesty International Publications, 2013, https://www. amnestyusa. org/files/asa330132013en. pdf.

[227] Ibid.

[228] Ibid.

[229] Micah Zenko, "Redefining the Obama Administration's Narrative on Drones," Council on Foreign Relations, June 13, 2013, accessed June 27, 2020, https://www. cfr. org/blog/refining – obama – administrations – drone – strike – narrative.

[230] Amnesty International, "Will I Be Next?: US Drone Strikes in Pakistan," Amnesty International Publications, p. 19, 2013, https://www. amnestyusa. org/files/asa330132013en. pdf.

[231] Ibid.

[232] ACLU, "Al – Aulaqi v. Panetta—Constitutional Challenge to Killing of Three U. S. Citizens," June 4, 2014, https://www. aclu. org/cases/al – aulaqi – v – panetta – constitutional – challenge – killing – three – us – citizens.

[233] Ibid.

[234] Jon Shelton, "Court Hears Case on Germany's role in US Drone Deaths in Yemen," DW, March 14, 2019, https://www. dw. com/en/court – hears – case – on – germanys – role – in – us – drone – deaths – in – yemen/a – 47921862.

[235] "UN Rights Experts Call for Transparency in the Use of Armed Drones, Citing Risks of Illegal Use," UN News, October 25, 2013, https://news. un. org/en/story/2013/10/453832 – un – rights – experts – call – transparency – use – armed – drones – citing – risks – illegal – use.

[236] Dana Hughes, "US Drone Strikes in Pakistan Are Illegal, Says UN Terrorism Official," ABC News, March 16, 2013, https://abc-

news. go. com/blogs/politics/2013/03/us - drone - strikes - in - pakistan - are - illegal - says - un - terrorism - official/.

[237] Ibid.

[238] Don McCarthy, The Sword of David, p. 125.

[239] See for instance, "Armed Drones in the Middle East," RUSI, accessed June 27, 2020, https://drones. rusi. org/countries/israel/; Michael R. Stolley, Unmanned Vanguard: Leveraging the Israeli Unmanned Aircraft System Program, April 2012, p. 5, https://apps. dtic. mil/dtic/tr/fulltext/u2/1022968. pdf; João Ferreira, "Parliamentary Questions: EU Agencies' Relationships with Companies Violating Human Rights," European Parliament, April 12, 2020, accessed June 27, 2020, https://www. europarl. europa. eu/doceo/document/E - 9 - 2020 - 002217_EN. html; also the website https://whoprofits. org/company/elbit - systems/.

[240] Israel's Drone Wars: An Update, Drone Wars UK, p. 5 - 6, November, 2019.

[241] Aurora Intel, @AuroraIntel, "#IDF Hermes 450 UAV captured on video over #Lebanon earlier today. #Israel," May 19, 2020. Tweet accessed May 19, 2020, https://twitter. com/AuroraIntel/status/1262684924177534976.

[242] "UAV Crash in Lebanon Reveals Secret Israeli Weapon," South Front, April 1, 2018, Accessed May 19, 2020, https://southfront. org/uav - crash - in - lebanon - reveals - secret - israeli - weapon/.

[243] "European Parliament Resolution of 27 February 2014 on the Use of Armed Drones," European Parliament, February 27, 2014, Strasbourg, https://www. europarl. europa. eu/doceo/document/TA - 7 - 2014 - 0172_EN. html? redirect.

[244] Ibid.

[245] See for instance, Wiki Leaks, "(Enemy Action) Direct Fire RPT (RPG, Small Arms) TF Red Currahee (Reaper 7)," July 27, 2008, https://wikileaks. org/afg/event/2008/07/AFG20080727n1367. html; "Counting Drone Strike Deaths," Human Rights Clinic at Columbia

Law School, October 2012, https://web. law. columbia. edu/sites/default/files/microsites/human – rights – institute/files/COLUMBIA-CountingDronesFinal. pdf; The Center for the Study of the Drone at Bard College, https://dronecenter. bard. edu/; The Intercept' s "The Drone Papers," https://theintercept. com/drone – papers/; "Pakistan: Reported US Strikes 2010," The Bureau of Investigative Journalism, https://www. thebureauinvestigates. com/drone – war/data/obama – 2010 – pakistan – strikes; Peter Bergen, Melissa Salyk – Virk, and David Sterman, "World of Drones," July 30, 2020, New America, https://www. newamerica. org/international – security/reports/world – drones/.

[246] Gen. John P. Abizaid (US Army, Ret.) and Rosa Brooks, "Recommendations and Report of The Task Force on US Drone Policy," Stimson, April 2015, https://www. stimson. org/wp – content/files/file – attachments/recommendations_and_report_of_the_task_force_on_us_drone_policy_second_edition. pdf.

[247] Ibid.

[248] Ibid.

[249] See SOCOM Aspen Institute. Benjamin Wittes, "More Videos from the Aspen Security Forum: A Look Into SOCOM," July 27, 2015. https://www. lawfareblog. com/more – videos – aspen – security – forum.

[250] Jeremy Scahill, "Find, Fix Finish: For the Pentagon, Creating an Architecture of Assasination Meant Navigating a Turf War with the CIA," The Intercept, October 15, 2015, https://theintercept. com/drone – papers/find – fix – finish/.

[251] "Statement of General Raymond A. Thomas, Ⅲ, U. S. Army Commander, United States Special Operations Command Before the House Armed Services Committee Subcommittee on Emerging Threats and Capabilities," February 15, 2018, https://docs. house. gov/meetings/AS/AS26/20180215/106851/HHRG – 115 – AS26 – Wstate – ThomasR – 20180215. pdf; also Cora Currier and Peter Maass, "Firing Blind: Flawed Intelligence and the Limits of Drone Technology," The

Intercept, October 15, 2015, https://theintercept. com/drone - papers/firing - blind/.

[252] Gen. John P. Abizaid (US Army, Ret.) and Rosa Brooks, "Recommendations and Report of The Task Force on US Drone Policy," Stimson, April 2015, https://www. stimson. org/wp - content/files/file - attachments/recommendations_and_report_of_the_task_force_on_us_drone_policy_second_edition. pdf.

[253] Christopher J. Fuller, "The Origins of the Drone Program," Lawfare, February 18, 2018, https://www. lawfareblog. com/origins - drone - program.

[254] Wim Zwijnenburg, interview, March 3, 2020.

[255] James Hasik, Arms and Innovation: Entrepreneurship and Innovation in the 21st Century.

[256] Valerie Insinna, "US Air Force Relaunches Effort to Replace MQ - 9 Reaper Drone," Defense News, June 4, 2020, https://www. defensenews. com/air/2020/06/04/the - air - force - is - looking - for - a - next - gen - replacement - to - the - mq - 9 - reaper - drone/.

[257] Gordon Lubold and Warren P. Strobel, "Secret U. S. Missile Aims to Kill Only Terrorists, Not Nearby Civillians," The Wall Street Journal, May 9, 2019, https://www. wsj. com/articles/secret - u - s - missile - aims - to - kill - only - terrorists - not - nearby - civilians - 11557403411.

[258] Thomas Barnett, The Pentagon' s New Map, New York: Putnam, 2004.

[259] The company was later purchased by Northrop.

[260] For one list see "Non - State Actors with Drone Capabilities," New America, https://www. newamerica. org/international - security/reports/world - drones/non - state - actors - with - drone - capabilities/.

[261] Terrorists develop UAVs, December 6, 2005; http://www. armscontrol. ru/UAV/mirsad1. htm.

[262] Syrian intelligence aided Hezbollah drone incursion, US diplomatic cable; WikiLeaks, "MGLE01: Syrian Intelligence May Have Worked

with Hizballah on UAV Launchings," Public Library of US Diplomacy, April 25, 2005, https://wikileaks.org/plusd/cables/05BEIRUT1322_a.html.

[263] US Dialogue, WikiLeaks, "U.S./IS Dialogue on Lebanon: Support Moderates, But Disagreement Over How," Public Library of US Diplomacy, September 29, 2008, https://wikileaks.org/plusd/cables/08TELAVIV2247_a.html.

[264] Congressional Research on Iran: Kenneth Katzman, "Congressional Research Service Report RL32048, Iran: U.S. Concerns and Policy Responses," WikiLeaks Document Release, December 31, 2008, Released February 2, 2009, https://file.wikileaks.org/file/crs/RL32048.pdf.

[265] Milton Hoenig, "Hezbollah and the Use of Drones as a Weapon of Terrorism," Public Interest Report (67) no.2, Spring 2014, https://fas.org/wp-content/uploads/2014/06/Hezbollah-Drones-Spring-2014.pdf; Arthur Holland Michel, Dan Gettinger, "A Brief History of Hamas and Hezbollah's Drones," Need to Know, July 14, 2014, https://dronecenter.bard.edu/hezbollah-hamas-drones/.

[266] "Iranian-Made Ababil-T Hezbollah UAV Shot Down by Israeli Fighter in Lebanon Crisis," FlightGlobal, August 15, 2006, https://www.flightglobal.com/iranian-made-ababil-t-hezbollah-uav-shot-down-by-israeli-fighter-in-lebanon-crisis/68992.article.

[267] WikiLeaks, "U.S./IS Dialogue on Lebanon: Support Moderates, but Disagreement Over How," Public Library of US Diplomacy, September 29, 2008, https://wikileaks.org/plusd/cables/08TELAVIV2247_a.html.

[268] Stratfor email: https://wikileaks.org/gifiles/docs/66/66411_-insight-insight-lebanon-hez-preparations-me1-.html.

[269] Congressional Research on Iran: Kenneth Katzman, "Congressional Research Service Report RL32048, Iran: U.S. Concerns and Policy Responses," WikiLeaks Document Release, December 31, 2008, Released February 2, 2009, https://file.wikileaks.org/file/crs/RL32048.pdf.

[270] See Critical Threats Iran Tracker: Michael Adkins, "Iran – Lebanese Hezbollah Relationship Tracker," Critical Threats, March 19, 2010, https://www.criticalthreats.org/briefs/iran-lebanese-hezbollah-relationship-tracker/iran-lebanese-hezbollah-relationship-tracker-2010#_edn96b5b263bb-f1e4493514627b8fb9e5bf51.

[271] Yaakov Katz, "IDF Encrypting Drones after Hezbollah Accessed Footage," The Jerusalem Post, October 27, 2010, https://www.jpost.com/israel/idf-encrypting-drones-after-hizbullah-accessed-footage.

[272] WikiLeaks, "Re: S3/G3 – Israel/Lebanon/Syriamil – Hizbullah Has Drones, Israeli Officer Warns: We Will Strike Syria if it Continues Its Support," The Global Intelligence Files, August 25, 2013, https://wikileaks.org/gifiles/docs/11/1194067_re-s3-g3-israel-lebanon-syriamil-hizbullah-has-drones.html.

[273] Adam Rawnsley, "Iran's Drones Are Back in Iraq," War is Boring, January 24, 2015, Accessed June 15, 2020, https://medium.com/war-is-boring/irans-drones-are-back-in-iraq-ed60bb33501d.

[274] David Donald, "Israel Shoots Down Hezbollah's Iranian UAV," AIN Online, October 12, 2012, https://www.ainonline.com/aviation-news/defense/2012-10-12/israel-shoots-down-hezbollahs-iranian-uav.

[275] Mariam Karouny, "Hezbollah Confirms it Sent Drone Downed Over Israel," Reuters, October 11, 2012, https://www.reuters.com/article/us-lebanon-israel-drone/hezbollah-confirms-it-sent-drone-downed-over-israel-idUSBRE89A19J20121011.

[276] Belen Fernandez, "Meet Ayoub: The Muslim Drone," Al Jazeera, October 18, 2012, https://www.aljazeera.com/opinions/2012/10/18/meet-ayoub-the-muslim-drone.

[277] Avery Plaw and Elizabeth Santoro, "Hezbollah's Drone Program Sets Precedents for Non-State Actors," Jamestown Foundation, November 10, 2017, https://www.refworld.org/docid/5a0d7eb94.html.

[278] "Hezbollah Drone Airstrip in Lebanon Revealed," Ynet, April 25, 2015, https://www. ynetnews. com/articles/07340, L – 4650361, 00. html.

[279] Rosana Bou Mouncef, "Hezbollah Drone Another Example of Iran Exerting Regional Influence," Al – Monitor, October 16, 2012, https://www. al – monitor. com/pulse/security/01/10/hezbollah – drone – shows – irans – regional – influence – undimmed. html.

[280] The Associated Press, "Israel Uses Patriot Missile to Shoot Down Drone," Defense News, November 13, 2017, https://www. defensenews. com/land/2017/11/13/israel – uses – patriot – missile – to – shoot – down – drone/.

[281] Amos Harel, "Air Force: Hezbollah Drone Flew Over Israel for Five Minutes," Haaretz, August 11, 2004, https://www. haaretz. com/1. 4752200.

[282] David Kenner, "Why Israel Fears Iran's Presence in Syria," The Atlantic, July 22, 2018, https://www. theatlantic. com/international/archive/2018/07/hezbollah – iran – new – weapons – israel/565796/.

[283] Roi Kais, "Hezbollah Has Fleet of 200 Iranian – Made UAVs," Ynet, November 25, 2013, https://www. ynetnews. com/articles/07340, L – 4457653, 00. html.

[284] David M. Halbfinger, "Israel Says It Struck Iranian 'Killer Drones,'" The New York Times, August 24, 2019, https://www. nytimes. com/2019/08/24/world/middleeast/israel – says – it – struck – iranian – killer – drones – in – syria. html.

[285] Ronen Bergman, "Hezbollah Stockpiling Drones in Anticipation of Israeli Strike," Al – Monitor, February 15, 2013, https://www. al – monitor. com/pulse/security/01/05/the – drone – threat. html.

[286] Agencies, "Lebanese Man Pleads Guilty in US to Buying Drone Parts for Hezbollah," The Times of Israel, March 11, 2020, https://www. timesofisrael. com/lebanese – man – pleads – guilty – in – us – to – buying – drone – parts – for – hezbollah/.

[287] Arthur Holland Michel, Dan Gettinger, "A Brief History of Hamas and

Hezbollah' s Drones," Need to Know, July 14, 2014, https://drone-center. bard. edu/hezbollah – hamas – drones/.

[288] David Cenciotti, "Hamas Flying an Iranian – Made Armed Drone Over Gaza," The Aviationist, July 14, 2014, https://theaviationist. com/2014/07/14/ababil – over – israel/; See also Steven Stalinsky and R. Sosnow, "A Decade of Jihadi Organizations' Use of Drones," MEMRI, February 21, 2017, Accessed June 27, 2020, https://www. memri. org/reports/decade – jihadi – organizations – use – drones – % E2% 80% 93 – early – experiments – hizbullah – hamas – and – al – qaeda.

[289] Yoav Zitun, "Watch: Israeli Air Force Shoots Down Hamas Drone," Ynet, September 20, 2016, https://www. ynetnews. com/articles/07340, L – 4857327, 00. html.

[290] Reuters Staff, "Israel Shoots Down Hamas Drone from Gaza Strip: Military," Reuters, February 23, 2017, https://www. reuters. com/article/us – israel – palestinians – uav/israel – shoots – down – hamas – drone – from – gaza – strip – military – idUSKBN1621TL.

[291] "Egyptian Military Shoots Down 'Hamas Drone' from Gaza," The New Arab, September 25, 2019, https://english. alaraby. co. uk/english/news/2019/9/25/egypt – shoots – down – hamas – drone – from – gaza.

[292] "US Navy Seizes Illegal Weapons in Arabian Sea," U. S. Central Command, February 13, 2019, https://www. centcom. mil/MEDIA/PRESS – RELEASES/Press – Release – View/Article/2083824/us – navy – seizes – illegal – weapons – in – arabian – sea/#. XkWiDE6gzoo. twitter.

[293] Lisa Barrington and Aziz El Yaakoubi, "Yemen Houthi Drones, Missiles Defy Years of Saudi Air Strikes," Reuters, September 17, 2019, https://www. reuters. com/article/us – saudi – aramco – houthis/yemen – houthi – drones – missiles – defy – years – of – saudi – air – strikes – idUSKBN1W22F4.

[294] "Drone Attack by Yemen Rebels Sparks Fire in Saudi Oil Field," Al

Jazeera, August 17, 2019, https://www.aljazeera.com/economy/2019/8/17/drone – attack – by – yemen – rebels – sparks – fire – in – saudi – oil – field.

[295] In May 2019, Houthis claimed they attacked oil pumping stations in Saudi Arabia. It later emerged those drones might have been flown from Iraq by Iranian – backed Kataib Hezbollah. Laurie Mylroie, "US Says Drones from Iraq Were Fired at Saudi Pipeline, As Military Build Up Continues," Kurdistan 24, June 29, 2019, https://www.kurdistan24.net/en/news/416f57dc – f3a5 – 454b – aa14 – 8e6eea71f4fa.

[296] Dhia Muhsin, "Houthi Use of Drones Delivers Potent Message in Yemen War," IISS, August 27, 2019, https://www.iiss.org/blogs/analysis/2019/08/houthi – uav – strategy – in – yemen.

[297] Almasdar link to photos: https://cdn.almasdarnews.com/wp – content/uploads/2017/02/1 – 25.jpg.

[298] Jon Gambrell, The Associated Press, "How Yemen's Rebels Increasingly Deploy Drones," Defense News, May 21, 2019, https://www.defensenews.com/unmanned/2019/05/21/how – yemens – rebels – increasingly – deploy – drones/.

[299] Jon Gambrell, Associated Press, "Devices Found in Missiles, Yemen Drones Link Iran to Attacks," ABC News, February 19, 2020, https://abcnews.go.com/International/wireStory/devices – found – missiles – yemen – drones – link – iran – attacks – 69064032.

[300] For an image of the Shahed – 123 see: https://twitter.com/jeremybinnie/status/1110933643499921412; For details on the Hermes 450, see Bill Yenne's Drone Strike!; For details on Hermes 450s crashing, see Drone Wars 2019 publication Accidents Will Happen, p. 19, https://dronewars.net/wp – content/uploads/2019/06/DW – Accidents – WEB.pdf.

[301] "Evolution of UAVs Employed by Houthi Forces in Yemen," Conflict Armament Research, February 19, 2020, https://storymaps.arcgis.com/stories/46283842630243379f0504ece90a821f.

[302] Ibid, p. 21.

[303] Iran's Networks of Influence in the Middle East, International Institute for Strategic Studies, p. 170.
[304] James Reinl, "Middle East Drone Wars Heat Up in Yemen," The New Arab, April 30, 2019, https://english.alaraby.co.uk/english/indepth/2019/4/30/middle-east-drone-wars-heat-up-in-yemen.
[305] "Evolution of UAVs Employed by Houthi Forces in Yemen," Conflict Armament Research, February 19, 2020, https://storymaps.arcgis.com/stories/46283842630243379f0504ece90a821f.
[306] "Timeline of Houthis' Drone and Missile Attacks on Saudi Targets," Al Jazeera, September 14, 2019, https://www.aljazeera.com/news/2019/9/14/timeline-houthis-drone-and-missile-attacks-on-saudi-targets; For more details see Thomas Harding, "The Houthis Have Built Their Own Drone Industry in Yemen," The National, June 13, 2020, https://www.thenationalnews.com/world/mena/the-houthis-have-built-their-own-drone-industry-in-yemen-1.1032847.
[307] Jamie Prentis, "Houthi Drone Power Increasing with Iranian Help: The Key Takeaways," The National, February 19, 2020, https://www.thenationalnews.com/world/mena/houthi-drone-power-increasing-with-iranian-help-the-key-takeaways-1.981603.
[308] "Suicide Drones…Houthi Strategic Weapon," Abaad Studies & Research Center, https://abaadstudies.org/print.php? id=59795.
[309] "Yemeni Army Unveils New Indigenous Combat, Reconnaissance Drones," Press TV, February 26, 2017, https://www.presstv.com/Detail/2017/02/26/512188/Yemeni-army-combat-reconnaissance-drone-Qasef-Hudhud-Borkan-ballistic-missile.
[310] Aaron Stein, "Low-Tech, High-Reward: The Houthi Drone Attack," Foreign Policy Research Institute, January 11, 2019, https://www.fpri.org/article/2019/01/low-tech-high-reward-the-houthi-drone-attack/.
[311] "Report: Yemen's Houthis Developing Deadlier, More Accurate

Drones," Middle East Monitor, February 19, 2020, https://www. middleeastmonitor. com/20200219 – report – yemens – houthis – developing – deadlier – more – accurate – drones/.

[312] Howard Altman,"Tale of Two Drones:ISIS Wreaked Havoc Cheaply, Tampa Meeting Showcases State of the Art,"Tampa Bay Times, May 17,2017,https://www. tampabay. com/news/military/tale – of – two – drones – isis – wreaked – havoc – cheaply – tampa – meeting – show-cases/2324138/.

[313] Gary Sheftick, " Innovative Agencies Partner to Counter Drone Threat,"Army News Service, November 18, 2015, https://www. army. mil/article/158748/innovative_agencies_partner_to_counter_drone_threat; John Kester, " Darpa Wants Mobile Technologies to Combat Small Drones,"Foreign Policy, October 5, 2017, https://foreignpolicy. com/2017/10/05/darpa – wants – mobile – technologies – to – combat – small – drones/#: ~: text = The% 20U. S. % 20military% 20needs% 20better% 20tech% 20to% 20fight% 20store% 2Dbought% 20drones. &text = U. S. % 20military% 20convoys% 20in% 20dangerous, about% 20three% 20to% 20four% 20years.

[314] James Lewis,"The Battle of Marawi:Small Team Lessons Learned for the Close Fight,"The Cove, November 26, 2018, Accessed May 27, 2020, https://cove. army. gov. au/article/the – battle – marawi – small – team – lessons – learned – the – close – fight.

[315] Oriana Pawlyk,"New Pentagon Team Will Develop Ways to Fight Enemy Drones,"Defense News, January 15, 2020, https://www. military. com/daily – news/2020/01/15/new – pentagon – team – will – develop – ways – fight – enemy – drones. html.

[316] Kyle Rempfer,"Did US Drones Swarm a Russian Base? Probably Not, but That Capability Isn't Far Off,"Military Times, October 29, 2018, https://www. militarytimes. com/news/2018/10/29/did – us – drones – swarm – a – russian – base – probably – not – but – that – capability – isnt – far – off/.

[317] Kelsey D. Atheron,"If This Rocket is So 'Dumb,' How Does it Ram

Enemy Drones Out of the Sky?" C4ISRNET, April 23, 2019, https://www. c4isrnet. com/unmanned/2019/04/23/russian - robot - will - ram - drones - out - of - the - sky/.

[318] "Russia Repels Drone Attack on Base in Syria' s Latakia," Tasnim News Agency, January 20, 2020, https://www. tasnimnews. com/en/news/2020/01/20/2185986/russia - repels - drone - attack - on - base - in - syria - s - latakia.

[319] Clay Dillow, "The 'Beast of Kandahar' Stealth Aircraft Quietly Resurfaces in New Pics," Popular Science, January 25, 2011, https://www. popsci. com/technology/article/2011 - 01/beast - kandahar - quietly - resurfaces - new - pics/.

[320] Bill Yenne, Area 51 - Black Jets: A History of the Aircraft Developed at Groom Lake; See also Joseph Trevithick and Tyler Rogoway, "Details Emerge About the Secretive RQ - 170 Stealth Drone' s First Trip to Korea," January 28, 2020, https://www. thedrive. com/the - war - zone/31992/exclusive - details - on - the - secretive - rq - 170 - stealth - drones - first - trip - to - korea.

[321] WikiLeaks, "Iran Military Shoots Down U. S. Drone - State TV," Huma Abedin to Hillary Clinton, December 4, 2011, https://wikileaks. org/clinton - emails/emailid/24991.

[322] "Video: Iran Shows Off Captured U. S. Drone, Swears It' s No Fake," Wired, December 8, 2011, https://www. wired. com/2011/12/iran - drone - video/.

[323] WikiLeaks, "AP Sources: Drone Crashed In Iran on CIA Mission (AP)," Huma Abedin to Hillary Clinton, December 6, 2011, https://wikileaks. org/clinton - emails/emailid/12828.

[324] AP, "Iran Says Downed US Drone Was Deep In Its Airspace," Egypt Independent, December 7, 2011, https://www. egyptindependent. com/iran - says - downed - us - drone - was - deep - its - airspace/.

[325] Andrew Tarantola, "Why Did Lockheed Blow Up Its Own Prototype UAV Bomber?" Gizmodo, March 20, 2014, https://gizmodo. com/

why – did – lockheed – blow – up – its – own – prototype – uav – bomber – 1532210554.

[326] WikiLeaks, "Pilot Error May Have Caused Iran Drone Crash (Reuters) ," Huma Abedin to Hillary Clinton, December 16, 2011, https://wikileaks. org/clinton – emails/emailid/12818.

[327] Adam Rawnsley, Wired, December 8, 2011; Part of a Wikileaks digest on the drone downing: WikiLeaks, "[OS] Iran/US/MIL/CT/TECH – Tech Websites' Coverage of the Iranian RQ – 170 Footage," The Global Intelligence Files, December 9, 2011, https://wikileaks. org/gifiles/docs/60/60475_ – os – iran – us – mil – ct – tech – tech – websites – coverage – of – the. html.

[328] Zachary Wilson, "Airmen Demonstrate Unmanned Aircraft Systems Not Merely 'Drones,'" DVIDS, March 25, 2009, https://www. dvidshub. net/news/31579/airmen – demonstrate – unmanned – aircraft – systems – not – merely – drones.

[329] Wiki Leaks, "Analysis for Edit – 3 – Iran/MIL – UAV Rumors – Short – ASAP," Stratfor emails, The Global Intelligence Files, December 5, 2011, https://wikileaks. org/gifiles/docs/18/1850711_analysis – for – edit – 3 – iran – mil – uav – rumors – short – asap –. html.

[330] Justin Fishel, "Panetta Says Drone Campaign Over Iran Will Continue," Fox News, December 13, 2011, https://www. foxnews. com/politics/panetta – says – drone – campaign – over – iran – will – continue.

[331] Lockheed had used a fail – safe option to down the Polecat in December 2006. "Iran Warns Afghanistan About U. S. Drones," The Daily Beast, December 15, 2011, https://www. thedailybeast. com/cheats/2011/12/15/iran – warns – afghanistan – about – u – s – drones.

[332] Heather Maher, "Iran Shows Footage Of Captured U. S. Drone," RFERL, December 8, 2011, https://www. rferl. org/a/iran_airs_footage_of_us_drone/24416107. html.

[333] Adam Stone, "How Full – Motion Video is Changing ISR," C4ISR, March 23, 2016, https://www. c4isrnet. com/intel – geoint/isr/2016/03/23/how – full – motion – video – is – changing – isr/. For more see

"What Is Full Motion Video (FMV)?" GISGeography. com, https://gisgeography. com/full – motion – video – fmv/.

[334] See The Future of Air Force Motion Imagery Exploitation. February 23, 2013, Rand.

[335] David Donald, Israel Shoots Down Hezbollah's Iranian UAV," AIN Online, October 12, 2012, https://www. ainonline. com/aviation – news/defense/2012 – 10 – 12/israel – shoots – down – hezbollahs – iranian – uav. "The vehicle shot down appears to be in the class of a Scan Eagle."

[336] "Did Iran Release a Video of Hacked American UAVs in Syria and Iraq?" SOFREP, February 26, 2019, https://sofrep. com/fightersweep/did – iran – release – a – video – of – hacked – american – uavs – in – syria – and – iraq/.

[337] Ariel Ben Solomon, "Did Iran Stage 'Dowing' of Israeli Drone?" The Jerusalem Post, September 1, 2014, https://www. jpost. com/middle – east/did – iran – stage – downing – of – israeli – drone – 373045.

[338] S. Tsach, et. al., "History of UAV Development in IAI & Road Ahead," 24th ICAS 2004, http://www. icas. org/ICAS_ARCHIVE/ICAS2004/PAPERS/519. PDF.

[339] "The First UAV Squadron," Israeli Air Force, Accessed May 10, 2020, https://www. iaf. org. il/4968 – 33518 – en/IAF. aspx.

[340] Reuters, "Iranian Revolutionary Guard Unveils New Attack Drones," The Jerusalem Post, October 1, 2016, https://www. jpost. com/israel – news/iranian – revolutionary – guard – unveils – new – attack – drones – 469235.

[341] Wim Zwijnenburg, "Sentinels, Saeqehs and Simorghs: An Open Source Survey of Iran's New Drone in Syria," Bellingcat, February 13, 2018, https://www. bellingcat. com/news/mena/2018/02/13/sentinels – saeqehs – simorghs – open – source – information – irans – new – drone – syria/.

[342] Wam/Ridyadh, "Saudi Foils Houthi Drone Attack Bid on Abha Airport," Khaleej Times, May 27, 2018, https://www. khaleejtimes. com/

region/saudi – arabia/Saudi – foils – drone – attack – bid – on – Abha – airport – .

[343] "How Did the Supreme Leader's Strategic Recommendation to the IRGC/Iran Airspace Become the Owner of the Largest Fleet of Combat Drones in the Region?" FARS, Accessed June 7, 2020, https://www.farsnews.ir/news/13981011001126/.

[344] It was similar to a German V – 1.

[345] Dan Gettinger, "Drone Activity in Iran," Offizier.ch, June 4, 2016, https://www.offiziere.ch/?p=27907; Gettinger's latest product is a weekly Drone Bulletin: https://dronebulletin.substack.com/.

[346] The Seeker 2000 had a range of 200km and speed of 120km/hr. Forecast International: https://www.forecastinternational.com/fic/loginform.cfm.

[347] "Seeker II UAV Shot Down in Yemen," defenceWeb, July 8, 2015, https://www.defenceweb.co.za/aerospace/aerospace – aerospace/seeker – ii – uav – shot – down – in – yemen/; Denel Dynamics also built an armed Seeker 400 called Snyper. "Weaponised Seeker 400 Debuts at IDEX," defenceWeb, February 24, 2015, https://www.defenceweb.co.za/aerospace/aerospace – aerospace/weaponised – seeker – 400 – debuts – at – idex/.

[348] Cal Pringle, "5 Times in History Enemies Shot Down a US Drone," C4ISRNET, August 22, 2019, https://www.c4isrnet.com/unmanned/2019/08/23/5 – times – in – history – enemies – shot – down – a – us – drone/.

[349] Ibid; Benjamin Minick, "Scan Eagle Drone Shot Down by Yemeni Rebels, But Do The Saudis Fly Them?" International Business Times, November 1, 2019, https://www.ibtimes.com/scaneagle – drone – shot – down – yemeni – rebels – do – saudis – fly – them – 2858390.

[350] See a blueprint of the IAI Scout here: https://www.the – blueprints.com/blueprints/modernplanes/modern – i/81182/view/iai_scout/.

[351] See Aeronautics website: https://aeronautics – sys.com/home –

page/page – systems/page – systems – aerostar – tuas/.

[352] See Galen Wright ' s Arkenstone site Mohajer: http://thearkenstone. blog – spot. com/2011/02/ababil – uav. html.

[353] Ibid.

[354] Wright, ibid.

[355] The army also unveiled killer robots in October 2019. Kelsey D. Atherton, "Beetle – Like Iranian Robots Can Roll Under Tanks," C4ISRNet, October 8, 2019, https://www. c4isrnet. com/unmanned/2019/10/08/beetle – like – iranian – robots – roll – under – tanks/.

[356] "Iran' s Defense Ministry Makes Mass Delivery of New Drones to Army," PressTV, April 18, 2020, https://www. presstv. com/Detail/2020/04/18/623293/US – militants – defect – Syria – Tanf – base.

[357] See footage at this twitter link: https://twitter. com/BabakTaghvaee/status/1251599587774775296.

[358] John Drennan, Iranian unmanned systems, International Institute for Strategic Studies, 2019, p. 3.

[359] Adam Rawnsley, February 28, 2020 interview.

[360] Thomas Donnelly, "Drones: Old, New, Borrowed, Blue," AEI, February 6, 2014, https://www. aei. org/articles/drones – old – new – borrowed – blue/.

[361] David Hambling, "The Predator ' s Stealthy Successor is Coming," Popular Mechanics, December 15, 2016, https://www. popularmechanics. com/military/aviation/a24311/air – force – new – drone/.

[362] For a map see Dan Gettinger, "Drone Activity in Iran," Offizier. ch, June 4, 2016, https://www. offiziere. ch/? p = 27907.

[363] Barbara Starr, "Iranian Surveillance Drone Flies Over U. S. Aircraft Carrier in Persian Gulf," CNN Politics, January 29, 2016, https://edition. cnn. com/2016/01/29/politics/iran – drone – uss – harry – truman/index. html.

[364] Ahmad Majidyar, "Iranian Drone Allegedly Spotted Flying Over Western Afghanistan," MEI@ 75, August 29, 2017, https://mei. edu/publications/iranian – drone – allegedly – spotted – flying – over – western –

afghanistan.

[365] This followed the Velayat 94 drills. Seth J. Frantzman, "50 Iranian Drones Conduct Massive 'Way to Jerusalem' Exercise – Report," The Jerusalem Post, March 14, 2019, https://www.jpost.com/Middle-East/50-Iranian-drones-conduct-massive-way-to-Jerusalem-exercise-report-583387.

[366] Ron Ben-Yishai, "The Race is On To Retrieve the U.S. Spy Drone Brought Down By Iran," Ynet, June 20, 2019, https://www.ynetnews.com/articles/07340,L-5529508,00.html.

[367] Bill Chappell and Tom Bowman, "USS Boxer Used Electronic Jamming to Take Down Iranian Drone, Pentagon Sources Say," NPR, July 19, 2019, https://www.npr.org/2019/07/19/743444053/u-s-official-says-government-has-evidence-iran-drone-was-destroyed.

[368] Patrick Tucker, "How the Pentagon Nickel-and-Dimed Its Way Into Losing a Drone," Defense One, June 20, 2019, https://www.defenseone.com/technology/2019/06/how-pentagon-nickel-and-dimed-its-way-losing-drone/157901/.

[369] "Photo Release – Northrop Grumman Conducts First Fligth of Modernized, Multi-Mission Hunter UAV," Northrop Grumman, August 9, 2005, https://news.northropgrumman.com/news/releases/photo-release-northrop-grumman-conducts-first-flight-of-modernized-multi-mission-hunter-uav.

[370] James Hasik, Arms and Innovation: Entrepreneurship and Innovation in the 21st Century.

[371] David Axe, "The Secret History of Boeing's Killer drone," Wired, June 6, 2011, https://www.wired.com/2011/06/killer-drone-secret-history/.

[372] Ibid.

[373] "Russia's Latest Attack Drone Performs 1st Joint Flight with Su-57 Fifth-Generation Plane," TASS, September 27, 2019, https://tass.com/defense/1080201#:~:text=Russia's%20latest%20Okhotnik%

20 (Hunter)% 20heavy, Defense% 20Ministry% 20announced% 20on% 20Friday. &text =% 22The% 20Okhotnik% 20unmanned% 20aerial% 20vehicle, plane% 2C% 22% 20the% 20ministry% 20said.
[374] "Army Takes Another Step in Warrior UAV Development," Military & Aerospace Electronics, March 9, 2006, https://www.militaryaero-space.com/unmanned/article/16722199/army-takes-another-step-in-warrior-uav-development.
[375] Nathan Hodge, "Army's Killer Drone Takes First Shots in Combat," Wired, March 5, 2009, https://www.wired.com/2009/03/armys-new-drone/.
[376] "Sky Warrior ERMP UAV System," Defense Update, December 5, 2008, https://defense-update.com/20081205_warrioruav.html.
[377] In 2019 and 2020 Israel also scrambled F-15s to shoot down drones from Gaza. Israel shoots down Gaza drone off enclave's coast: "IDF Shoots Down Gaza Drone Off the Enclave's Coast," i24 News, February 27, 2020, https://www.i24news.tv/en/news/israel/diplomacy-defense/1582795868-idf-shoots-down-gaza-drone-over-coastal-enclave; Yaniv Kubovich and Almog Ben Zikri, "Israel Intercepts High Flying UAV Over Gaza," Haaretz, October 29, 2019, https://www.haaretz.com/israel-news/.premium-israeli-army-intercepts-drone-flying-at-an-unusual-height-over-the-gaza-1.8055230.
[378] Kyle Mizokami, "A Reaper Drone Shot Down Another Drone in First Unmanned Air-to-Air Kill," Popular Mechanics, September 19, 2018, Accessed May 25, 2020, https://www.popularmechanics.com/military/aviation/a23320374/reaper-drone-first-unmanned-air-to-air-kill/. The incident was done by the 432 Air Expeditionary Wing at Creech. It used an infrared guided air-to-air missile.
[379] Judah Ari Gross, "Unmanned Subs, Sniper Drones, Gun That Won't Miss: Israel Unveils Future Weapons," The Times of Israel, September 5, 2017, https://www.timesofisrael.com/unmanned-subs-and-sniper-drones-israel-unveils-its-weapons-of-the-future/.

[380] Barbara Opall – Rome, "Pentagon Eyes US Iron Dome to Defend Forward – Based Forces," Defense News, August 26, 2016, https://www.defensenews.com/smr/space – missile – defense/2016/08/08/pentagon – eyes – us – iron – dome – to – defend – forward – based – forces/.

[381] Shawn Snow, "The Marine Corps Has Been Looking at Israel's Iron Dome to Boost Air Defense," Marine Corps Times, May 7, 2019, https://www.marinecorpstimes.com/news/your – marine – corps/2019/05/07/the – marine – corps – has – been – looking – at – israels – iron – dome – air – defense – system/.

[382] Jason Sherman, "US Army Scraps $ 1B. Iron Dome Project, After Israel Refuses to Provide Key Codes," The Times of Israel, March 7, 2020, https://www.timesofisrael.com/us – army – scraps – 1b – iron – dome – project – after – israel – refuses – to – provide – key – codes/.

[383] Adam Chandler, "Israel Shoots Down Hamas' First Combat Drone With $ 1M Missile," The Atlantic, July 14, 2014, https://www.theatlantic.com/international/archive/2014/07/israel – shoots – down – hamas – first – combat – drone – with – 1m – missile/374368/.

[384] Judah Ari Gross, "IDF: Patriot Missile Fired at Incoming UAV from Syria, Which Retreats," The Times of Israel, June 24, 2018, https://www.timesofisrael.com/patriot – interceptor – reportedly – fired – in – northern – israel – circumstances – unclear/; Judah Ari Gross, "IDF Intercepts Syrian Drone That Penetrated 10 Kilometers Into Israel," The Tims of Israel, July 11, 2018, https://www.timesofisrael.com/idf – patriot – missile – fired – toward – incoming – drone – from – syria/.

[385] Anna Ahronheim, "Patriot Missile Intercepts Drone on Israel's Border with Syria," The Jerusalem Post, November 11, 2017, https://www.jpost.com/arab – israeli – conflict/patriot – missile – intercepts – drone – on – israels – border – with – syria – 513968.

[386] Yaakov Lappin, "Israeli Fighters Jet, Patriots, Miss Suspicious Drone

That Intruded From Syria," The Jerusalem Post, July 17, 2016, https://www.jpost.com/Arab-Israeli-Conflict/Rocket-alert-sirens-sounded-in-Golan-Heights-460643.

[387] David Hambling, "How did Hezbollah's Drone Evade a Patriot Missile?" Popular Mechanics, July 29, 2016, https://www.popularmechanics.com/flight/drones/a22114/hezbollah-drone-israel-patriot-missile/.

[388] Chris Baraniuk, "Small Drone 'Shot with Patriot Missile,'" BBC News, March 15, 2017, https://www.bbc.com/news/technology-39277940; Kyle Mizokami, "A Patriot Missile Shot Down a Quadcopter in an Impressive But Wildly Expensive Shot," Popular Mechanics, March 15, 2017, https://www.popularmechanics.com/military/weapons/news/a25694/patriot-shot-down-quad-expensive/.

[389] PAC-2 was the upgrade rolled out in 1990 while PAC-3 was rolled out after 2003: http://www.military-today.com/missiles/patriot_pac2.htm.

[390] Zachary Keck, "Why America Is Ramping Up Its Production of Patriot Missiles," National Interest, December 14, 2019, https://nationalinterest.org/blog/buzz/why-america-ramping-its-production-patriot-missiles-103952.

[391] Russ Read, "'They Can't Be Everywhere at Once': Why Patriot Missile Interceptors Were Not Used During Iran Missile Strike," Washington Examiner, January 8, 2020, https://www.washingtonexaminer.com/policy/defense-national-security/they-cant-be-everywhere-at-once-why-patriot-missile-interceptors-were-not-used-during-iran-missile-strike.

[392] Seth J. Frantzman, "Why the US Can't Move Patriot Missiles to Iraq," The Jerusalem Post, February 6, 2020, https://www.jpost.com/middle-east/why-the-us-cant-move-patriot-missiles-to-iraq-616674.

[393] Gary Sheftick, "Patriot Force Halfway Thru Major Modernization," U.S. Army, August 22, 2019, https://www.army.mil/article/

225044/patriot_force_halfway_thru_major_modernization.

[394] C – RAM is a Northrop Grumman system. The company got a $ 122 million contract to supply the system to forward operating bases in Iraq and Afghanistan in 2012. "U. S. Army Awards Northrop Grumman $ 122 Million Counter – Rocket Artillery and Mortar(C – RAM) Contract," Northrop Grumman, January 30, 2012, https://news. northropgrumman. com/news/releases/u – s – army – awards – northrop – grumman – 122 – million – counter – rocket – artillery – and – mortar – c – ram – contract.

[395] Warrior Scout, "How the Army Plans to Counter Massive Drone Attacks," We Are the Mighty, February 5, 2020, https://www. wearethemighty. com/tech/how – the – army – plans – to – counter – massive – drone – attacks/.

[396] Kris Osborne, "Army C – Ram Adds Drones to List of Threats to Kill," Real Clear Defense, July 26, 2017, https://www. realcleardefense. com/2017/07/26/army039s_c – ram_adds_drones_to_list_of_threats_to_kill_295255. html.

[397] C – RAM, Missile Defense Advocacy Alliance, C – RAM page: https://missiledefenseadvocacy. org/defense – systems/counter – rocket – artillery – mortar – c – ram/.

[398] Kris Osborn, "Army C – RAM Base Defense Will Destroy Drones," Warrior Maven, November 28, 2017, https://defensemaven. io/warrior – maven/land/army – c – ram – base – defense – will – destroy – drones – iERxJDqgmkuuz67ZO4y4ZA.

[399] "Special Report: 'Time To Take Out Our Swords' – Inside Iran's Plot To Attack Saudi Arabia," Reuters, November 25, 2019, https://www. reuters. com/article/us – saudi – aramco – attacks – iran – special – rep/special – report – time – to – take – out – our – swords – inside – irans – plot – to – attack – saudi – arabia – idUSKBN1XZ16H.

[400] Humeyra Pamuk, "Exclusive: US Probe of Saudi Oil Attack Shows It Came from North," Reuters, December 19, 2019, https://www. reuters. com/article/us – saudi – aramco – attacks – iran/exclusive – u – s –

probe - of - saudi - oil - attack - shows - it - came - from - north - report - idUSKBN1YN299.

[401] Pini Yungman interview with Seth J. Frantzman, September 18, 2019. See also Seth J. Frantzman, "Are Air Defense Systems Ready to Confront Drone Swarms?" Defense News, September 26, 2019, https://www. defensenews. com/global/mideast - africa/2019/09/26/are - air - defense - systems - ready - to - confront - drone - swarms/.

[402] Kenenth McKenzie at Middle East Institute discussion about CENTCOM, June 10, 2020. See full clip on YouTube, minute 57:00: https://www. youtube. com/watch? v = fsXcWLDNTcE&feature = youtu. be.

[403] "Ben - Gurion U Team Unveils Laser Drone Kill System," Globes, March 5, 2020, https://en. globes. co. il/en/article - ben - gurion - u - team - unveils - laser - drone - defense - system - 1001320876.

[404] Yoav Zitun, "The Next Generation of Reconnaissance Drones," Ynet, June 12, 2019, https://www. ynetnews. com/business/article/Sy11m-5jbar.

[405] "RAFAEL's Drone Dome Intercepts Multiple Maneuvering Targets with LASER Technology," RAFAEL, February 16, 2020, https://www. rafael. co. il/press/rafaels - drone - dome - intercepts - multiple - maneuvering - targets - with - laser - technology/.

[406] "Could the Iron Dome Protect You One Day?" IDF, May 22, 2015, https://www. idf. il/en/articles/military - cooperation/could - the - iron - dome - protect - you - one - day/.

[407] Seth J. Frantzman, "Countering UAVs, An Inside Look at IAI's Elta Drone Guard," Defense News, January 28, 2019, https://www. defensenews. com/unmanned/2019/01/28/countering - uavs - an - inside - look - at - iai - eltas - drone - guard/.

[408] Sébastien Roblin, "Why U. S. Patriot Missiles Failed to Stop Drones and Cruise Missiles Attacking Saudi Oil Sites," NBC News, September 23, 2019, https://www. nbcnews. com/think/opinion/trump - sending -

troops – saudi – arabia – shows – short – range – air – defenses – ncna1057461.

[409] Yoav Zitun, "Israel's New Answer to Drone Threats: Laser Beams," Ynet, February 12, 2020, https://www.ynetnews.com/business/article/SyEfY00bmU.

[410] Seth J. Frantzman, "Israel is Developing Lasers to Kill Drones and Rockets," Defense News, January 9, 2020, https://www.defensenews.com/industry/techwatch/2020/01/09/israel – is – developing – lasers – to – kill – drones – and – rockets/.

[411] MDAA website: https://missiledefenseadvocacy.org/defense – systems/iron – beam/.

[412] "USS Portland Conducts Laser Weapon System Demonstrator Test," Commander, U. S. Pacific Fleet, May 22, 2020, Accessed May 23, 2020, https://www.cpf.navy.mil/news.aspx/130628.

[413] Kris Osborn, US Army website. "Army Lasers Will Soon Destroy Enemy Mortars, Artillery Drones and Cruise Missiles," USA ASC, June 9, 2016, https://asc.army.mil/web/news – army – lasers – will – soon – destroy – enemy – mortars – artillery – drones – and – cruise – missiles/#: ~ : text = No% 20menu% 20assigned – , Army% 20Lasers% 20Will% 20Soon% 20Destroy% 20Enemy, Artillery% 2C% 20Drones% 20and% 20Cruise% 20Missiles&text = Laser% 20Weapons% 20Will% 20Protect% 20Forward, as% 20missiles% 2C% 20mortars% 20and% 20artillery.

[414] Interview with Lockheed Martin, July 1, 2020.

[415] Interview with Doug Graham, July 2, 2020.

[416] Nick Waters, "Has Iran Been Hacking U. S. Drones?" Bellingcat, October 1, 2019, https://www.bellingcat.com/news/2019/10/01/has – iran – been – hacking – u – s – drones/.

[417] Brett Velicovich, Drone Warrior, p. 104.

[418] David Axe, "The Secret History of Boeing's Killer drone," Wired, June 6, 2011, https://www.wired.com/2011/06/killer – drone – secret – history/.

[419] See video at this link: https://twitter. com/PressTV/status/1252532401873522689.

[420] Valerie Insinna, "US Air Force's Next Drone to be Driven by Data," Defense News, September 6, 2017, https://www. defensenews. com/smr/defense – news – conference/2017/09/06/air – forces – next – uav – to – be – driven – by – data/.

[421] Joseph Trevithick and Tyler Rogoway, "Pocket Force of Stealthy Avenger Drones May Have Made Returning F – 117s to Service Unnecessary," The Drive, March 5, 2019, https://www. thedrive. com/the – war – zone/26791/pocket – force – of – stealthy – avenger – drones – may – have – made – returning – f – 117s – to – service – unnecessary.

[422] Singer, Wired for War, p. 140.

[423] See "US Air Force Unmanned Aircraft Systems Flight Plan 2009 – 2047," FAS, May 18, 2009, https://fas. org/irp/program/collect/uas_2009. pdf.

[424] Perdix Drone demonstration video: https://www. youtube. com/watch? v = DjUdVxJH6yI&feature = youtu. be.

[425] Thomas McMullan, "How Swarming Drones Will Change Warfare," BBC News, March 16, 2019, https://www. bbc. com/news/technology – 47555588.

[426] Kyle Mizokami, "Gremlin Drone's First Flight Turns C – 130 Into a Flying Aircraft Carrier," Popular Mechanics, January 21, 2020, https://www. popularmechanics. com/military/aviation/a30612943/gremlin – drone – first – flight/.

[427] "Watch the Navy's LOCUST Launcher Fire a Swarm of Drones," Business Insider, YouTube, April 20, 2017: https://www. youtube. com/watch? v = qW77hVqux10&feature = youtu. be.

[428] "Mind of the Swarm," Raytheon Missiles & Defense, https://www. raytheonmissilesanddefense. com/news/feature/mind – swarm.

[429] Anam Tahir, et. al. "Swarms of Unmanned Aerial Vehicles—A Survey," Journal of Industrial Information Integration, Volume 16, December 2019, https://www. sciencedirect. com/science/article/pii/S2452414X18300086.

[430] There would also be issues involving jamming or GPS – denied envi – ronments and use of new 5G technology. Mitch Campion, Prakash Ranganathan, and Saleh Faruque, A Review and Future Directions of UAV Swarm Communication Architectures, 2018, https://und. edu/research/rias/_files/docs/swarm_ieee. pdf.

[431] "NASC TigerShark – XP UAV Receives FAA Experimental Certification," UAV News, Space Daily, April 29, 2019, https://www. spacewar. com/reports/NASC_TigerShark_XP_UAV_Receives_FAA_Experimental_Certification_999. html; See NASC website for more info: https://www. nasc. com/pages/defense/uas/tigershark. html.

[432] David Hambling, "The Predator's Stealthy Successor Is Coming" Popular Mechanics, December 15, 2016, https://www. popularmechanics. com/military/aviation/a24311/air – force – new – drone/.

[433] Mike Ball, "DARPA Successfully Tests UAV Swarming Technologies," Unmanned Systems News, March 25, 2019, https://www. unmannedsystemstechnology. com/2019/03/darpa – successfully – tests – uav – swarming – technologies/.

[434] Shawn Snow, "The Corps Just Slapped a Counter – Drone System on an MRZR All – Terrain Vehicle," Marine Corps Times, September 19, 2018, https://www. marinecorpstimes. com/news/2018/09/19/the – corps – just – slapped – a – counter – drone – system – on – an – mrzr – all – terrain – vehicle/.

[435] Andrew Liptak, "A US Navy Ship Used a New Drone – Defense System to Take Down an Iranian Drone," The Verge, July 21, 2019, https://www. theverge. com/2019/7/21/20700670/us – marines – mrzr – lmadis – iran – drone – shoot – down – energy – weapon – uss – boxer.

[436] Not to be confused with Israel's tactical THOR drone. Andrew Liptak, "The Air Force Has a New Weapon Called THOR That Can Take Out Swarms of Drones," The Verge, June 21, 2019, https://www. theverge. com/2019/6/21/18701267/us – air – force – thor – new – weapon – drone – swarms.

[437] Russell Brandom, "The Army is Buying Microwave Cannons to Take

Down Drones in Mid Flight," The Verge, August 7, 2018, https://www.theverge.com/2018/8/7/17660414/microwave-anti-drone-army-weapon-lockheed-martin.

[438] See for instance the book Swarm Troopers by David Hambling.

[439] Petraeus to author, March 14, 2020.

[440] Ibid.

[441] Drdrone.ca website, accessed April 11, 2020: https://www.drdrone.ca/blogs/drone-news-drone-help-blog/timeline-of-dji-drones.

[442] Wang Ying, "Drone Maker DJI to Develop More Industry Applications," China Daily, January 27, 2018, https://www.chinadaily.com.cn/a/201801/27/WS5a6bd252a3106e7dcc1371b0.html.

[443] Ben Watson, "The US Army Just Ordered Soldiers to Stop Using Drones from China's DJI," Defense One, August 4, 2017, https://www.defenseone.com/technology/2017/08/us-army-just-ordered-soldiers-stop-using-drones-chinas-dji/139999/.

[444] Taylor Hatmaker, "US Air Force Drone Documents Found for Sale on the Dark Web for $ 200," Tech Crunch. July 11, 2018, https://techcrunch.com/2018/07/11/reaper-drone-dark-web-air-force-hack/.

[445] MDA head James Syring was enthusiastic about the idea in 2017. Patrick Tucker, "Drones Armed With High-Energy Lasers May Arrive In 2017," Defense One, September 23, 2015, https://www.defenseone.com/technology/2015/09/drones-armed-high-energy-lasers-may-arrive-2017/121583/.

[446] It was apparently a bust even though some variants kept being tinkered with in 2013 and 2014. See Boeing website, Phantom Eye: https://www.boeing.com/defense/phantom-eye/.

[447] A previous version had flown some 18000 combat hours in Afghanistan with a small number of operators and low mishap rate. The Air Force put this program into its Center for Rapid Innovation. 88th Air Base, "AFRL Successfully Completes Two and a Half-Day Flight of Ultra Long Endurance Unmanned Air Platform (LEAP)," Wright-Patter-

son AFB, December 12, 2019, https://www.wpafb.af.mil/News/Article-Display/Article/2038921/afrl-successfully-completes-two-and-a-half-day-flight-of-ultra-long-endurance-u/.

[448] Kyle Rempfer, "Air Force Offers Glimpse of New, Stealthy Combat Drone During First Flight," Air Force Times, March 8, 2019, https://www.airforcetimes.com/news/your-air-force/2019/03/08/air-force-offers-glimpse-of-new-stealthy-combat-drone-during-first-flight/.

[449] 88th Air Base, "AFRL XQ-58A UAV Completes Second Successful Flight," U. S. Air Force, June 17, 2019, https://www.af.mil/News/Article-Display/Article/1877980/afrl-xq-58a-uav-completes-second-successful-flight/.

[450] Rachel S. Cohen, "Meet the Future Unmanned Force," Air Force Magazine, April 4, 2019, https://www.airforcemag.com/meet-the-future-unmanned-force/.

[451] Ibid.

[452] Rachel S. Cohen, "Congress Looks to Bolster USAF Dront Development in 2020," Air Force Magazine, January 3, 2020, https://www.airforcemag.com/congress-looks-to-bolster-usaf-drone-development-in-2020/.

[453] "FLIR Systems Awarded $39.6 Million Contract for Black Hornet Personal Reconnaissance Systems for US Army Soldier Borne Sensor Program," FLIR, January 24, 2019, https://www.flir.com/news-center/press-releases/flir-systems-awarded-$39.6-million-contract-for-black-hornet-personal-reconnaissance-systems-for-us-army-soldier-borne-sensor-program/.

[454] Jay Peters, "Watch DARPA Test Out a Swarm of Drones," The Verge, August 9, 2019, https://www.theverge.com/2019/8/9/20799148/darpa-drones-robots-swarm-military-test.

[455] They weigh 32 grams. Vidi Nene, "US Army Testing FLIR Infrared Drones In Afghanistan," DroneBelow.com, July 2, 2019, https://dronebelow.com/2019/07/02/us-army-testing-flir-infrared-

drones – in – afghanistan/.

[456] See US Air Force Museum: https://www. nationalmuseum. af. mil/.

[457] Dan Sabbagh, "Killer Drones: How Many Are There And Who Do They Target?" The Guardian, November 18, 2019, https://www. theguardian. com/news/2019/nov/18/killer – drones – how – many – uav – predator – reaper.

[458] "USMC Makes First Operational Flight in the Middle East with an MQ – 9A," ABG Strategic Consulting, April 17, 2020, https://www. abg – sc – portal. com/2020/04/17/17 – 4 – 2020 – usmc – makes – first – operational – flight – in – the – middle – east – with – an – mq – 9a/.

[459] Gina Harkins, "In First, Marine Corps Crew Flies MQ – 9 Reaper Drone in the Middle East," Military. com, April 22, 2020, https://www. military. com/daily – news/2020/04/22/first – marine – corps – crew – flies – mq – 9 – reaper – drone – middle – east. html.

[460] See US Marine Corps website, "Modernization and Technology," Accessed May 23, 2020, https://www. candp. marines. mil/Programs/Focus – Area – 4 – Modernization – Technology/Part – 5 – Aviation/UAS/.

[461] USMC Unmanned Assets, https://www. monch. com/mpg/news/unmanned/4214 – usmcuas. html; Ben Werner, "Marine Corps wants Mux to Fly by 2026," USNI News, May 7, 2019, https://news. usni. org/2019/05/07/marine – corps – wants – mux – to – fly – in – 2026; See also a mock – up design of the Marines concept: "USMC Wants Ship – Based Unmanned AEW, EW, ISR Platform," Alert 5 Military Aviation News, March 13, 2018, accessed May 23, 2020, https://alert5. com/2018/03/13/usmc – wants – ship – based – unmanned – aew – ew – isr – platform/.

[462] See slide show pasted online in 2015, accessed May 23, 2020, https://www. slideshare. net/tomlindblad/usmc – uas – familyofsystems.

[463] Wiki Leaks, "Military Aviation: Issues and Options for Combating Terrorism and Counterinsurgency," FAS Document, CRS Report for Congress, January 7, 2006, https://file. wikileaks. org/file/crs/RL327

37. txt.

[464] Arcuturus pushed the Jump – 20 and L – 3 Harris a bird called the FVR – 90. The drones were tossed around at the Dugway Proving Ground in Utah in 2019. Jen Judson, "First Candidate for US Army's Future Tactical Drone Gets First Soldier – Operated Flight," Defense News, April 10, 2020, https://www. defensenews. com/land/2020/04/09/first – candidate – for – armys – future – tactical – unmanned – aircraft – gets – first – soldier – operated – flight/.

[465] Valerie Insinna, "Unmanned Aircraft Could Provide Low – Ccost Boost for Air Force's Future Aircraft Inventory, New Study Says," Defense News, October 29, 2019, https://www. defensenews. com/air/2019/10/29/unmanned – aircraft – could – provide – low – cost – boost – for – air – forces – future – aircraft – inventory – new – study – says/.

[466] The RQ – 11B Raven was exported to Ukraine after being in use by the US for more than a decade. Joseph Trevithick, "America is Still Training Ukrainian Troops to Fly a Drone They Hate," The Drive, April 4, 2017, https://www. thedrive. com/the – war – zone/8921/america – is – still – training – ukrainian – troops – to – fly – a – drone – they – hate.

[467] Patrick Tucker, "How the Pentagon Nickel – and – Dimed Its Way Into Losing a Drone," Defense One, June 20, 2019, https://www. defenseone. com/technology/2019/06/how – pentagon – nickel – and – dimed – its – way – losing – drone/157901/. See Navy website requirement for UAV tanker 2016: https://www. navysbir. com/n16_1/N161 –003. htm.

[468] See "US Air Force Unmanned Aircraft Systems Flight Plan 2009 – 2047," FAS, May 18, 2009, https://fas. org/irp/program/collect/uas_2009. pdf.

[469] Harry Lye, "DARPA Looks to AI, Algorithms to De – Conflict Airspace," Airforce Technology, April 9, 2020, https://www. airforce – technology. com/features/darpa – looks – to – ai – algorithms – to – de – conflict – airspace/.

[470] Amanda Harvey,"UAV ISR Payloads Demand Lighter Weight,Faster Processing," Military Embedded Systems, April 24, 2014, http://mil – embedded. com/articles/uav – weight – faster – processing/.

[471] See "RQ – 170 Sentinel Origins Part Ⅱ: The Grandson of 'Tacit Blue,'" Aviation Intel, January 12, 2012, http://aviationintel. com/rq – 170 – origins – part – ii – the – grandson – of – tacit – blue/; See also @ mmissiles2 on Twitter. June 29,2020 tweet, accessed June 30, 2020, https://twitter. com/MMissiles2/status/1277691975391641602.

[472] War is Boring, "Yes, America Has Another Secret Spy Drone—We Pretty Much Knew That Already," Medium, December 6, 2013, https://medium. com/war – is – boring/yes – america – has – another – secret – spy – drone – we – pretty – much – knew – that – already – 41df448d1700.

[473] Joseph Trevithick and Tyler Rogoway, "Pocket Force of Stealthy Avenger Drones May Have Made Returning F – 117s to Service Unnecessary," The Drive, March 5, 2019, https://www. thedrive. com/the – war – zone/26791/pocket – force – of – stealthy – avenger – drones – may – have – made – returning – f – 117s – to – service – unnecessary.

[474] David Axe, "It's a Safe Bet the US Air Force is Buying Stealth Spy Drones, National Interest, February 28, 2020, https://nationalinterest. org/blog/buzz/it% E2% 80% 99s – safe – bet – us – air – force – buying – stealth – spy – drones – 127767.

[475] See blog posts such as this: Mark Collins, "RQ – 180: Stealthy New USAF/CIA Black Drone," Mark Collins 3Ds Blog, December 6,2013, https://mark3ds. wordpress. com/2013/12/06/mark – collins – rq – 180 – stealthynew – usafcia – black – drone/.

[476] Richelson, US Intelligence, p. 140.

[477] June 28, 2020 interview with Stephen R. Jones, USAF Commander 432nd Wing.

[478] Ibid, Jones interview.

[479] Agnes Helou, "Meet Garmousha: A New Rotary – Wing Drone Made in

the UAE," Defense News, February 25, 2020, https://www. defense-news. com/unmanned/2020/02/25/meet – garmousha – a – new – rotary – wing – drone – made – in – the – uae/.

[480] See Michael Rubin, "Iran Unveils Night Vision Drone," AEI, July 1, 2014, https://www. aei. org/articles/iran – unveils – night – vision – drone/; "Iran Unveils Kamikaze Drones," AEI, April 3, 2013, https://www. aei. org/articles/iran – unveils – kamikaze – drones/.

[481] It may have been a second generation Hamaseh UAV, with the classic twin – tail design. Built by HESA, the Hamaseh it first appeared in 2013. FAS document on Hezbollah: Milton Hoenig, "Hezbollah and the Use of Drones as a Weapon of Terrorism," Hezbollah's Drones, https://fas. org/wp – content/uploads/2014/06/Hezbollah – Drones – Spring – 2014. pdf.

[482] "Iran Unveils 'Indigenous' Drone with 2000km Range," BBC News, September 26, 2012, https://www. bbc. com/news/world – middle – east – 19725990.

[483] Kyle Mizokami, "U. S. F – 15 Shoots Down Yet Another Iran – Made Drone," Popular Mechanics, June 20, 2017, https://www. popularmechanics. com/military/aviation/a27001/syria – iran – drone – shaheed – 129/.

[484] "U. S. Downs Pro – Syrian Drone that Fired at Coalition Forces," Reuters, June 8, 2017, https://www. reuters. com/article/us – mideast – crisis – usa – syria/u – s – downs – pro – syrian – drone – that – fired – at – coalition – forces – spokesman – idUSKBN18Z2CP.

[485] James Hasik, Arms and Innovation: Entrepreneurship and Innovation in the 21st Century.

[486] The Bird Eye came with electrical or gas engines and a flying time up to fifteen hours and rang of 150km Interview at IAI, June 11, 2020.

[487] "Tens of millions of dollars" in price tag.

[488] Elbit visit and interviews, June 18, 2020.

[489] Aeronautics vist and interview, June 3, 2020.

[490] See IAI website: https://www. iai. co. il/p/green – dragon.

[491] Lockheed website: https://www. lockheedmartin. com/en – us/products/stalker. html.

[492] See Richard Whittle, "The Man Who Invented the Predator," Air & Space Magazine, April 2013, https://www. airspacemag. com/flight – today/the – man – who – invented – the – predator – 3970502/? page = 4; See also: "Mr. Abe Karem, Aeronatutics Innovator and Pioneer, is Navigator Award Winner, Potomac Institute for Policy Studies, March 20, 2012, https://www. prnewswire. com/news – releases/mr – abe – karem – aeronautics – innovator – and – pioneer – is – navigator – award – winner – 143494356. html.

[493] Yair Dubester of UVision interview, April 7, 2020.

[494] IAI in Israel was also working on a VTOL idea according to discussion in May 2020, a solution that would be best suited for the sea or tactical units where one doesn't want to use runways or catapults IAI interview with Dan Bichman, June 10, 2020.

[495] Andrew White, "Lockheed Martin Unveils Condor UAS," Jane's 360, May 27, 2019, https://www. crows. org/news/453240/Lockheed – Martin – unveils – Condor – UAS. htm.

[496] Ali Bakeer, "The Fight For Syria's Skies: Turkey Challenges Russia With New Drone Doctrine," MEI @ 75, March 26, 2020, https://www. mei. edu/publications/fight – syrias – skies – turkey – challenges – russia – new – drone – doctrine.

[497] "Syrian Army Shoots Down Turkish Drone in Idlib, 10th in 3 Days," Al – Masdar News, March 4, 2020, https://www. almasdarnews. com/article/syrian – army – shoots – down – turkish – drone – in – idlib – 10th – in – 3 – days – photo/.

[498] 498 Merve, Aydogan, "Turkey Neutralizes 3000 + Regime Elements in Idlib, Syria," Anadolu, April 3, 2020, https://www. aa. com. tr/en/middle – east/turkey – neutralizes – 3 – 000 – regime – elements – in – idlib – syria/1754130.

[499] Alex Gatopoulos, "Battle for Idlib: Turkey's Drones and a New Way of War," Al Jazeera, March 3, 2020, https://www. aljazeera. com/news/

2020/3/3/battle – for – idlib – turkeys – drones – and – a – new – way – of – war.

[500] Gordon Lubold, "Italy Quietly Agrees to Armed U. S. Drone Missions Over Libya," The Wall Street Journal, February 22, 2016, https://www.wsj.com/articles/italy – quietly – agrees – to – armed – u – s – drone – missions – over – libya – 1456163730; Adam Entous and Gordon Lubold, "U. S. Wants Drones in North Africa to Combat Islamic State in Libya," The Wall Street Journal, August 11, 2015, https://www.wsj.com/articles/u – s – wants – drones – in – north – africa – to – combat – islamic – state – in – libya – 1436742554.

[501] Anna Ahronheim, "Is an Israeli Air Defense System Shooting Down Israeli Drones in Libya?" The Jerusalem Post, April 12, 2020, https://www.jpost.com/middle – east/is – an – israeli – air – defense – system – shooting – down – israeli – drones – in – libya – 624413.

[502] Umar Farooq, "The Second Drone Age," The Intercept, May 14, 2019, https://theintercept.com/2019/05/14/turkey – second – drone – age/.

[503] See video of it published by Selcuk Bayraktar on May 23, 2020. Tweet, accessed May 23, 2020: https://twitter.com/Selcuk/status/1263537819261251584.

[504] Interview with anonymous source in the UAE with knowledge of Haftar's operations, April 22, 2020.

[505] Samer Al – Atrush and Mohammed Abdusamee, "Beseiged Airbase Shows Turkey Turning Tide in Libya's War," Bloomberg, April 17, 2020, https://www.bloomberg.com/news/articles/2020 – 04 – 17/besieged – airbase – shows – turkey – turning – the – tide – in – libya – s – war; See tweet @ LAN2019M, April 18 2020: https://twitter.com/LNA2019M/status/1251311464251625472.

[506] Al – Ain, "A Turkish 'March' Was shot Down Before the Bombing of Trucks in Western Libya," Al Ain News, April 22, 2020, https://al – ain.com/article/1587502834.

[507] Walid Abdullah, "Libya: UN – Recognized Government Downs UAE

Drone," Anadolu, April 19, 2020, https://www.aa.com.tr/en/middle - east/libya - un - recognized - government - downs - uae - drone/1810336.

[508] See tweet: https://twitter.com/aatilow/status/1310554418530725888.

[509] See the footage on Twitter at this link @ Oded121351, June 9, 2020: https://twitter.com/ddsgf9876/status/1270265825950343168.

[510] Image Sat International, tweet, May 18, 2020: https://twitter.com/ImageSatIntl/status/1262371291195211780; "Al - Watyah base," accessed May 19, 2020: https://twitter.com/emad _ badi/status/1270107380739641344.

[511] Khaled Mahmoud, "Libyan National Army Prepares for Air Battle by Destroying 7 Turkish Drones," Asharq al - Awsat, May 23, 2020, https://english.aawsat.com/home/article/2298086/libyan - national - army - prepares - air - battle - downing - 7 - turkish - drones.

[512] Rick Francona to author, email interview, May 20, 2020.

[513] Dee Ann Davis, "Military UAV Market to Top $ 83B," Inside Unmanned Systems, April 25, 2018, https://insideunmannedsystems.com/military - uav - market - to - top - 83b/.

[514] Ibid.

[515] Joe Harper, " $ 98Billion Expected for Military Drone Market," Real Clear Defense, January 7, 2020, https://www.realcleardefense.com/2020/01/07/98 _ billion _ expected _ for _ military _ drone _ market _ 311539.html.

[516] The classification, based on NATO, was a bit confusing because the US Department of Defense used a different classification, referring to "groups" one through five. In their view group 1, drones under 20 pounds and groups 2, drones under 55 lbs were separate. The next group 3 was from 55 to 1320 lbs, which included Class Ⅱ. The US included group 4 and 5, what NATO calls Class 3. "The Databook found 171 types of UAVs in active inventories," the authors noted. Dan Gettinger, Drone Data Book, Center for the Study of the Drone at Bard College, 2020.

[517] Dan Sabbagh, "Killer Drones: How Many Are There And Who Do They Target?" The Guardian, November 18, 2019, https://www. theguardian. com/news/2019/nov/18/killer – drones – how – many – uav – predator – reaper.

[518] See Drone Wars website, Accessed June 30, 2020, https://dronewars. net/uk – drone – strike – list – 2/.

[519] "Who Has What: Countries That Have Conducted Drone Strikes," New America, Accessed June 30, 2020, https://www. newamerica. org/international – security/reports/world – drones/who – has – what – countries – that – have – conducted – drone – strikes/.

[520] Seth J. Frantzman, "Greece And Israel Deal Spotlight Leasing Model for Military UAVs," Defense News, May 8, 2020, https://www. defense – news. com/global/europe/2020/05/08/greece – and – israel – deal – spot – light – leasing – model – for – military – uavs/#: ~ : text = JERUSALEM% 20% E2% 80% 94% 20Greece's% 20Hellenic% 20Ministry% 20of, pricey% 20acquisitions% 20amid% 20budgetary% 20constraints. &text = Greece% 20will% 20have% 20an% 20option, term% 20ends% 20in% 20three% 20years.

[521] Gorman and Abbott, Remote Control War, p. 2.

[522] IISS 2019 annual report: https://www. iiss. org/publications/the – military – balance/military – balance – 2020 – book/comparative – defence – statistics.

[523] Seth J. Frantzman "Israel's Elbit Sells Over 1000 Mini – Drones to Southeast Asian Country," Defense News, October 9, 2018, https://www. defensenews. com/unmanned/2019/10/09/israels – elbit – sells – over – 1000 – mini – drones – to – southeast – asian – country/.

[524] Report of UNOMIG on April 20, 2020 incident: https://www. secu – ritycouncilreport. org/atf/cf/% 7B65BFCF9B – 6D27 – 4E9C – 8CD3 – CF6E4FF96FF9% 7D/Georgia% 20UNOMIG% 20Report% 20on% 20Drone. pdf.

[525] "Georgian Rebels Say Shot Down Georgian Spy Drone – Ifax,", Reuters, May 8, 2008, https://www. reuters. com/article/idUSL08767080?

edition - redirect = in.

[526] Nicholas Clayton, "How Russia and Georgia's 'Little War' Started a Drone Arms Race," PRI, October 23, 2012, https://www.pri.org/stories/2012-10-23/how-russia-and-georgias-little-war-started-drone-arms-race.

[527] Ryan Gallagher, "Russia Tries to Remove Images of New Drone from the Internet," Wired, February 20, 2013, https://slate.com/technology/2013/02/russia-tries-to-remove-images-of-altius-drone-from-the-internet.html.

[528] "The Czar of Battle: Russian artillery in Ukraine," Janes, 2014, https://www.janes.com/images/assets/111/80111/The_Czar_of_battle_Russian_artillery_use_in_Ukraine_portends_advances.pdf.

[529] Dan Peleschuk, "Ukraine is Fighting a Drone War, Too," PRI, https://www.pri.org/stories/ukraine-fighting-drone-war-too.

[530] Robert Farley, "Meet the 5 Weapons of War Ukraine Should Fear," National Interest, November 26, 2018, https://nationalinterest.org/blog/buzz/meet-5-russian-weapons-war-ukraine-should-fear-37112.

[531] Joseph Hammond, "Ukraine Drones Show Sanctions Don't Clip Russia's Wings," The Defense Post, October 4, 2019, https://www.thedefensepost.com/2019/10/04/ukraine-russia-drones-sanctions/.

[532] "Russia's New Drone-Based Electronic Warfare System," UAS Vision, no publication date, Accessed July 8, 2020, https://www.uasvision.com/2017/04/04/russias-new-drone-based-electronic-warfare-system/.

[533] Dylan Malyasov, "Ukrainian Forces Shoot Down Russian Drone in Donetsk Region," Defence Blog, April 6, 2020, Accessed July 8, 2020, https://defence-blog.com/news/ukrainian-forces-shoot-down-russian-drone-in-donetsk-region.html.

[534] Alex Hollings, "Here's Why Elon Musk is Wrong About Fighter Jets (But Right About Drones)," Sandboxx, March 6, 2020, Accessed May

1,2020,https://www. sandboxx. us/blog/heres – why – elon – musk – is – wrong – about – fighter – jets – but – right – about – drones/;See Elon Musk Tweet,Feb. 28,2020,Accessed May 1,2020,https://twitter. com/elonmusk/status/1233478599170195457.

[535] Interview with Stephen Jones,USAF,June 28,2020.

[536] Tom Hobbins,"Transforming Joint Air Power,"JAPCC Journal Edition 3,2006, p. 6, http://www. japcc. org/wp – content/uploads/japcc_journal_Edition_3. pdf.

[537] Jeffrey J. Smith,Tomorrow's Air Force:Tracing the Past,Shaping the Future,Indiana University press,p. 221.

[538] Dubester,interview,February 2020.

[539] Dubester,interview,February 2020.

[540] Rossella Tercatin,"Israeli Scientists Study Secrets of Human Brain to Bring AI to Next Level,"The Jerusalem Post,April 23,2020,Accessed May 1,2020,https://www. jpost. com/health – science/israeli – scientists – study – secrets – of – human – brain – to – bring – ai – to – next – level – 625693.

[541] "The Role of Autonomy in DoD Systems,"Department of Defense:Defense Science Board,Office of the Under Secretary of Defense for Acquisition,Technology and Logistics,July 2012,https://fas. org/irp/agency/dod/dsb/autonomy. pdf.

[542] Ibid,p. 71.

[543] Valerie Insinna,"Boeing Rolls Out Australia's First 'Loyal Wingman' Combat Drone,"Defense News,May 4,2020,https://www. defensenews. com/air/2020/05/04/boeing – rolls – out – australias – first – loyal – wingman – combat – drone/? fbclid = IwAR0KlCrhH2m9PfwJbpLktcFrZ8gcljgwnAX44_5uuSRQvonxIcDtaB7WlkI.

[544] John Keller,"Boeing To Convert 18 Retired F – 16 Jet Fighters Into Unmanned Target Drones for Advanced Pilot Training,"Military & Aerospace Electronics,March 23,2017,https://www. militaryaerospace. com/unmanned/article/16725836/boeing – to – convert – 18 – retired – f16 – jet – fighters – into – unmanned – target – drones – for –

advanced – pilot – training; See also Colin Dunjohn, "Boeing Converts F – 16 Fighter Jet Into an Unmanned Drone," New Atlas, Sept 27, 2013, https://newatlas. com/boeing – f16 – jet – unmanned – drone/29203/.

[545] Mark Cancian, US Military Forces in FY 2019, Center for Strategic and International Studies, Rowman and Littlefield, p. 51.

[546] Ibid, p. 40.

[547] Interview with an anonymous former Air Force drone pilot source, February 28, Washington DC.

[548] Unmanned Ambitions: Security Implications of Growing Proliferation of Emerging Military Drone Markets, Pax for Peace, July 2018.

[549] Interview with Gal Papier of Rafael about FireFly: Seth J. Frantzman, "Israel Acquires FireFly Loitering Munition for Close Combat," C4ISRNet, May 5, 2020, https://www. c4isrnet. com/unmanned/2020/05/05/israel – acquires – firefly – loitering – munition – for – close – combat/.

[550] Seth J. Frantzman, "Greece And Israel Deal Spotlight Leasing Model for Military UAVs," Defense News, May 8, 2020, https://www. defensenews. com/global/europe/2020/05/08/greece – and – israel – deal – spotlight – leasing – model – for – military – uavs/#: ~ : text = JERUSALEM% 20% E2% 80% 94% 20Greece ' s% 20Hellenic% 20Ministry% 20of, pricey% 20acquisitions% 20amid% 20budgetary% 20constraints. &text = Greece% 20will% 20have% 20an% 20option, term% 20ends% 20in% 20three% 20years.

[551] Petraeus to author, March 14, 2020.

[552] European Forum on Armed Drones, May 19, 2020, Tweet, Accessed May 23, 2020: https://twitter. com/EFADrones/status/1262765402846724096.

[553] Seth Cropsey to author, March 19, 2020.

[554] Peter Singer to author March 23, 2020.

[555] Raphael S. Cohen, Nathan Chandler, et. al., The Future of Warfare in 2030: Project Overview and Conclusions, RAND Corporation, May

2020, Accessed may 15, 2020, https://www.rand.org/pubs/research_reports/RR2849z1.html.

[556] Ibid, p. 21.

[557] See Franz – Stephan Gady, @ HoanSolo, Tweet, May 12, 2020, Accessed May 15, 2020, https://twitter.com/HoansSolo/status/1260300283785158665.

[558] See @ LTCKilgore Tweet, May 9, 2019 video, Accessed July 12, 2020: https://twitter.com/LTCKilgoreJr/status/1126463724540153857.

[559] See @ theRealBH6 Tweet, April 16, 2020, Accessed May 15, 2020: https://twitter.com/theRealBH6/status/1250561981154603008.

[560] See @ TheRealBH6 Tweet, Accessed May 15, 2020, https://twitter.com/theRealBH6/status/1258556133037363200.

[561] Lockheed Martin Press Release, "Dominate the Electromagnetic Spectrum: Lockheed Martin Cyber/Electronic Warfare System Moves Into Next Phase of Development," Lockheed Martin, April 29, 2020, https://news.lockheedmartin.com/dominate – electromagnetic – spectrum – lockheed – martin – cyber – electronic – warfare – systems – moves – into – next – phase – development.

[562] Brad Bowman interview, March 2020.

[563] David B. Larter, "A Classified Pentagon Maritime Drone Program is About to Get Its Moment in the Sun," Defense News, March 14, 2019, https://www.defensenews.com/naval/2019/03/14/a – classified – pentagon – maritime – drone – program – is – about – to – get – its – moment – in – the – sun/.

[564] Christian Brose, The Kill Chain: Defending America in the Future, May 2020.

[565] Ibid, p. xxix.

[566] Ibid, p. 121.

[567] Rick Francona to author, May 20, 2020.

[568] Greg Allen, "Understanding AI Technology," JAIC, April 2020, https://www.ai.mil/docs/Understanding% 20AI% 20Technology.pdf.

[569] Lockheed Martin, Inside Skunk Works Podcast, "Dull, Dirty, Danger-

ous,"Produced by Claire Whitfield and Theresa Hoey, July 2019, Accessed May 17, 2020, https://podcasts.apple.com/us/podcast/dull-dirty-dangerous/id1350627500? i=1000445596240.

[570] Caleb Larson, "The X-44 MANTA Was a Futuristic Version of Lockheed's F-22 Fighter," National Interest, June 9, 2020, Accessed June 15, 2020, https://nationalinterest.org/blog/buzz/x-44-manta-was-futuristic-version-lockheed%E2%80%99s-f-22-fighter-161911.

[571] Lockheed Martin, Inside Skunk Works Podcast, "Dull, Dirty, Dangerous," Produced by Claire Whitfield and Theresa Hoey, July 2019, Accessed May 17, 2020, https://podcasts.apple.com/us/podcast/dull-dirty-dangerous/id1350627500? i=1000445596240.

[572] Interview with Brad Bowman, March 2020.

[573] Ibid.

[574] Ibid; Also see Bradley Bowman, "Securing Technological Superiority Requires a Joint US-Israel effort," Defense News, May 22, 2020, https://www.defensenews.com/opinion/commentary/2020/05/22/securing-technological-superiority-requires-a-joint-us-israel-effort/.

[575] Interview with Behnam Ben Taleblu, March 1, 2020.

[576] Peter L. Hickman, "The Future of Warfare Will Continue to be Human," War on the Rocks, May 12, 2020, Accessed May 17, 2020, https://warontherocks.com/2020/05/the-future-of-warfare-will-continue-to-be-human/.

[577] Elbridge Colby, "Testimony before Senate Armed Services Committee," January 29, 2019.

[578] Andrew Chuter, "British Defense Ministry Reveals Why a Drone Program Now Costs $427M Extra," Defense News, January 24, 2020, Accessed July 7, 2020, https://www.defensenews.com/unmanned/2020/01/24/british-defence-ministry-reveals-why-a-drone-program-now-costs-245m-extra/.

[579] "New Training Pathway Paves Way for Protector," Royal Air Force

News, July 1, 2020, Accessed July 7, 2020, https://www.raf.mod.uk/news/articles/new - training - pathway - paves - way - for - protector/.

[580] George and Meredith Friedman, The Future of War, St. Martins: 1998, p. 150.